ベクトル空間から はじめる 抽象代数入門

VECTOR SPACE TO ABSTRACT ALGEBRA

群・体・テンソルまで

飯高 茂［監修］／松田 修［著］
Shigeru Iitaka / Osamu Matsuda

森北出版株式会社

監修のことば

本書は，津山高専の松田修教授が，大学の理工専門学部生レベルの学生向けに行った講義をもとに執筆したベクトル空間の入門書である．

本書の特色は，学生の視点から見て親しみがある書き方に徹している点にある．証明の難所を避けたりしながら，理解しやすく読みやすいように書かれているので，本書を通して抽象的な数学の諸概念の意味がわかり，またそれらを使いこなせるようになってほしい．

私も理学部数学科の学生に 30 年近く線形代数の講義をした．

「ベクトル空間」という言葉をふつうに使って講義をしていたが，あるとき学生が初めて「空間」といわれたら何を連想するだろうかと考えた．

「空間なら何もないに違いないが，ベクトル空間というけれど本当は何だろうか」

と疑問に思うかもしれないと思い，

「ここでいう空間とは集合のことです．」

と声を大きくしてしゃべった．さらに，

「ベクトル空間とはベクトルの集合です．ただベクトルがたくさんあるだけではだめで，足し算とスカラー倍ができるとき，ベクトルの集合とはいわないでベクトル空間というのです．」

と付け加えた．その結果，ベクトル空間の概念がようやく理解されるようになり，学生たちの成績も向上した．

松田教授は高専での指導経験から，学生が理解できない箇所を克服する方法をいくつも考えており，数学を理解するポイントを貯めた引き出しを多くもっている．本書はその引き出しを公開しているので，一般の読者にとっても有益であろう．

2017 年 7 月

飯高　茂

はじめに

コンセプト

本書のコンセプトは，ベクトル空間を通して抽象的な現代数学の世界を理解することにある．

現代数学は，代数学，幾何学，解析学，基礎論などといった分野に分けられ，各分野は非常に精密に研究され続けながら着実に発展している．ベクトル空間は，そういったすべての分野の基礎として位置づけられている．

現代数学を学ぶ初心者にとって，ベクトル空間が抽象的で理解しづらいと感じる一つの理由として，公理的方法がとられている点がある．本書では，この方法が章を読み進めていくうちに次第に体感できるように配慮した．そして，第 III 部においては，公理的方法によってベクトル空間を再定義した．このことにより，これまでイメージしなかった，いろいろなタイプのベクトル空間が存在することを知ることになるだろう．そしてそれと同時に，代数学，幾何学，解析学といった分野において，ベクトル空間の理論の必要性を感じられるだろう．

構成

本書は，3 部構成になっている．第 I 部は「数ベクトル空間」，第 II 部は「群と体の幾何学」，第 III 部は「抽象的なベクトル空間」である．コンセプトで述べたとおり，章を追うごとに，抽象的な現代数学の世界に少しずつ移っていく．

数学の本でありながらも，なるべくスムーズに読み進められるように，細かなことよりもベクトル空間という“森”全体を理解するという点を重視した構成にした．具体的には，定理には証明ではなく解説をつけ，その意味や重要性がわかるような説明を心がけた．そのような解説を通して，ベクトル空間という森全体が理解でき，移りゆく数学の風景を楽しみながら読んでいけるものと思う．

例題や練習問題

本書は，各節において主たるテーマはなるべく一つに絞って説明し，定義や定理という形で述べた．そして，その節のテーマがしっかりと理解できるような例題を扱っている．問題は例題の類似問題であるため，例題を参考にしながら無理なく考えることができる．章末問題は振り返り問題と題して，その章の大枠を思い出し，要点を確認できればよしとした（したがって，そこには計算問題は含まれていない）．それによって，次の章へスムーズに移っていけるはずである．

謝辞

本書の出版にあたって，高知大学理学部理学科の福間慶明氏には内容のチェックをお願いし，快くお引き受けいただいた．そして，誤字や計算ミスなどの間違いの指摘だけでなく，貴重な意見や文章表現に関する適切なアドバイスをいくつもいただいた．森北出版出版部の田中芳実氏は出版までに多くの打ち合わせを行い，読みやすくするために読者目線に立った貴重な意見を数多くいただいた．また，校正時において同出版部の福島崇史氏からは，さらによい本に仕上げるための貴重な意見を多くいただき，最終的な仕上げにおいて大変お世話になった．大学時代の恩師である学習院大学名誉教授である飯高茂先生は，本書の監修を快く引き受けてくださっただけでなく，各部の終わりにコラムもつけていただいた．これらによって本書はより楽しめるものとなっており，感謝の気持ちで一杯である．

お世話になった以上の方々に，心からの感謝を申し上げたい．

2017 年 7 月

松田　修

目次

第 II 部　群と体の幾何学

第 6 章　群と行列　112

第 7 章　複素数と四元数と回転　136

第 III 部　抽象的なベクトル空間

第 8 章　抽象的なベクトル空間　158

第 I 部

数ベクトル空間

第 I 部では，実数上での数ベクトル空間だけを扱い説明する．数ベクトル空間とは，点を n 個の数の組と考え，直線，平面，空間などを一般化したものである．まず，第 1 章では，数ベクトル空間の基本的な性質について説明する．しかし，数ベクトル空間の詳しい構造を理解するためには，表面には表れていない抽象的な概念を取り出すことが必要になってくる．そこで，第 2 章では，数ベクトル空間で扱う量としての長さや角度といったものの本質を抽象的な立場から定義し再考する．以下，第 3 章～第 5 章と進むにつれ，行列，線形写像，固有値，固有ベクトルなどといった抽象的な概念を定義していき，それらを用いて数ベクトル空間の詳しい構造を説明していく．抽象的な立場から対象を見るというこのスタイルを習得することは，第 II 部以降の話題を理解するうえでも，そしてその先にある現代数学を学ぶうえでも重要である．

第 1 章 n 次元の空間を理解する

「2 次元や 3 次元はわかるが，4 次元空間ってどういう世界？」という質問をよく耳にするが，4 次元空間とは，数学的には単に 3 次元空間より自由度が一つ増えた第 4 番目の方向をもつ空間である．すなわち，前後左右でも上下でもない方向に進むことが許される空間である．このような話を実感をもって想像できるようになるためには，きちんとした数学的な次元の定義を知ることが手助けとなる．

この章では，まず数ベクトル空間の計算的・幾何学的な性質について説明する（1.1〜1.3 節）．そして，次元を定義するうえで必要な線形独立と線形従属（1.4〜1.8 節），次元を考えるうえで重要な部分空間（1.9〜1.13 節）について説明する．

1.1 数ベクトル空間 $\mathbb{R}^n$

n 次元の数ベクトル空間を理解するためには，幾何学的なイメージを考えるより，まず計算法を学習するほうが効果的である．したがってこの節では，n 次元の数ベクトル空間に対して，計算という立場からアプローチしていく．

$\mathbb{R}$ を実数全体の集合とし，n 個の $\mathbb{R}$ の**直積**（n 個の実数による集合）

$$\mathbb{R} \times \cdots \times \mathbb{R} = \{(a_1, \ldots, a_n) \mid a_1, \ldots, a_n \in \mathbb{R}\}$$

を $\mathbb{R}^n$ と書く．$\mathbb{R}^n$ の元は $\mathbb{R}^n$ の**点**とよばれる．しかし以下においては，$\mathbb{R}^n$ の元 $(a_1, \ldots, a_n)$ を縦に並べ，

$$\begin{pmatrix} a_1 \\ \vdots \\ a_n \end{pmatrix}$$

とする（簡単に (a_j) と書くこともある）．ここで，a_j $(1 \leqq j \leqq n)$ を第 j 成分という．この段階では，$\mathbb{R}^n$ はまだ単なる点の集まりでしかないが，$\mathbb{R}^n$ 内に演算を以下のように定義すると，空間的な性質をもたせることができる．

[定義]　$\mathbb{R}^n$ 内の演算

$\mathbb{R}^n$ の任意の元 (a_j)，(b_j) に対して，それらの和を

$$(a_j) + (b_j) = (a_j + b_j)$$

スカラー $\lambda \in \mathbb{R}$ に対して，スカラー倍を

$$\lambda(a_j) = (\lambda a_j)$$

と定義する．このような演算が定義された $\mathbb{R}^n$ を n **次元** $\mathbb{R}$ **ベクトル空間**，または単に，**数ベクトル空間**とよぶ．そして，$\mathbb{R}^n$ の元を**数ベクトル**とよぶ．

注意　(1) 数ベクトル空間 $\mathbb{R}^n$ においてスカラーとは，数ベクトルに作用する $\mathbb{R}$ の元のことである．
(2) 通常，数ベクトル空間は，複素数全体 $\mathbb{C}$ 上で定義されることが一般的である．しかし，本書はベクトル空間の入門書であるので，主に空間がイメージしやすい実数全体 $\mathbb{R}$ で説明し，どうしても $\mathbb{C}$ でなければならないときに限り，$\mathbb{C}$ であることを断って使用する．

[例題]　数ベクトル空間 $\mathbb{R}^4$ において，次の式を満たす a，b，c，d を求めよ．

(1) $\begin{pmatrix} a \\ b \\ c \\ d \end{pmatrix} + \begin{pmatrix} 8 \\ -6 \\ 1 \\ 3 \end{pmatrix} = \begin{pmatrix} 2 \\ -1 \\ 3 \\ 1 \end{pmatrix}$　　(2) $3\begin{pmatrix} a \\ b \\ c \\ d \end{pmatrix} - \begin{pmatrix} 2 \\ -3 \\ 1 \\ 5 \end{pmatrix} = \begin{pmatrix} -5 \\ 18 \\ 2 \\ -8 \end{pmatrix}$

[解答] (1) $\begin{pmatrix} a \\ b \\ c \\ d \end{pmatrix} = \begin{pmatrix} 2 \\ -1 \\ 3 \\ 1 \end{pmatrix} - \begin{pmatrix} 8 \\ -6 \\ 1 \\ 3 \end{pmatrix} = \begin{pmatrix} -6 \\ 5 \\ 2 \\ -2 \end{pmatrix}$

(2) $3\begin{pmatrix} a \\ b \\ c \\ d \end{pmatrix} = \begin{pmatrix} -5 \\ 18 \\ 2 \\ -8 \end{pmatrix} + \begin{pmatrix} 2 \\ -3 \\ 1 \\ 5 \end{pmatrix} = \begin{pmatrix} -3 \\ 15 \\ 3 \\ -3 \end{pmatrix}$ である．

よって，$\begin{pmatrix} a \\ b \\ c \\ d \end{pmatrix} = \dfrac{1}{3}\begin{pmatrix} -3 \\ 15 \\ 3 \\ -3 \end{pmatrix} = \begin{pmatrix} -1 \\ 5 \\ 1 \\ -1 \end{pmatrix}$ となる．

▶**問題**　数ベクトル空間 $\mathbb{R}^3$ において，次の式を満たす a，b，c を求めよ．

(1) $\begin{pmatrix} a \\ b \\ c \end{pmatrix} + \begin{pmatrix} -1 \\ 4 \\ -3 \end{pmatrix} = \begin{pmatrix} -3 \\ 1 \\ 2 \end{pmatrix}$　　(2) $-2\begin{pmatrix} a \\ b \\ c \end{pmatrix} + 3\begin{pmatrix} 2 \\ 3 \\ 1 \end{pmatrix} = \begin{pmatrix} 4 \\ 3 \\ 5 \end{pmatrix}$

◉ 1.2　数ベクトルの演算と法則

前節で定義したように，n 次元ベクトル空間 $\mathbb{R}^n$ とは，和とスカラー倍のみが定義された n 個の数の組である数ベクトルの集合のことであり，それらの演算の性質から以下の法則が成り立つ．

[定理]　数ベクトルの演算の法則

$\boldsymbol{a}, \boldsymbol{b}, \boldsymbol{c}$ を $\mathbb{R}^n$ の数ベクトルとし，λ をスカラーとすると，次の法則が成り立つ．

(1) **交換法則**：$\boldsymbol{a} + \boldsymbol{b} = \boldsymbol{b} + \boldsymbol{a}$

(2) **結合法則**：$\boldsymbol{a} + (\boldsymbol{b} + \boldsymbol{c}) = (\boldsymbol{a} + \boldsymbol{b}) + \boldsymbol{c}$

(3) **分配法則**：$\lambda(\boldsymbol{a} + \boldsymbol{b}) = \lambda\boldsymbol{a} + \lambda\boldsymbol{b}$

[解説] 上の三つの法則が成り立つことは，簡単に確認できる（読者自身で確かめよ）．通常の数の世界での演算において，交換法則，結合法則，分配法則が成り立つことは，自然に受け入れられるものであろうが，数ベクトルの世界でもこの三つの法則は同様に成立する．これは，数ベクトルの世界が通常の数の世界と類似した体系をもつことを意味する．ただし，数ベクトルどうしの掛け算が定義されていないことは注意が必要である．なお，数ベクトルどうしの掛け算は和やスカラー倍とは意味が異なるので，この時点ではあえて考えないことにする．　□

次の例題で，数ベクトルの交換法則，結合法則，分配法則を確認しよう．

[例題]　数ベクトル空間 $\mathbb{R}^3$ において，次の式を満たす a, b, c を求めよ．

$$\frac{1}{2}\left\{\begin{pmatrix} 2 \\ -2 \\ -6 \end{pmatrix} - \begin{pmatrix} 2a \\ 2b \\ 2c \end{pmatrix}\right\} - \begin{pmatrix} 1 \\ -1 \\ -3 \end{pmatrix} = \begin{pmatrix} -1 \\ 1 \\ -2 \end{pmatrix}$$

[解答] 分配法則と交換法則より

$$-\begin{pmatrix} 1 \\ -1 \\ -3 \end{pmatrix} + \left\{\begin{pmatrix} 1 \\ -1 \\ -3 \end{pmatrix} - \begin{pmatrix} a \\ b \\ c \end{pmatrix}\right\} = \begin{pmatrix} -1 \\ 1 \\ -2 \end{pmatrix}$$

であり，交換法則と結合法則より $\begin{pmatrix} a \\ b \\ c \end{pmatrix} = \begin{pmatrix} 1 \\ -1 \\ 2 \end{pmatrix}$ である．よって，$a = 1$, $b = -1$, $c = 2$ である．

▶**問題**　4 次元ベクトル空間 $\mathbb{R}^4$ において，次の式を満たす a, b, c, d を求めよ．

$$\begin{pmatrix} 15 \\ -10 \\ 2 \\ -5 \end{pmatrix} = 8\begin{pmatrix} a \\ b \\ c \\ d \end{pmatrix} - 3\left\{\begin{pmatrix} -3 \\ 2 \\ 1 \\ 1 \end{pmatrix} + \begin{pmatrix} 3a \\ 3b \\ 3c \\ 3d \end{pmatrix}\right\}$$

◉ 1.3　数ベクトルの演算の幾何学的意味

ここまで，数ベクトル空間の計算的な性質を確認してきたが，この節では，幾何学的な意味について確認してみよう．

$\mathbb{R}^n$ を数ベクトル空間と見ないで，直積 $\mathbb{R}^n$ の点 $(a_1, a_2, \ldots, a_n)$ として考える．$\mathrm{O} = (0, \ldots, 0)$ を**原点**という．次に，n 個の**軸**という概念を考える．任意の実数 $t_1, t_2, \ldots, t_n$ に対して，集合 $\{(t_1, 0, 0, \ldots, 0)\}$ を x_1 軸，$\{(0, t_2, 0, \ldots, 0)\}$ を x_2 軸，同様にして，左から k 番目が t_k で残りは 0 とした数の組の集合を x_k 軸と定める．このようにして考えられた $\mathbb{R}^n$ の点 $(a_1, \ldots, a_n)$ を，$x_1 \cdots x_n$ **座標系**の点といい，a_k を x_k **座標**という．

以下においては，イメージしやすいように $x_1x_2x_3$ 座標系で考える．始点を原点 O，終点を $x_1x_2x_3$ 座標系の点 $\mathrm{A} = (a_1, a_2, a_3)$ とする**有向線分**（矢印）を考え，これを $\overrightarrow{\mathrm{OA}}$ と書く．$\overrightarrow{\mathrm{OA}}$ を点 A の**位置ベクトル**という．すると，位置ベクトル $\overrightarrow{\mathrm{OA}}$ に数ベクトル $\boldsymbol{a} = \begin{pmatrix} a_1 \\ a_2 \\ a_3 \end{pmatrix}$ を対応させて考えることができる．このイメージ図を次のページに示す．

以上のことから，$x_1x_2x_3$ 座標系の点と位置ベクトルが 1 対 1 にもれなく対応する．したがって，$x_1x_2x_3$ 座標系は数ベクトル空間 $\mathbb{R}^3$ と考えることができる．すなわち，前節で計算したベクトルを位置ベクトルと考えると，二つの位置ベクトルの和も，位置ベクトルのスカラー倍も，どちらもまた位置ベクトルとして表される

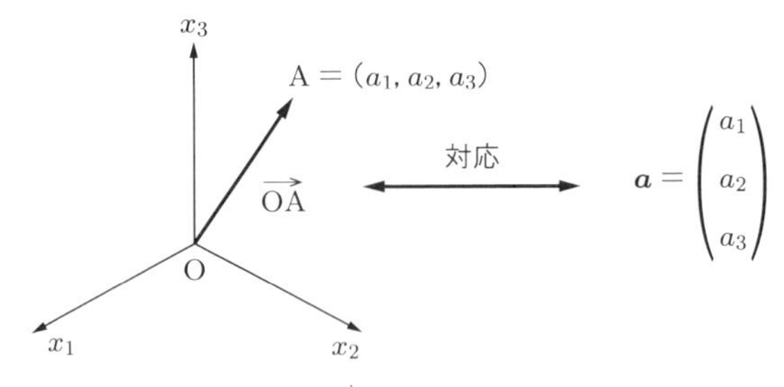

位置ベクトル $\overrightarrow{\mathrm{OA}}$ と数ベクトル $\boldsymbol{a}$ の対応

のである．それを以下で確認しよう．

まず，二つの位置ベクトル $\boldsymbol{a} = \begin{pmatrix} a_1 \\ a_2 \\ a_3 \end{pmatrix}$，$\boldsymbol{b} = \begin{pmatrix} b_1 \\ b_2 \\ b_3 \end{pmatrix}$ の和について考える．数ベクトルとしての計算では，

$$\boldsymbol{a} + \boldsymbol{b} = \begin{pmatrix} a_1 \\ a_2 \\ a_3 \end{pmatrix} + \begin{pmatrix} b_1 \\ b_2 \\ b_3 \end{pmatrix} = \begin{pmatrix} a_1 + b_1 \\ a_2 + b_2 \\ a_3 + b_3 \end{pmatrix}$$

であったので，$\boldsymbol{a} + \boldsymbol{b}$ は，以下の図のように，$\boldsymbol{a}$ という位置ベクトルと $\boldsymbol{b}$ という位置ベクトルでつくられる（空間内の）平行四辺形の原点から出る対角線を表す位置ベクトル $\begin{pmatrix} a_1 + b_1 \\ a_2 + b_2 \\ a_3 + b_3 \end{pmatrix}$ を意味する．図からもわかるように，$\boldsymbol{a} + \boldsymbol{b}$ は交換法則 $\boldsymbol{a} + \boldsymbol{b} = \boldsymbol{b} + \boldsymbol{a}$ も満たしている．

位置ベクトル $\boldsymbol{a}$ と $\boldsymbol{b}$ の和

次に，位置ベクトルのスカラー倍について考えよう．数ベクトルのスカラー倍の計算 $\lambda\boldsymbol{a} = \lambda\begin{pmatrix} a_1 \\ a_2 \\ a_3 \end{pmatrix} = \begin{pmatrix} \lambda a_1 \\ \lambda a_2 \\ \lambda a_3 \end{pmatrix}$ より，位置ベクトル $\boldsymbol{a}$ の λ 倍である $\lambda\boldsymbol{a}$ の意味は，$\boldsymbol{a}$ を λ 倍した位置ベクトルを意味する．とくに $-\boldsymbol{a}$ は，$\boldsymbol{a}$ と長さが同じで逆向きの位置ベクトルを意味する．

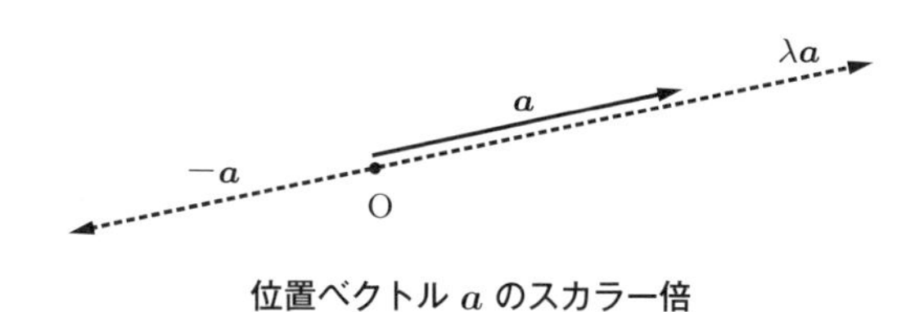

位置ベクトル a のスカラー倍

この考え方を n 次元まで拡張すると，n 次元数ベクトル空間 $\mathbb{R}^n$ の数ベクトルと $x_1x_2\cdots x_n$ 座標系の位置ベクトルは，1 対 1 にもれなく対応することがわかる．

次の例題で，4 次元の数ベクトル空間の簡単な幾何学的イメージを確認しよう．

[例題] 次の問いに答えよ．

(1) $x_1x_2x_3$ 座標系の点 $\mathrm{A} = (-1, 0, 0)$ と点 $\mathrm{B} = (1, 0, 0)$ に対し，ある点 C をとり，2 本の有向線分 $\overrightarrow{\mathrm{AC}}$ と $\overrightarrow{\mathrm{CB}}$ を考える．このとき，$\overrightarrow{\mathrm{AC}}$ と $\overrightarrow{\mathrm{CB}}$ はどちらも x_2 軸と交差しないものとする．C をどのようにとればよいか．

(2) $x_1x_2x_3x_4$ 座標系の点 $\mathrm{A} = (-1, 0, 0, 0)$ と点 $\mathrm{B} = (1, 0, 0, 0)$ に対し，ある点 C をとり，2 本の有向線分 $\overrightarrow{\mathrm{AC}}$ と $\overrightarrow{\mathrm{CB}}$ を考える．このとき，$\overrightarrow{\mathrm{AC}}$ と $\overrightarrow{\mathrm{CB}}$ はどちらも x_2 軸と x_3 軸を含む平面とは交差しないものとする．C をどのようにとればよいか．

[解答] (1) たとえば，点 $\mathrm{C} = (0, 0, 1)$ を考え，有向線分 $\overrightarrow{\mathrm{AC}}$ に有向線分 $\overrightarrow{\mathrm{CB}}$ を結べばよい．実際，t, s を $0 \leqq t \leqq 1, 0 \leqq s \leqq 1$ とすると，有向線分 $\overrightarrow{\mathrm{AC}}$ と $\overrightarrow{\mathrm{CB}}$ 内の点は，それぞれ $(-1 + t, 0, 0 + t)$, $(1 - s, 0, 0 + s)$ と書けるため，どちらも x_2 軸上の点にはならない．

(2) たとえば，点 $\mathrm{C} = (0, 0, 0, 1)$ を考え，有向線分 $\overrightarrow{\mathrm{AC}}$ に有向線分 $\overrightarrow{\mathrm{CB}}$ を結べばよい．実際，t, s を $0 \leqq t \leqq 1, 0 \leqq s \leqq 1$ とすると，有向線分 $\overrightarrow{\mathrm{AC}}$ と $\overrightarrow{\mathrm{CB}}$ 内の点は，それぞれ $(-1 + t, 0, 0, 0 + t)$, $(1 - s, 0, 0, 0 + s)$ と書けるため，どちらも x_2 軸と x_3 軸を含む平面上の点にはならない．

▶**問題** $x_1x_2x_3x_4$ 座標系の点 $\mathrm{A} = (0, -10, 0, 0)$ と点 $\mathrm{B} = (0, 10, 0, 0)$ に対し，ある点 C をとり，2 本の有向線分 $\overrightarrow{\mathrm{AC}}$ と $\overrightarrow{\mathrm{CB}}$ を考える．このとき，$\overrightarrow{\mathrm{AC}}$ と $\overrightarrow{\mathrm{CB}}$ はどちらも x_1 軸

と x_4 軸を含む平面とは交差しないものとする．C をどのようにとればよいか．

1.4　線形従属と線形独立

数ベクトル空間の次元を定義するためには，線形従属と線形独立という概念が必要となる．

数ベクトル空間における二つの数ベクトルが線形従属であるかどうかは，数ベクトルに対応する位置ベクトルを考え，片方の位置ベクトルを含む直線に，もう片方の位置ベクトルが含まれるかどうかと考えると理解しやすい．たとえば，xyz 座標系において，位置ベクトル $\boldsymbol{a} = \begin{pmatrix} 1 \\ 2 \\ 3 \end{pmatrix}$ と $\boldsymbol{b} = \begin{pmatrix} 2 \\ 4 \\ 6 \end{pmatrix}$ は，明らかに $\boldsymbol{a}$ を含む直線に $\boldsymbol{b}$ が含まれるため線形従属である．これを単に計算式で表すと，$2\boldsymbol{a} = \boldsymbol{b}$ つまり $2\boldsymbol{a} - \boldsymbol{b} = \boldsymbol{0}$ となる．

このことを三つの数ベクトルの場合に拡張させると，それらが線形従属であるかは次のように判断される．まず，三つの位置ベクトルの中の二つの位置ベクトルをどれでもよいから選び，それらを含む平面を考え，そして，選ばれなかった残りの位置ベクトルがいま得られた平面に含まれているときに線形従属となる．たとえば，位置ベクトル $\boldsymbol{a} = \begin{pmatrix} 1 \\ 2 \\ -2 \end{pmatrix}$，$\boldsymbol{b} = \begin{pmatrix} -2 \\ 1 \\ 3 \end{pmatrix}$，$\boldsymbol{c} = \begin{pmatrix} -5 \\ 0 \\ 8 \end{pmatrix}$ は線形従属である．なぜなら，$\boldsymbol{a} + \boldsymbol{c} = \begin{pmatrix} -4 \\ 2 \\ 6 \end{pmatrix}$ は $\boldsymbol{a}$ と $\boldsymbol{c}$ から作られる平行四辺形の対角線であり，$\boldsymbol{b}$ は $\boldsymbol{a}$ と $\boldsymbol{c}$ を含む平面に含まれているからである．これを計算式で表すと，$\boldsymbol{a} + \boldsymbol{c} = 2\boldsymbol{b}$，つまり $\boldsymbol{a} + \boldsymbol{c} - 2\boldsymbol{b} = \boldsymbol{0}$ となる．

以下に，数ベクトル空間 $\mathbb{R}^n$ において，数ベクトルの線形従属と線形独立という概念を計算式で一般的に定義するが，それは上で述べた幾何学的な位置ベクトルの意味を式の形で表したものである．

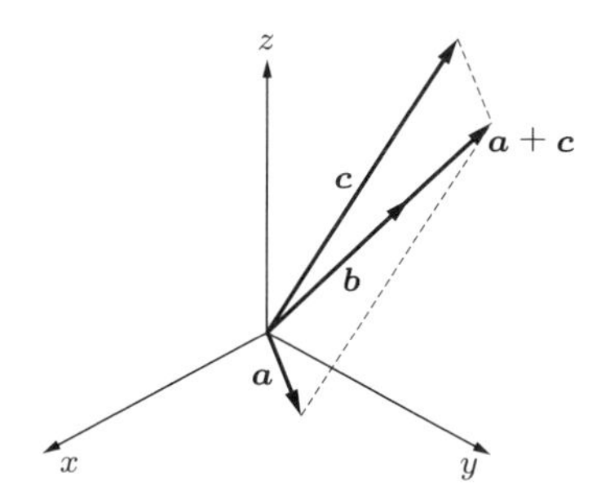

線形従属な位置ベクトル $\boldsymbol{a}$, $\boldsymbol{b}$, $\boldsymbol{c}$

> **[定義]　線形従属と線形独立**
> 数ベクトル空間 $\mathbb{R}^n$ の r 個の数ベクトル $\boldsymbol{a}_1, \ldots, \boldsymbol{a}_r$ に対して，未知数 $c_1, \ldots, c_r$ の連立 1 次方程式 $c_1\boldsymbol{a}_1 + \cdots + c_r\boldsymbol{a}_r = \mathbf{0}$ を考える．もし，$c_1 = \cdots = c_r = 0$ 以外の解が存在するとき，$\boldsymbol{a}_1, \ldots, \boldsymbol{a}_r$ は**線形従属**であるという．そうでないとき，$\boldsymbol{a}_1, \ldots, \boldsymbol{a}_r$ は**線形独立**であるという．

次の例題と問題で，数ベクトルの線形独立と線形従属の意味を確認しよう．

[例題]　数ベクトル空間 $\mathbb{R}^4$ において，次の数ベクトル $\boldsymbol{a}_1$，$\boldsymbol{a}_2$，$\boldsymbol{a}_3$ が線形独立であるか線形従属であるかを判断せよ．

(1) $\boldsymbol{a}_1 = \begin{pmatrix} 1 \\ -2 \\ 0 \\ 1 \end{pmatrix}$, $\boldsymbol{a}_2 = \begin{pmatrix} 2 \\ -2 \\ -3 \\ 1 \end{pmatrix}$, $\boldsymbol{a}_3 = \begin{pmatrix} 0 \\ 2 \\ -3 \\ -1 \end{pmatrix}$

(2) $\boldsymbol{a}_1 = \begin{pmatrix} 1 \\ 2 \\ 1 \\ 0 \end{pmatrix}$, $\boldsymbol{a}_2 = \begin{pmatrix} 1 \\ 3 \\ 0 \\ -1 \end{pmatrix}$, $\boldsymbol{a}_3 = \begin{pmatrix} 0 \\ 0 \\ 2 \\ 1 \end{pmatrix}$

[解答]　(1) $c_1\boldsymbol{a}_1 + c_2\boldsymbol{a}_2 + c_3\boldsymbol{a}_3 = \mathbf{0}$ から連立 1 次方程式 $c_1 + 2c_2 = 0$，$-2c_1 - 2c_2 + 2c_3 = 0$，$-3c_2 - 3c_3 = 0$，$c_1 + c_2 - c_3 = 0$ が得られ，これより $c_1 = 2$，$c_2 = -1$，$c_3 = 1$ となる．したがって，$\boldsymbol{a}_1$，$\boldsymbol{a}_2$，$\boldsymbol{a}_3$ は線形従属である．

(2) $c_1\boldsymbol{a}_1 + c_2\boldsymbol{a}_2 + c_3\boldsymbol{a}_3 = \mathbf{0}$ から連立 1 次方程式 $c_1 + c_2 = 0$，$2c_1 + 3c_2 = 0$，$c_1 + 2c_3 = 0$，$-c_2 + c_3 = 0$ が得られるが，これは $c_1 = c_2 = c_3 = 0$ 以外に解が存在しないから，$\boldsymbol{a}_1$，$\boldsymbol{a}_2$，$\boldsymbol{a}_3$ は線形独立である．

▶**問題**　数ベクトル空間 $\mathbb{R}^4$ において，次の数ベクトル $\boldsymbol{a}_1$，$\boldsymbol{a}_2$，$\boldsymbol{a}_3$ が線形独立であるか線形従属であるかを判断せよ．

$$(1)\ \boldsymbol{a}_1 = \begin{pmatrix} -3 \\ 2 \\ -2 \\ 1 \end{pmatrix},\ \boldsymbol{a}_2 = \begin{pmatrix} 6 \\ -4 \\ 4 \\ 1 \end{pmatrix},\ \boldsymbol{a}_3 = \begin{pmatrix} 0 \\ 0 \\ 1 \\ -3 \end{pmatrix}$$

$$(2)\ \boldsymbol{a}_1 = \begin{pmatrix} 2 \\ 3 \\ 1 \\ -2 \end{pmatrix},\ \boldsymbol{a}_2 = \begin{pmatrix} 0 \\ -6 \\ 0 \\ 3 \end{pmatrix},\ \boldsymbol{a}_3 = \begin{pmatrix} 4 \\ 0 \\ 2 \\ -1 \end{pmatrix}$$

1.5　連立 1 次方程式の基本変形

数ベクトル空間 $\mathbb{R}^n$ の r 個の数ベクトル $\boldsymbol{a}_1, \ldots, \boldsymbol{a}_r$ が線形独立であるか線形従属であるかの判断は，連立 1 次方程式を解くことにあった．そこで，1.5〜1.7 節では連立 1 次方程式を効率的に解く方法を紹介する．

本題に入る前に，連立方程式を扱ううえで必要となる行列について説明する．次のように，数を長方形に並べたものを**行列**といい，個々の数をその行列の**成分**とよぶ．

$$\begin{pmatrix} 3 & 1 & -4 & 6 \\ -2 & 2 & 5 & -7 \\ 4 & -9 & 3 & 1 \end{pmatrix}$$

また，行列において横の並びを**行**といい，上から順に第 1 行，第 2 行，…という．縦の並びは**列**といい，左から順に第 1 列，第 2 列，…という．

第 i 行と第 j 列の交わる位置にある成分を (i,j) **成分**という．たとえば，上の行列においては，$(2,3)$ 成分は 5 であり，$(3,2)$ 成分は -9 である．

一般に，次のような行の数が m，列の数が n である行列を m **行** n **列の行列**，または (m,n) **行列**という．

$$A = \begin{pmatrix} a_{11} & \cdots & a_{1n} \\ \vdots & & \vdots \\ a_{m1} & \cdots & a_{mn} \end{pmatrix}$$

とくに，(n, n) 行列のことを n **次正方行列**という．

行列に関する準備ができたので，目的である**連立 1 次方程式の基本変形**を説明する．

[定義]　連立 1 次方程式の基本変形

連立 1 次方程式が与えられたとき，**基本変形**という以下の三つの操作を施すことで，連立方程式をシンプルな形に変更することができる．

(1) 一つの方程式を t 倍する．

(2) ある方程式にほかの方程式の t 倍を加える．

(3) 二つの方程式を入れ換える．

[解説] $x_1, \ldots, x_r$ $(r \leqq n)$ に関する n 個の連立 1 次方程式

$$\begin{cases} a_{11}x_1 + a_{12}x_2 + \cdots + a_{1r}x_r = b_1 \\ \qquad\qquad\vdots \\ a_{n1}x_1 + a_{n2}x_2 + \cdots + a_{nr}x_r = b_n \end{cases}$$

の基本変形を効率よく扱うために，上の連立方程式を以下のように係数だけを取り出し簡単に表す．

$$\left(\begin{array}{ccc|c} a_{11} & \cdots & a_{1r} & b_1 \\ \vdots & & \vdots & \vdots \\ a_{n1} & \cdots & a_{nr} & b_n \end{array}\right)$$

これを**連立 1 次方程式の係数行列**という．ここで，a_{ij} は i 行目の方程式の x_j の係数を表すことに注意せよ．

連立 1 次方程式の係数行列を使って，基本変形を説明しよう．まず，基本変形 (1) について，たとえば，2 行目の方程式 R_2 を t 倍する変形 tR_2 は，

$$\left(\begin{array}{cccc|c} a_{11} & a_{12} & \cdots & a_{1r} & b_1 \\ a_{21} & a_{22} & \cdots & a_{2r} & b_2 \\ \vdots & \vdots & & \vdots & \vdots \\ a_{n1} & a_{n2} & \cdots & a_{nr} & b_n \end{array}\right) \xrightarrow{tR_2} \left(\begin{array}{cccc|c} a_{11} & a_{12} & \cdots & a_{1r} & b_1 \\ ta_{21} & ta_{22} & \cdots & ta_{2r} & tb_2 \\ \vdots & \vdots & & \vdots & \vdots \\ a_{n1} & a_{n2} & \cdots & a_{nr} & b_n \end{array}\right)$$

となる．基本変形 (2) について，たとえば，2 行目の方程式 R_2 に 1 行目の方程式 R_1 の t 倍を加える変形 $R_2 + tR_1$ は，

$$
\left(\begin{array}{cccc|c} a_{11} & a_{12} & \cdots & a_{1r} & b_1 \\ a_{21} & a_{22} & \cdots & a_{2r} & b_2 \\ \vdots & \vdots & & \vdots & \vdots \\ a_{n1} & a_{n2} & \cdots & a_{nr} & b_n \end{array}\right)
$$

$$
\xrightarrow{R_2+tR_1} \left(\begin{array}{cccc|c} a_{11} & a_{12} & \cdots & a_{1r} & b_1 \\ a_{21}+ta_{11} & a_{22}+ta_{12} & \cdots & a_{2r}+ta_{1r} & b_2+tb_1 \\ \vdots & \vdots & & \vdots & \vdots \\ a_{n1} & a_{n2} & \cdots & a_{nr} & b_n \end{array}\right)
$$

となる．基本変形 (3) について，たとえば，1 行目 R_1 と 2 行目 R_2 の方程式を入れ換える $R_1 \leftrightarrow R_2$ は，

$$
\left(\begin{array}{cccc|c} a_{11} & a_{12} & \cdots & a_{1r} & b_1 \\ a_{21} & a_{22} & \cdots & a_{2r} & b_2 \\ \vdots & \vdots & & \vdots & \vdots \\ a_{n1} & a_{n2} & \cdots & a_{nr} & b_n \end{array}\right) \xrightarrow{R_1 \leftrightarrow R_2} \left(\begin{array}{cccc|c} a_{21} & a_{22} & \cdots & a_{2r} & b_2 \\ a_{11} & a_{12} & \cdots & a_{1r} & b_1 \\ \vdots & \vdots & & \vdots & \vdots \\ a_{n1} & a_{n2} & \cdots & a_{nr} & b_n \end{array}\right)
$$

となる． □

この連立方程式の行列表示による基本変形を利用すると，連立方程式を解くことができる．その方法を次の例題でマスターしよう．

[例題]　次の連立 1 次方程式を行列表示に直し，基本変形を使って解け．

$$
\begin{cases} x_1 + 2x_2 + 2x_3 = -2 \\ 2x_1 + x_2 + x_3 = 2 \\ x_1 + 3x_2 - x_3 = -8 \end{cases}
$$

[解答] 基本変形により，

$$
\left(\begin{array}{ccc|c} 1 & 2 & 2 & -2 \\ 2 & 1 & 1 & 2 \\ 1 & 3 & -1 & -8 \end{array}\right) \xrightarrow{R_3-R_1} \left(\begin{array}{ccc|c} 1 & 2 & 2 & -2 \\ 2 & 1 & 1 & 2 \\ 0 & 1 & -3 & -6 \end{array}\right)
$$

$$
\xrightarrow{R_2-2R_1} \left(\begin{array}{ccc|c} 1 & 2 & 2 & -2 \\ 0 & -3 & -3 & 6 \\ 0 & 1 & -3 & -6 \end{array}\right) \xrightarrow{R_2/(-3)} \left(\begin{array}{ccc|c} 1 & 2 & 2 & -2 \\ 0 & 1 & 1 & -2 \\ 0 & 1 & -3 & -6 \end{array}\right)
$$

$$\xrightarrow{R_3-R_2}\left(\begin{array}{ccc|c} 1 & 2 & 2 & -2 \\ 0 & 1 & 1 & -2 \\ 0 & 0 & -4 & -4 \end{array}\right) \xrightarrow{R_3/(-4)} \left(\begin{array}{ccc|c} 1 & 2 & 2 & -2 \\ 0 & 1 & 1 & -2 \\ 0 & 0 & 1 & 1 \end{array}\right)$$

となる．したがって，最後の行列表示の 3 行目の式より $x_3 = 1$，2 行目の式より $x_2 = -3$，そして，1 行目の式より $x_1 = 2$ を得る．

▶**問題** 次の連立 1 次方程式を行列表示に直し，基本変形を使って解け．

$$\begin{cases} x_1 + x_2 + x_3 = 3 \\ x_2 + 2x_3 = 0 \\ 2x_1 + x_2 - x_3 = 7 \end{cases}$$

1.6 連立 1 次方程式の係数行列のランク

たとえば，連立方程式

$$\begin{cases} x_1 + x_2 + x_3 = 3 \\ x_2 + 3x_3 + x_4 = 2 \\ 2x_2 + 6x_3 + 2x_4 = 4 \end{cases}$$

の行列表示を見ると，

$$\left(\begin{array}{cccc|c} 1 & 1 & 1 & 0 & 3 \\ 0 & 2 & 3 & 1 & 2 \\ 0 & 4 & 6 & 2 & 4 \end{array}\right)$$

となっており，第 3 行目が第 2 行目の 2 倍となっていて，四つの解をどのように表せばよいかが問題となる．このようなタイプの連立方程式の解の構造を理解するためには，**連立方程式の係数行列のランク**という概念が重要となってくる．

[定理] 連立 1 次方程式の係数行列のランク

連立 1 次方程式は，三つの基本変形により，以下のような各行の左側に 0 が並び，そして $r+1$ 段目以降の行はすべて 0 となる行列（**階段行列**）にすることができる．

$$
\left(\begin{array}{ccccccc|c}
0\cdots 0 & \bullet & * & \cdots & \cdots & \cdots & * & * \\
0\cdots\cdots 0 & & \bullet & * & \cdots & \cdots & * & * \\
0\cdots\cdots\cdots 0 & & & \bullet & * & \cdots & * & * \\
& & \vdots & & & & & \vdots \\
0\cdots\cdots\cdots\cdots\cdots 0 & & & & \bullet & * \cdots & * & * \\
0\cdots\cdots\cdots\cdots\cdots\cdots & & & & 0 & \cdots & 0 & 0 \\
& & \vdots & & & & & \vdots \\
0\cdots\cdots\cdots\cdots\cdots\cdots & & & & 0 & \cdots & 0 & 0
\end{array}\right)
\left.\begin{array}{c} \\ \\ \\ \\ \\ \end{array}\right\} r \text{ 行}
$$

ここで，斜めに並ぶ r 個の $\bullet$ は 0 でないある数を表し，$*$ は何らかの数を表す．

[解説] 連立 1 次方程式の係数行列は，三つの基本変形によりさまざまな形に変形される．しかし，ここで重要なことは，基本変形の順番によって形は異なっていても $\bullet$ の個数 r，つまり段数 r だけは不変ということである．そこで，r をこの**連立 1 次方程式の係数行列のランク**，または，単に**ランク**とよんでいる．たとえば，以下の連立方程式のランクは 3 である．

$$
\left(\begin{array}{ccccccc|c}
1 & 4 & 0 & -1 & 3 & 0 & 2 & 5 \\
0 & 0 & 0 & 2 & 0 & -2 & 1 & 0 \\
0 & 0 & 0 & 0 & 0 & 1 & -2 & 2 \\
0 & 0 & 0 & 0 & 0 & 0 & 0 & 0
\end{array}\right)
$$

□

次の例題で，具体的な連立 1 次方程式のランクを計算してみよう．

[例題]　次の連立 1 次方程式のランクを求めよ．

$$
\begin{cases}
x_1 + 2x_2 + 2x_3 + 4x_4 = 0 \\
2x_1 + x_2 + x_3 + 2x_4 = 0 \\
x_1 - 2x_2 - 2x_3 - 4x_4 = 0 \\
x_1 + x_2 + x_3 + 2x_4 = 0
\end{cases}
$$

[解答] 基本変形により，

$$
\left(\begin{array}{cccc|c}
1 & 2 & 2 & 4 & 0 \\
2 & 1 & 1 & 2 & 0 \\
1 & -2 & -2 & -4 & 0 \\
1 & 1 & 1 & 2 & 0
\end{array}\right)
\xrightarrow[R_3-R_1]{R_4-(R_1+R_2)/3}
\left(\begin{array}{cccc|c}
1 & 2 & 2 & 4 & 0 \\
2 & 1 & 1 & 2 & 0 \\
0 & -4 & -4 & -8 & 0 \\
0 & 0 & 0 & 0 & 0
\end{array}\right)
$$

$$\xrightarrow[R_2-2R_1]{R_3/(-4)}\left(\begin{array}{cccc|c}1&2&2&4&0\\0&-3&-3&-6&0\\0&1&1&2&0\\0&0&0&0&0\end{array}\right)\xrightarrow[R_3-R_2]{R_3/(-3)}\left(\begin{array}{cccc|c}1&2&2&4&0\\0&1&1&2&0\\0&0&0&0&0\\0&0&0&0&0\end{array}\right)$$

となる．したがって，ランクは 2 である．

▶**問題**　次の連立 1 次方程式のランクを求めよ．

$$\begin{cases}x_1+x_2+2x_3+4x_4=0\\2x_1+2x_2+3x_3+2x_4=0\\3x_1+3x_2+5x_3+10x_4=0\\x_1+x_2+x_3+2x_4=0\end{cases}$$

◉ 1.7　連立 1 次方程式の一般解

連立 1 次方程式が与えられても，その解は一つに定まるとは限らない．むしろ，解が一つに定まることのほうがまれである．しかし，前節で説明したランクを用いれば，そのような場合でも解を表現できる．

[定理]　連立 1 次方程式の一般解

$x_1, \ldots, x_n$ に関する連立 1 次方程式のランクが r であるとき，その解は $n-r$ 個の未知数 $t_1, \ldots, t_{n-r}$ を用いて表される．

上記の定理の解説はしないが，次の例題で解が一つに定まらない連立 1 次方程式の解の表し方が確認できる．上記の定理の証明は，たとえば参考文献 [4] を参照してほしい．このタイプの連立 1 次方程式は，第 5 章の固有ベクトルを求める計算においても非常に重要である．ここで，解の表し方をしっかりマスターしておこう．

[例題]　1.6 節の例題の次の連立 1 次方程式を解け．

$$\begin{cases}x_1+2x_2+2x_3+4x_4=0\\2x_1+x_2+x_3+2x_4=0\\x_1-2x_2-2x_3-4x_4=0\\x_1+x_2+x_3+2x_4=0\end{cases}$$

[解答] 1.6 節の例題の解答より，これはランク 2 の方程式で，基本変形により連立 1 次方程式

$$\begin{cases} x_1 + 2x_2 + 2x_3 + 4x_4 = 0 \\ x_2 + x_3 + 2x_4 = 0 \end{cases}$$

を得る．したがって，上記の定理より，2 個の未知数 t_1，t_2 を用いて，$x_3 = t_1$，$x_4 = t_2$ とおけば，$x_2 = -t_1 - 2t_3$，$x_1 = 0$ が得られる．

▶**問題**　次の連立 1 次方程式を解け．

$$\begin{cases} x_1 + x_2 + 2x_3 + 4x_4 = 0 \\ 2x_1 + x_2 + x_3 + 2x_4 = 0 \\ x_1 + x_3 + 2x_4 = 0 \\ x_1 + x_2 + x_3 + 2x_4 = 0 \end{cases}$$

1.8　線形独立とランクの関係

1.4 節で，数ベクトルが線形独立であることの定義を扱い，実際にそれを調べるためには連立 1 次方程式を解く必要があることを説明した．一方，1.5〜1.7 節で，連立 1 次方程式にはランクという概念があり，解が一つに確定するものと，未知数を使って表現されるものがあると説明した．この節では，ベクトルが線形独立であることと，それを調べるための連立 1 次方程式のランクの関係について説明する．

[定理]　線形独立とランクの関係

数ベクトル空間 $\mathbb{R}^n$ の r 個の数ベクトル $\boldsymbol{a}_1, \ldots, \boldsymbol{a}_r$ が線形独立であるための必要十分条件は，未知数 $c_1, \ldots, c_r$ に関する連立 1 次方程式 $c_1\boldsymbol{a}_1 + \cdots + c_r\boldsymbol{a}_r = \boldsymbol{0}$ のランクが r であることである．

[解説] 1.7 節の定理より，連立 1 次方程式の解が $c_1 = \cdots = c_r = 0$ のみで定まることは，ランクが r であることからいえる．　□

1.4 節の例題では定義から線形独立か線形従属であるかを判断したが，次の例題ではランクの計算から判断してみる．

[例題] 数ベクトル空間 $\mathbb{R}^4$ において，次の $\boldsymbol{a}_1$，$\boldsymbol{a}_2$，$\boldsymbol{a}_3$ が線形独立であるか線形従属であるかを連立1次方程式のランクから判断せよ．

$$(1)\ \boldsymbol{a}_1 = \begin{pmatrix} 2 \\ 3 \\ -1 \\ 1 \end{pmatrix},\ \boldsymbol{a}_2 = \begin{pmatrix} 0 \\ 2 \\ 1 \\ -1 \end{pmatrix},\ \boldsymbol{a}_3 = \begin{pmatrix} -4 \\ -2 \\ 4 \\ -4 \end{pmatrix}$$

$$(2)\ \boldsymbol{a}_1 = \begin{pmatrix} 3 \\ 0 \\ 1 \\ 1 \end{pmatrix},\ \boldsymbol{a}_2 = \begin{pmatrix} 0 \\ 3 \\ 1 \\ -1 \end{pmatrix},\ \boldsymbol{a}_3 = \begin{pmatrix} -2 \\ 0 \\ 2 \\ 1 \end{pmatrix}$$

[解答] (1) 連立1次方程式を立てて基本変形していくと，

$$\left(\begin{array}{ccc|c} 2 & 0 & -4 & 0 \\ 3 & 2 & -2 & 0 \\ -1 & 1 & 4 & 0 \\ 1 & -1 & -4 & 0 \end{array}\right) \xrightarrow[R_1 \leftrightarrow R_3]{R_4+R_3} \left(\begin{array}{ccc|c} -1 & 1 & 4 & 0 \\ 3 & 2 & -2 & 0 \\ 2 & 0 & -4 & 0 \\ 0 & 0 & 0 & 0 \end{array}\right)$$

$$\xrightarrow[R_3+2R_1]{R_2+3R_1} \left(\begin{array}{ccc|c} -1 & 1 & 4 & 0 \\ 0 & 5 & 10 & 0 \\ 0 & 2 & 4 & 0 \\ 0 & 0 & 0 & 0 \end{array}\right) \xrightarrow[R_5/5]{R_3/2-R_2/5} \left(\begin{array}{ccc|c} -1 & 1 & 4 & 0 \\ 0 & 1 & 2 & 0 \\ 0 & 0 & 0 & 0 \\ 0 & 0 & 0 & 0 \end{array}\right)$$

であり，ランクは2であるので，上記の定理より線形従属である．

(2) 連立1次方程式を立てて基本変形していくと，

$$\left(\begin{array}{ccc|c} 3 & 0 & -2 & 0 \\ 0 & 3 & 0 & 0 \\ 1 & 1 & 2 & 0 \\ 1 & -1 & 1 & 0 \end{array}\right) \xrightarrow[R_1-3R_3,\ R_2/3]{R_4-R_3} \left(\begin{array}{ccc|c} 0 & -3 & -8 & 0 \\ 0 & 1 & 0 & 0 \\ 1 & 1 & 2 & 0 \\ 0 & -2 & -1 & 0 \end{array}\right)$$

$$\xrightarrow[R_4+2R_2]{R_1+3R_2} \left(\begin{array}{ccc|c} 0 & 0 & -8 & 0 \\ 0 & 1 & 0 & 0 \\ 1 & 1 & 2 & 0 \\ 0 & 0 & -1 & 0 \end{array}\right) \xrightarrow[R_1 \leftrightarrow R_3]{R_4-R_1/8} \left(\begin{array}{ccc|c} 1 & 1 & 2 & 0 \\ 0 & 1 & 0 & 0 \\ 0 & 0 & -8 & 0 \\ 0 & 0 & 0 & 0 \end{array}\right)$$

であり，ランクは3であるので，上記の定理より線形独立である．

▶**問題** 数ベクトル空間 $\mathbb{R}^4$ において，次の $\boldsymbol{a}_1$，$\boldsymbol{a}_2$，$\boldsymbol{a}_3$ が線形独立であるか線形従属で

あるかを連立1方程式のランクから判断せよ．

(1) $\boldsymbol{a}_1 = \begin{pmatrix} -1 \\ 3 \\ -2 \\ 1 \end{pmatrix}$, $\boldsymbol{a}_2 = \begin{pmatrix} 2 \\ -1 \\ 4 \\ 1 \end{pmatrix}$, $\boldsymbol{a}_3 = \begin{pmatrix} 0 \\ 0 \\ 3 \\ 1 \end{pmatrix}$

(2) $\boldsymbol{a}_1 = \begin{pmatrix} -2 \\ 1 \\ 3 \\ 2 \end{pmatrix}$, $\boldsymbol{a}_2 = \begin{pmatrix} 0 \\ 5 \\ 3 \\ 8 \end{pmatrix}$, $\boldsymbol{a}_3 = \begin{pmatrix} 1 \\ 2 \\ 0 \\ 3 \end{pmatrix}$

1.9　$\mathbb{R}^n$ の部分空間

数ベクトル空間の次元を考えるうえで，「数ベクトル空間の中の部分集合で，数ベクトル空間になるもの」が重要になる．これは部分空間とよばれるものである．1.9〜1.13節で，部分空間について説明する．この節では，まず部分空間を定義する．

[定義]　$\mathbb{R}^n$ の部分空間

数ベクトル空間 $\mathbb{R}^n$ の空でない部分集合を V とする．$\boldsymbol{a}, \boldsymbol{b} \in V$ と $\lambda \in \mathbb{R}$ について $\boldsymbol{a} + \boldsymbol{b} \in V$, $\lambda\boldsymbol{a} \in V$ であるとき，V は $\mathbb{R}^n$ の**部分空間**であるという．

注意　$\mathbb{R}^n$ の部分空間 V には，1.1節の定義の演算において $\lambda = 0$ を考えると $0 \cdot \boldsymbol{a} = \boldsymbol{0}$ となるので，零ベクトル $\boldsymbol{0}$ が必ず含まれる．$\mathbb{R}^n$ の部分空間 $\mathbb{R}^n$ と $\{\boldsymbol{0}\}$ を**自明な部分空間**という．

[例題]　数ベクトル空間 $\mathbb{R}^n$ の数ベクトル $\boldsymbol{a}$ と任意の実数 c から得られる集合 $V = \{c\boldsymbol{a} \mid c \in \mathbb{R}\}$ は，$\mathbb{R}^n$ の部分空間であることを示せ．

[解答] 1.1節の定義の演算で閉じていることを確かめる．V の任意の元 $\boldsymbol{x}$ を考えると，$\boldsymbol{x} = c\boldsymbol{a}$ と書ける．V の任意の元 $\boldsymbol{x}$ と $\boldsymbol{y}$ を $\boldsymbol{x} = c_1\boldsymbol{a}$, $\boldsymbol{y} = c_2\boldsymbol{a}$ と表す．和については，$\boldsymbol{x} + \boldsymbol{y} = (c_1 + c_2)\boldsymbol{a}$ であり，$c = c_1 + c_2$ とおけば，c は実数であるので $\boldsymbol{x} + \boldsymbol{y} = c\boldsymbol{a} \in V$ となる．スカラー倍（λ 倍）についても，$\lambda\boldsymbol{x} = \lambda c_1\boldsymbol{a}$ より $c = \lambda c_1$ とおけば，c は実数であるので $\lambda\boldsymbol{x} = c\boldsymbol{a} \in V$ となる．

▶**問題** 数ベクトル空間 $\mathbb{R}^n$ の二つの数ベクトル $\boldsymbol{a}, \boldsymbol{b}$ と任意の実数 $s,\ t$ から得られる集合 $V = \{s\boldsymbol{a} + t\boldsymbol{b} \mid s, t \in \mathbb{R}\}$ は，$\mathbb{R}^n$ の部分空間であることを示せ．

1.10 生成される部分空間

数ベクトル空間 $\mathbb{R}^3$ において，$s,\ t \in \mathbb{R}$ に対して，たとえば $\boldsymbol{x} = \begin{pmatrix} s \\ 2s \\ t \end{pmatrix}$ は，

$\boldsymbol{a}_1 = \begin{pmatrix} 1 \\ 2 \\ 0 \end{pmatrix}$，$\boldsymbol{a}_2 = \begin{pmatrix} 0 \\ 0 \\ 1 \end{pmatrix}$ とおくと，$\boldsymbol{x} = s\boldsymbol{a}_1 + t\boldsymbol{a}_2$ と表すことができる．そこで，集合 $W = \{s\boldsymbol{a}_1 + t\boldsymbol{a}_2 \mid s,\ t \in \mathbb{R}\}$ を考えると，これは 1.1 節の定義の演算で閉じているので，W は $\mathbb{R}^3$ の部分空間である．このような部分空間の構造をより詳しく扱うために，「生成」という概念を定義する．

[定義] 生成される部分空間
数ベクトル空間 $\mathbb{R}^n$ の r 個の数ベクトル $\{\boldsymbol{a}_1, \ldots, \boldsymbol{a}_r\}$ と，任意の実数 $c_1, \ldots, c_r$ を用いて得られるベクトル $c_1\boldsymbol{a}_1 + \cdots + c_r\boldsymbol{a}_r$ 全体の集合を，$\langle \boldsymbol{a}_1, \ldots, \boldsymbol{a}_r \rangle$ と書く．このとき，$\langle \boldsymbol{a}_1, \ldots, \boldsymbol{a}_r \rangle$ は $\mathbb{R}^n$ の部分空間である．$\langle \boldsymbol{a}_1, \ldots, \boldsymbol{a}_r \rangle$ を $\{\boldsymbol{a}_1, \ldots, \boldsymbol{a}_r\}$ によって $\mathbb{R}$ 上で**生成される部分空間**，または，$\mathbb{R}$ 上で $\{\boldsymbol{a}_1, \ldots, \boldsymbol{a}_r\}$ が**張る空間**という．また，$\boldsymbol{a}_1, \ldots, \boldsymbol{a}_r$ を $\langle \boldsymbol{a}_1, \ldots, \boldsymbol{a}_r \rangle$ の**生成元**という．

生成元が二つ以上あって，もしそれらが線形従属という関係にあった場合，それらの中のいくつかの数ベクトルは生成元として意味がなくなってしまう．次の例題でこのことを確認しよう．

[例題] 数ベクトル空間 $\mathbb{R}^2$ の元である次の二つの数ベクトル $\{\boldsymbol{a}_1, \boldsymbol{a}_2\}$ で生成される部分空間 $\langle \boldsymbol{a}_1, \boldsymbol{a}_2 \rangle$ は，$\mathbb{R}^2$ と一致するかどうか判断せよ．

(1) $\boldsymbol{a}_1 = \begin{pmatrix} 2 \\ 3 \end{pmatrix}$，$\boldsymbol{a}_2 = \begin{pmatrix} 4 \\ 6 \end{pmatrix}$ (2) $\boldsymbol{a}_1 = \begin{pmatrix} 2 \\ 3 \end{pmatrix}$，$\boldsymbol{a}_2 = \begin{pmatrix} 2 \\ 5 \end{pmatrix}$

[解答] (1) たとえば，ベクトル $\boldsymbol{x} = \begin{pmatrix} 1 \\ 0 \end{pmatrix}$ を考える．もし，$\boldsymbol{x} = c_1\boldsymbol{a}_1 + c_2\boldsymbol{a}_2$ となっていると仮定すると，連立 1 次方程式

$$1 = 2c_1 + 4c_2 \qquad (*1)$$
$$0 = 3c_1 + 6c_2$$

を得る．式 $(*1)$ の $\dfrac{3}{2}$ 倍を考えることで，明らかにこの連立 1 次方程式に解はないことがわかる．これは，$\boldsymbol{x}$ は $\boldsymbol{a}_1$ と $\boldsymbol{a}_2$ からは得られないことを意味する．したがって，$\boldsymbol{a}_1$ と $\boldsymbol{a}_2$ は $\mathbb{R}^2$ のある数ベクトルを生成できない．よって，ベクトル空間 $\langle \boldsymbol{a}_1, \boldsymbol{a}_2 \rangle$ は $\mathbb{R}^2$ とは一致しない．

(2) $\boldsymbol{x} = \begin{pmatrix} x_1 \\ x_2 \end{pmatrix}$ を考え，$\boldsymbol{x} = c_1\boldsymbol{a}_1 + c_2\boldsymbol{a}_2$ を仮定する．これより，連立 1 次方程式

$$x_1 = 2c_1 + 4c_2$$
$$x_2 = 2c_1 + 5c_2$$

を得る．これを解くと，$c_1 = \dfrac{5x_1 - 4x_2}{2}$，$c_2 = x_2 - x_1$ が得られる．つまり，x_1，x_2 に値を定めると，必ず解 c_1，c_2 が決まる．したがって，$\boldsymbol{a}_1$ と $\boldsymbol{a}_2$ は，$\mathbb{R}^2$ のすべての数ベクトルを生成する．よって，ベクトル空間 $\langle \boldsymbol{a}_1, \boldsymbol{a}_2 \rangle$ は $\mathbb{R}^2$ に一致する．

上記の例題 (1) の $\boldsymbol{a}_1$，$\boldsymbol{a}_2$ は，$\mathbb{R}^2$ のすべての数ベクトルを生成できない．しかし，$\boldsymbol{a}_2 = 2\boldsymbol{a}_1$ であることから，$\langle \boldsymbol{a}_1, \boldsymbol{a}_2 \rangle = \langle \boldsymbol{a}_1 \rangle$ である．これは，ベクトル空間 $\langle \boldsymbol{a}_1, \boldsymbol{a}_2 \rangle$ の生成元は，実は一つで十分であることを意味する．

▶**問題**　数ベクトル空間 $\mathbb{R}^2$ の元である次の二つの数ベクトル $\{\boldsymbol{a}_1, \boldsymbol{a}_2\}$ で生成される部分空間 $\langle \boldsymbol{a}_1, \boldsymbol{a}_2 \rangle$ は，$\mathbb{R}^2$ と一致するかどうか判断せよ．

(1) $\boldsymbol{a}_1 = \begin{pmatrix} 1 \\ 2 \end{pmatrix}$，$\boldsymbol{a}_2 = \begin{pmatrix} -3 \\ 1 \end{pmatrix}$　　(2) $\boldsymbol{a}_1 = \begin{pmatrix} 2 \\ -6 \end{pmatrix}$，$\boldsymbol{a}_2 = \begin{pmatrix} -1 \\ 3 \end{pmatrix}$

1.11　部分空間の基底と次元

1.9 節で，数ベクトル空間 $\mathbb{R}^n$ 自身も $\mathbb{R}^n$ の部分空間であることを説明した．そして，$\mathbb{R}^n$ の数ベクトルには，n 個の特別な生成元が存在する．それは，

$$\begin{pmatrix} 1 \\ 0 \\ 0 \\ \vdots \\ 0 \end{pmatrix}, \begin{pmatrix} 0 \\ 1 \\ 0 \\ \vdots \\ 0 \end{pmatrix}, \dots, \begin{pmatrix} 0 \\ 0 \\ 0 \\ \vdots \\ 1 \end{pmatrix}$$

である．これらを，それぞれ $\boldsymbol{e}_1, \boldsymbol{e}_2, \dots, \boldsymbol{e}_n$ と書き，集合 $\{\boldsymbol{e}_1, \boldsymbol{e}_2, \dots, \boldsymbol{e}_n\}$ を $\mathbb{R}^n$ の**自然基底**（または標準基底）という．自然基底を用いることで，$\mathbb{R}^n$ の任意の数ベクトル (a_j) は，

$$\begin{pmatrix} a_1 \\ \vdots \\ a_n \end{pmatrix} = a_1\boldsymbol{e}_1 + \cdots + a_n\boldsymbol{e}_n$$

と表現される．自然基底をより一般的に扱ったものを基底とよび，以下のように定義される．

［定義］ 部分空間の基底と次元

数ベクトル空間 $\mathbb{R}^n$ の r 個の数ベクトルの集合 $\{\boldsymbol{b}_1, \dots, \boldsymbol{b}_r\}$ によって $\mathbb{R}$ 上で生成される空間 $\langle \boldsymbol{b}_1, \dots, \boldsymbol{b}_r \rangle$ を V とする．ここで，$\boldsymbol{b}_1, \dots, \boldsymbol{b}_r$ が線形独立であるとき，集合 $\{\boldsymbol{b}_1, \dots, \boldsymbol{b}_r\}$ は V の**基底**とよばれる．そして r を V の**次元**といい，$\dim V = r$ と書く．さらに，$\{\boldsymbol{b}_1, \dots, \boldsymbol{b}_r\}$ が V の基底であることを明確にするときは，基底 $(bases)$ の頭文字 B を用いて $V = \langle \boldsymbol{b}_1, \dots, \boldsymbol{b}_r \rangle_B$，あるいは単に $V = \langle \boldsymbol{b}_j \rangle_B$ と書く．

注意 1.8 節の定理より，$\mathbb{R}^n$ の部分空間 $\langle \boldsymbol{b}_1, \dots, \boldsymbol{b}_r \rangle$ の次元は，$c_1, \dots, c_r$ に関する連立 1 次方程式 $c_1\boldsymbol{b}_1 + \cdots + c_r\boldsymbol{b}_r = \boldsymbol{0}$ のランクに一致する．

［定理］ 次元の一意性

数ベクトル空間 $\mathbb{R}^n$ の部分空間 V の次元は，V の基底のとり方に関係なく一意的に定まる．

［解説］ 数ベクトル空間 $\mathbb{R}^n$ や部分空間 V には，その中にある多くの数ベクトルの基準となるような基底を取り出すことができる．しかし，その基底には絶対的なものはなく，基底の選び方は無数にある．このとき，どんな基底を選んだとしても変わらないものがあり，

それが V の次元である，というのがこの定理の意味である．つまり，V の基底の個数だけは変わらないのである．そのため V の次元とは，V の空間としての大きさを表しているといえる．

部分空間の次元からわかる構造について，もう少し説明しよう．数ベクトル空間 $\mathbb{R}^n$ の線形独立な r 個の数ベクトル $\boldsymbol{v}_1, \ldots, \boldsymbol{v}_r$ を考える．このとき，$\langle \boldsymbol{v}_1 \rangle$ は $\mathbb{R}^n$ の1次元部分空間であり，x 軸（$\mathbb{R}$）に重ね合わせることで，$\langle \boldsymbol{v}_1 \rangle_B$ と $\mathbb{R}$ を同一視することができる．さらに，$\langle \boldsymbol{v}_1, \boldsymbol{v}_2 \rangle_B$ は $\mathbb{R}^n$ の2次元部分空間であるが，$\boldsymbol{v}_1$ を $\boldsymbol{e}_1$ に，そして $\boldsymbol{v}_2$ を $\boldsymbol{e}_2$ に重ねるように $\langle \boldsymbol{v}_1, \boldsymbol{v}_2 \rangle_B$ の数ベクトル全体を伸ばすように動かしていけば，$\langle \boldsymbol{v}_1, \boldsymbol{v}_2 \rangle_B$ は平面 $\mathbb{R}^2$ と同一視できる．同様な考え方で，$\langle \boldsymbol{v}_1, \boldsymbol{v}_2, \boldsymbol{v}_3 \rangle_B$ は $\mathbb{R}^n$ の3次元部分空間で，空間 $\mathbb{R}^3$ と同一視できる．より一般に，$\langle \boldsymbol{v}_1, \ldots, \boldsymbol{v}_r \rangle_B$ は $\mathbb{R}^n$ の r 次元部分空間であり，それは r 次元数ベクトル空間 $\mathbb{R}^r$ と同一視できるのである．正確な説明は，4.3節の同型写像で行う．　□

次の例題で，部分空間の次元の求め方を確認しよう．

[例題]　数ベクトル空間 $\mathbb{R}^4$ の次の数ベクトルの集合 $\{\boldsymbol{a}, \boldsymbol{b}, \boldsymbol{c}\}$ から生成される $\mathbb{R}^4$ の部分空間 $\langle \boldsymbol{a}, \boldsymbol{b}, \boldsymbol{c} \rangle$ の次元を求めよ．

(1) $\boldsymbol{a} = \begin{pmatrix} 2 \\ -1 \\ 0 \\ 2 \end{pmatrix}, \ \boldsymbol{b} = \begin{pmatrix} -2 \\ 1 \\ 1 \\ 2 \end{pmatrix}, \ \boldsymbol{c} = \begin{pmatrix} -2 \\ 1 \\ 2 \\ 2 \end{pmatrix}$

(2) $\boldsymbol{a} = \begin{pmatrix} 3 \\ 6 \\ 3 \\ -6 \end{pmatrix}, \ \boldsymbol{b} = \begin{pmatrix} 2 \\ 4 \\ 2 \\ -4 \end{pmatrix}, \ \boldsymbol{c} = \begin{pmatrix} 1 \\ 2 \\ 1 \\ -2 \end{pmatrix}$

[解答] (1) 連立1次方程式

$$\left(\begin{array}{ccc|c} 2 & -2 & -2 & 0 \\ -1 & 1 & 1 & 0 \\ 0 & 1 & 2 & 0 \\ 2 & 2 & 2 & 0 \end{array}\right) \to \left(\begin{array}{ccc|c} 1 & -1 & -1 & 0 \\ 0 & 1 & 2 & 0 \\ 0 & 0 & 1 & 0 \\ 0 & 0 & 0 & 0 \end{array}\right)$$

のランクを計算すると3である．したがって，次元は3である．

(2) 連立1次方程式

$$\left(\begin{array}{ccc|c} 3 & 2 & 1 & 0 \\ 6 & 4 & 2 & 0 \\ 3 & 2 & 1 & 0 \\ -6 & -4 & -2 & 0 \end{array}\right) \to \left(\begin{array}{ccc|c} 3 & 2 & 1 & 0 \\ 0 & 0 & 0 & 0 \\ 0 & 0 & 0 & 0 \\ 0 & 0 & 0 & 0 \end{array}\right)$$

▌ のランクを計算すると 1 である．したがって，次元は 1 である．

▶**問題**　数ベクトル空間 $\mathbb{R}^4$ の自然基底 $\{\boldsymbol{e}_j\}$ に対して，$\boldsymbol{a} = \boldsymbol{e}_1 + 2\boldsymbol{e}_2 - \boldsymbol{e}_3 + 3\boldsymbol{e}_4$, $\boldsymbol{b} = -2\boldsymbol{e}_1 + \boldsymbol{e}_3$, $\boldsymbol{c} = -\boldsymbol{e}_1 + 2\boldsymbol{e}_2 + 3\boldsymbol{e}_4$ とする．このとき，次の $\mathbb{R}^4$ の部分空間の次元を求めよ．

(1) $\langle \boldsymbol{a}, \boldsymbol{b}, \boldsymbol{c} \rangle$　　(2) $\langle \boldsymbol{a}, \boldsymbol{a}+\boldsymbol{b}, \boldsymbol{a}+\boldsymbol{b}+\boldsymbol{c} \rangle$

1.12　部分空間の和と共通部分の次元

W_1 と W_2 を $\mathbb{R}^n$ の部分空間とする．このとき，W_1 と W_2 の共通部分 $W_1 \cap W_2$ や和 $W_1 + W_2 = \{\boldsymbol{w}_1 + \boldsymbol{w}_2 \mid \boldsymbol{w}_1 \in W_1,\ \boldsymbol{w}_2 \in W_2\}$ はまた $\mathbb{R}^n$ の部分空間となる（読者自身で確かめよ）．このとき，$W_1 \cap W_2$ の次元はどうなるだろうか．

部分空間 W_1, W_2, $W_1 \cap W_2$ と $W_1 + W_2$ について，以下の関係式がある．

［定理］　部分空間の和と共通部分の次元

W_1 と W_2 が数ベクトル空間 $\mathbb{R}^n$ の部分空間であるとき，以下の等式が成り立つ．

$$\dim(W_1 + W_2) = \dim W_1 + \dim W_2 - \dim(W_1 \cap W_2)$$

［解説］ この公式を直感的に解説しよう．$W_1 \cap W_2$ が部分空間であることから，$r = \dim(W_1 \cap W_2)$ とすると，$W_1 \cap W_2$ は r 個の基底 $\{\boldsymbol{a}_1, \ldots, \boldsymbol{a}_r\}$ をもつとしてよい．このことから，$\dim W_1 = r + s$, $\dim W_2 = r + t$ $(s, t > 0)$ とできる．すなわち，W_1 は

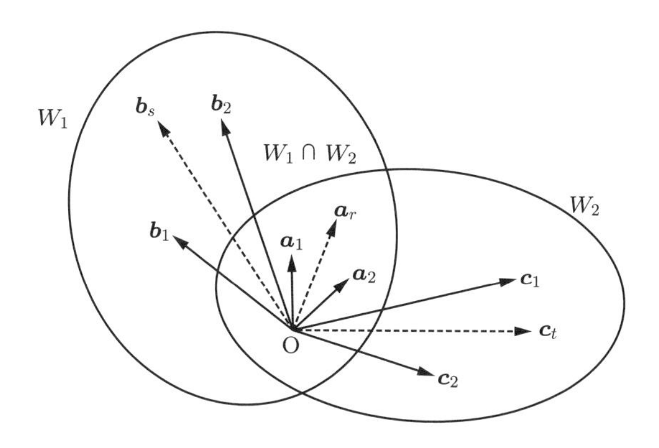

部分空間 W_1, W_2, $W_1 \cap W_2$ のそれぞれの基底

$r+s$ 個の基底 $\{\boldsymbol{a}_1,\dots,\boldsymbol{a}_r,\ \boldsymbol{b}_1,\dots,\boldsymbol{b}_s\}$ を，W_2 は $r+t$ 個の基底 $\{\boldsymbol{a}_1,\dots,\boldsymbol{a}_r,\ \boldsymbol{c}_1,\dots,\boldsymbol{c}_t\}$ をもつ．以上の設定から，上の公式は，W_1+W_2 の次元が $r+s+t$ であることを主張している．そのことを以下で見ていく．

W_1+W_2 は部分空間であること，定義から W_1+W_2 は W_1 も W_2 も含むことから，W_1 の基底 $r+s$ 個と W_2 の基底 $r+t$ 個を含む．そして，W_1+W_2 にはそれ以外の基底の候補はない．よって，$W_1\cap W_2$ の基底 r 個を考慮すると，W_1+W_2 の基底は $r+s+t$ 個となる．つまり，$\dim(W_1+W_2)=r+s+t$ である．□

注意　上の解説からもわかるように，W_1+W_2 の次元は，W_1 の基底となるベクトルと W_2 の基底となるベクトルを並べて考えたときの線形独立なベクトルの個数に一致する．

部分空間の和と共通部分の次元に関する公式の意味を，次の具体的な例題から確認しよう．

[例題]　数ベクトル空間 $\mathbb{R}^4$ の 2 次元部分空間（平面）$W_1=\langle\boldsymbol{a}_1,\boldsymbol{a}_2\rangle_B$ と $W_2=\langle\boldsymbol{b}_1,\boldsymbol{b}_2\rangle_B$ の共通部分 $W_1\cap W_2$ の次元を求めよ．ただし，$\boldsymbol{a}_1=\boldsymbol{e}_1+\boldsymbol{e}_2+\boldsymbol{e}_3$，$\boldsymbol{a}_2=\boldsymbol{e}_1+\boldsymbol{e}_2+\boldsymbol{e}_4$，$\boldsymbol{b}_1=\boldsymbol{e}_1+\boldsymbol{e}_3+\boldsymbol{e}_4$，$\boldsymbol{b}_2=\boldsymbol{e}_2+\boldsymbol{e}_3+\boldsymbol{e}_4$ とする．

[解答]　4 個のベクトル $\boldsymbol{a}_1,\boldsymbol{a}_2,\boldsymbol{b}_1,\boldsymbol{b}_2$ は線形独立であるので，$\dim(W_1+W_2)=4$ である．したがって，$\dim W_1+\dim W_2=\dim(W_1+W_2)+\dim(W_1\cap W_2)$ より，$\dim(W_1\cap W_2)=0$ である．すなわち，W_1 と W_2 の共通部分は点である．

▶**問題**　数ベクトル空間 $\mathbb{R}^4$ の 2 次元部分空間（平面）$W_1=\langle\boldsymbol{a}_1,\boldsymbol{a}_2\rangle_B$ と $W_2=\langle\boldsymbol{b}_1,\boldsymbol{b}_2\rangle_B$ の共通部分 $W_1\cap W_2$ の次元を求めよ．ただし，$\boldsymbol{a}_1=\boldsymbol{e}_1+\boldsymbol{e}_2+\boldsymbol{e}_3$，$\boldsymbol{a}_2=\boldsymbol{e}_1+\boldsymbol{e}_2+\boldsymbol{e}_4$，$\boldsymbol{b}_1=\boldsymbol{e}_1+\boldsymbol{e}_2+2\boldsymbol{e}_3-\boldsymbol{e}_4$，$\boldsymbol{b}_2=\boldsymbol{e}_2+\boldsymbol{e}_3+\boldsymbol{e}_4$ とする．

◉ 1.13　基底と座標

これまで数ベクトル空間 $\mathbb{R}^n$ の数ベクトル (x_j) は，無条件に自然基底 $\{\boldsymbol{e}_1,\dots,\boldsymbol{e}_n\}$ の座標として扱っていた．しかし，ベクトルの座標は基底によって決まるため，どの基底でベクトルを考えているかを明確にする必要がある．

数ベクトル空間 $\mathbb{R}^n$ の中の線形独立な r 個の数ベクトルの集合 $\{\boldsymbol{b}_1,\dots,\boldsymbol{b}_r\}$ を基底とする部分空間 $\langle\boldsymbol{b}_1,\dots,\boldsymbol{b}_r\rangle_B$ の数ベクトル $\boldsymbol{x}$ は，

$$\boldsymbol{x}=x_1\boldsymbol{b}_1+\cdots+x_r\boldsymbol{b}_r$$

と表された．ここで，$(x_1,\dots,x_r)$ を**基底** $\{\boldsymbol{b}_1,\dots,\boldsymbol{b}_r\}$ **に関する** $\boldsymbol{x}$ **の座標**という．

[定義] 基底と座標

数ベクトル空間 $\mathbb{R}^n$ の中の部分空間 $\langle \boldsymbol{b}_1, \dots, \boldsymbol{b}_r \rangle_B$ の数ベクトル $\boldsymbol{x}$ を,

$$\boldsymbol{x} = (\boldsymbol{b}_1 \ \cdots \ \boldsymbol{b}_r) \begin{pmatrix} x_1 \\ \vdots \\ x_r \end{pmatrix}$$

という形の**基底と座標の積**で表す.

注意 基底と座標の積では, 基底を座標の左側に位置させ, 横に並べて記述することに慣れてほしい. これは, 後で定義する行列と基底の積につながる.

一つの数ベクトルは, 基底を変えるとそれに応じて座標が変わる. 次の例題でそのことを確認する.

[例題] 数ベクトル空間 $\mathbb{R}^4$ において, 自然基底 $\{\boldsymbol{e}_j\}$ の座標で表された数ベクトル $\boldsymbol{b}_1$, $\boldsymbol{b}_2$ を $\boldsymbol{b}_1 = \boldsymbol{e}_1 + 2\boldsymbol{e}_2 - \boldsymbol{e}_4$, $\boldsymbol{b}_2 = \boldsymbol{e}_2 + 3\boldsymbol{e}_4$ とし, 部分空間 $\langle \boldsymbol{b}_1, \boldsymbol{b}_2 \rangle_B$ を考える. このとき, 自然基底 $\{\boldsymbol{e}_j\}$ で表現された数ベクトル $\boldsymbol{x} = 2\boldsymbol{e}_1 - \boldsymbol{e}_2 - 17\boldsymbol{e}_4$ が $\langle \boldsymbol{b}_1, \boldsymbol{b}_2 \rangle_B$ の数ベクトルであることを示せ. そして, $\langle \boldsymbol{b}_1, \boldsymbol{b}_2 \rangle_B$ の数ベクトル $\boldsymbol{x}$ を基底と座標の積で表せ.

[解答]

$$\boldsymbol{x} = \begin{pmatrix} 2 \\ -1 \\ 0 \\ -17 \end{pmatrix} = 2 \begin{pmatrix} 1 \\ 2 \\ 0 \\ -1 \end{pmatrix} - 5 \begin{pmatrix} 0 \\ 1 \\ 0 \\ 3 \end{pmatrix} = 2\boldsymbol{b}_1 - 5\boldsymbol{b}_2$$

であるので, $\boldsymbol{x} \in \langle \boldsymbol{b}_1, \boldsymbol{b}_2 \rangle_B$ である. したがって, 基底と座標の積は, $\boldsymbol{x} = (\boldsymbol{b}_1 \ \boldsymbol{b}_2) \begin{pmatrix} 2 \\ -5 \end{pmatrix}$ となる.

▶**問題** 数ベクトル空間 $\mathbb{R}^3$ において, 自然基底 $\{\boldsymbol{e}_j\}$ の座標で表された数ベクトル $\boldsymbol{b}_1$, $\boldsymbol{b}_2$ を $\boldsymbol{b}_1 = \boldsymbol{e}_1 + 2\boldsymbol{e}_2 - \boldsymbol{e}_3$, $\boldsymbol{b}_2 = \boldsymbol{e}_1 + \boldsymbol{e}_3$ とし, 部分空間 $\langle \boldsymbol{b}_1, \boldsymbol{b}_2 \rangle_B$ を考える. このとき, 自然基底 $\{\boldsymbol{e}_j\}$ で表現された数ベクトル $\boldsymbol{x} = 4\boldsymbol{e}_1 - 6\boldsymbol{e}_2 + 10\boldsymbol{e}_3$ が $\langle \boldsymbol{b}_1, \boldsymbol{b}_2 \rangle_B$ の数ベクトルであることを示せ. そして, $\langle \boldsymbol{b}_1, \boldsymbol{b}_2 \rangle_B$ の数ベクトル $\boldsymbol{x}$ を基底と座標の積で表せ.

◉ 振り返り問題

数ベクトル空間 $\mathbb{R}^n$ に関する次の各文には間違いがある．どのような点が間違いであるか説明せよ．

(1) $\mathbb{R}^n$ の n 個の数ベクトル $\boldsymbol{a}_1, \ldots, \boldsymbol{a}_n$ が線形独立であるとは，変数 $c_1, \ldots, c_n$ の連立 1 次方程式 $c_1\boldsymbol{a}_1 + \cdots + c_n\boldsymbol{a}_n = \boldsymbol{0}$ に解が存在しないときをいう．

(2) $\mathbb{R}^2$ の基底とは $\begin{pmatrix} 1 \\ 0 \end{pmatrix}$ と $\begin{pmatrix} 0 \\ 1 \end{pmatrix}$ のことであり，これ以外は存在しない．

(3) $\mathbb{R}^n$ の部分空間の次元は，部分空間の生成元の個数である．

(4) $\mathbb{R}^5$ の数ベクトル $\boldsymbol{a}_1$，$\boldsymbol{a}_2$，$\boldsymbol{a}_3$，$\boldsymbol{a}_4$ が線形独立であることを判断するのには，未知数 c_1，c_2，c_3，c_4 に関する連立 1 次方程式 $c_1\boldsymbol{a}_1 + c_2\boldsymbol{a}_2 + c_3\boldsymbol{a}_3 + c_4\boldsymbol{a}_4 = \boldsymbol{0}$ のランクが 1 であることを確認すればよい．

(5) $\mathbb{R}^n$ の二つの数ベクトルが線形独立であるとは，数ベクトルを幾何学的に考えたときに，これらの二つのベクトルが平行であることを意味する．

(6) $\mathbb{R}^2$ の部分空間には 1 次元の部分空間しかない．

(7) $\mathbb{R}^5$ の三つの数ベクトルの集合 $\{\boldsymbol{a}_1, \boldsymbol{a}_2, \boldsymbol{a}_3\}$ で生成される部分空間 $\langle \boldsymbol{a}_1, \boldsymbol{a}_2, \boldsymbol{a}_3 \rangle$ の次元は 3 である．

(8) $\mathbb{R}^n$ の部分空間 W_1 と W_2 について，$W_1 \cup W_2 \supset W_1 + W_2$ である．

第 2 章 空間を測る

数ベクトル空間 $\mathbb{R}^n$，あるいは部分空間 V の数ベクトルの長さや，二つの異なる数ベクトル間の角の測り方がわかると，数ベクトル空間内の点と，その中のある部分空間までの距離も定義できる．問題は，上に述べた長さや角をどのように定義すればよいかである．

また，1.13 節で数ベクトル空間の基底と座標について説明したが，たとえば $\mathbb{R}^2$ での自然基底でない基底から得られる座標系は，自然基底の場合の正方形で区切られた座標系とは異なって，平行四辺形で区切られた座標系となっている．そうなると，自然基底でない基底における座標系での，たとえば点と点の間の距離は，通常扱っている直線距離でよいのであろうかという疑問も湧いてくる．

この章では，まず空間に関する量を測るうえでの基礎となる内積を定義し，その後で，長さ（2.3 節），角度（2.4〜2.5 節），点と平面の距離（2.6〜2.7 節）を定義していく．読み進めるに従って，内積の与え方でこれらの値が変わることが実感できるであろう．

2.1　自然な内積

数ベクトル空間 $\mathbb{R}^n$ やその部分空間 V において，二つの数ベクトルの積を定義する．ここで述べる積は，得られる計算結果がベクトルではなくスカラー（数）になる．この意味で，これを**スカラー積**または**内積**とよぶ．内積は二つのベクトルの関係性を表す一つの量であり，上記のように空間を測るための基本概念となる．内積の正確な定義は次節で扱うが，この節では最も シンプルで扱いやすい内積を紹介し，内積の基本性質を抽出する．

［定義］　自然な内積

数ベクトル空間 V を $V = \langle \boldsymbol{b}_1, \ldots, \boldsymbol{b}_r \rangle_B$ とする．つまり，V の基底を $\boldsymbol{b}_1, \ldots, \boldsymbol{b}_r$ とする．このとき，二つの数ベクトル $\boldsymbol{x} = x_1\boldsymbol{b}_1 + \cdots + x_r\boldsymbol{b}_r$ と $\boldsymbol{y} = y_1\boldsymbol{b}_1 + \cdots + y_r\boldsymbol{b}_r$ に対して，

$$(\boldsymbol{x}|\boldsymbol{y}) = x_1y_1 + \cdots + x_ry_r$$

を V の基底から得られる**自然な内積**という．V に基底 $\{\boldsymbol{b}_j\}$ から得られる自然な内積が定義されているとき，$V = \langle \boldsymbol{b}_j \rangle_B$ を**自然な内積空間**とよぶ．

[解説] 自然な内積の計算によって，二つの数ベクトルが直交しているかどうかがわかる．詳細は 2.5 節で説明するが，そもそも二つのベクトルの内積が 0 になるとき，それらが直交していると判断できるように定義されているのである．

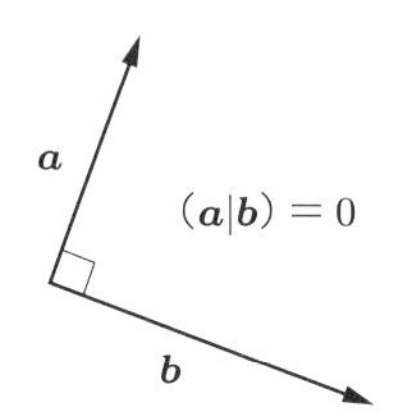

数ベクトル $\boldsymbol{a}, \boldsymbol{b}$ の直交と内積

しかし，直交性は基底によって変化する概念であることに注意が必要である．たとえば，数ベクトル空間 $\mathbb{R}^2 = \langle \boldsymbol{e}_1, \boldsymbol{e}_2 \rangle_B$ の数ベクトル $\boldsymbol{b}_1 = \begin{pmatrix} 1 \\ 1 \end{pmatrix}$，$\boldsymbol{b}_2 = \begin{pmatrix} 1 \\ 2 \end{pmatrix}$ を考える．直感的には，$\boldsymbol{e}_1$ と $\boldsymbol{e}_2$ は直交し，$\boldsymbol{b}_1$ と $\boldsymbol{b}_2$ は直交していないと思える．しかし，それは $\langle \boldsymbol{e}_j \rangle_B$ からの自然な内積で $\mathbb{R}^2$ を考えているからであって，$\mathbb{R}^2$ に $\langle \boldsymbol{b}_j \rangle_B$ からの自然な内積を定義すると，$\boldsymbol{e}_1$ と $\boldsymbol{e}_2$ は直交せず，$\boldsymbol{b}_1$ と $\boldsymbol{b}_2$ が直交していることになる．

さて，自然な内積 $(\boldsymbol{x}|\boldsymbol{y})$ の重要な性質に，次に挙げる四つがある．

(1) $(\boldsymbol{x}|\boldsymbol{y}) = (\boldsymbol{y}|\boldsymbol{x})$

(2) $(\boldsymbol{x}_1 + \boldsymbol{x}_2|\boldsymbol{y}) = (\boldsymbol{x}_1|\boldsymbol{y}) + (\boldsymbol{x}_2|\boldsymbol{y})$

(3) $(\lambda\boldsymbol{x}|\boldsymbol{y}) = \lambda(\boldsymbol{x}|\boldsymbol{y})$　（λ はスカラー）

(4) $(\boldsymbol{x}|\boldsymbol{x}) \geqq 0$ であり，$(\boldsymbol{x}|\boldsymbol{x}) = 0$ となるのは $\boldsymbol{x} = \boldsymbol{0}$ に限る．

上の四つの性質の証明は読者自身で確かめてほしい．実は，上の四つの性質は，次節で扱う一般的な内積という概念の定義そのものとなる．□

次の例題で，自然な内積の直交性を確認しよう．

[例題] $\mathbb{R}^4$ の部分空間 $V = \langle \boldsymbol{b}_1, \boldsymbol{b}_2, \boldsymbol{b}_3 \rangle_B$ を自然な内積空間とする．このとき，次の数ベクトル $\boldsymbol{v}$ と $\boldsymbol{w}$ が直交するように x を定めよ．

$$\boldsymbol{v} = 3\boldsymbol{b}_1 + 5\boldsymbol{b}_2 + 2\boldsymbol{b}_3, \quad \boldsymbol{w} = x\boldsymbol{b}_1 + 3\boldsymbol{b}_2 - 3\boldsymbol{b}_3$$

[解答] $(\boldsymbol{v}|\boldsymbol{w}) = 0$ より $3x + 15 - 6 = 0$ である．したがって，$x = -3$ となる．

▶**問題**　$\mathbb{R}^5$ の部分空間 $V = \langle \boldsymbol{b}_1, \boldsymbol{b}_2, \boldsymbol{b}_3, \boldsymbol{b}_4 \rangle_B$ を自然な内積空間とする．このとき，次の数ベクトル $\boldsymbol{v}$ と $\boldsymbol{w}$ が直交するように x を定めよ．

$$\boldsymbol{v} = -5\boldsymbol{b}_1 + x\boldsymbol{b}_2 + \boldsymbol{b}_3 + \boldsymbol{b}_4, \quad \boldsymbol{w} = 4\boldsymbol{b}_1 + 7\boldsymbol{b}_2 + 7\boldsymbol{b}_3 - \boldsymbol{b}_4$$

2.2　内積の公理

前節で，自然な内積を定義して，それには四つの重要な性質があることを注意した．この節では，その四つの性質を公理として，より一般的な内積を定義する．ここで見るように，具体的な内積から一般的な内積を定義するという方法こそが現代数学の手法である．第 III 部では抽象的なベクトル空間を定義するが，それを理解するためにも，この節の内容をしっかり理解することが重要となる．

以下では，数ベクトル空間 V を $\mathbb{R}^n$ あるいは $\mathbb{R}^n$ の部分空間とする．

[定義]　内積の公理

数ベクトル空間 V の任意の数ベクトル $\boldsymbol{x}$，$\boldsymbol{y}$ に対して，これらの関係性から得られるスカラー $(\boldsymbol{x}|\boldsymbol{y})$ が，次の条件 (1)~(4) を満たすとき，$(\boldsymbol{x}|\boldsymbol{y})$ を $\boldsymbol{x}$ と $\boldsymbol{y}$ の**内積**という．

(1) $(\boldsymbol{x}|\boldsymbol{y}) = (\boldsymbol{y}|\boldsymbol{x})$

(2) $(\boldsymbol{x}_1 + \boldsymbol{x}_2|\boldsymbol{y}) = (\boldsymbol{x}_1|\boldsymbol{y}) + (\boldsymbol{x}_2|\boldsymbol{y})$

(3) $(\lambda\boldsymbol{x}|\boldsymbol{y}) = \lambda(\boldsymbol{x}|\boldsymbol{y})$　(λ はスカラー)

(4) $(\boldsymbol{x}|\boldsymbol{x}) \geqq 0$ であり，$(\boldsymbol{x}|\boldsymbol{x}) = 0$ となるのは $\boldsymbol{x} = \boldsymbol{0}$ に限る．

[解説] 前節の自然な内積は，上の四つの性質を満たすので内積となる．しかし，それ以外にも内積の公理を満たすような式を定義できるかもしれない．この定義は，そのような式も内積とよぶということを表している．

さて，内積を定義する重要な意味は，二つのベクトル $\boldsymbol{a}$ と $\boldsymbol{b}$ が一体どのような関係にあるかを数値的に表すことにある．このことは自然な内積の解説でも触れたが，たとえば，$(\boldsymbol{a}|\boldsymbol{b}) = 0$ という数値からは，$\boldsymbol{a}$ と $\boldsymbol{b}$ が幾何学的に**直交する**ということがわかる．さらに，$\mathbb{R}^n$ に内積を定義することで，数ベクトルの長さや数ベクトルの間の角度などの概念が導入されるのである．　□

注意　(1) $\sqrt{(\boldsymbol{x}|\boldsymbol{x})}$ を $\boldsymbol{x}$ の**長さ**または**ノルム**といい，$\|\boldsymbol{x}\|$ で表す．
(2) 内積が定義されている数ベクトル空間を**内積空間**という．
(3) 内積空間 V に基底 $\{\boldsymbol{b}_j\}$ を定めると，V の任意の数ベクトル $\boldsymbol{p} = x_1\boldsymbol{b}_1 + \cdots + x_r\boldsymbol{b}_r$

は座標 $\begin{pmatrix} x_1 \\ \vdots \\ x_n \end{pmatrix}$ をもち，点 $\mathrm{P}(x_1, \ldots, x_r)$ と同一視できるが，このときの原点 O から点 P までの距離が $\boldsymbol{p}$ のノルムとなる．

次の例題で，内積空間の四つの公理を確認しよう．

[例題] 数ベクトル空間 $\mathbb{R}^2 = \langle \boldsymbol{e}_1, \boldsymbol{e}_2 \rangle_B$ 内の数ベクトル $\boldsymbol{x} = x_1\boldsymbol{e}_1 + x_2\boldsymbol{e}_2$，$\boldsymbol{y} = y_1\boldsymbol{e}_1 + y_2\boldsymbol{e}_2$ と零でない定数 $a, b \in \mathbb{R}$ に対して，$(\boldsymbol{x}|\boldsymbol{y}) = ax_1y_1 + bx_2y_2$ とすると，a, b がどちらも正であるときだけ $\mathbb{R}^2$ は内積空間となることを示せ．

[解答] $(\boldsymbol{x}|\boldsymbol{y})$ が内積の公理を満たせばよい．(1)〜(3) は a, b が正負に限らず成り立つ．(4) を見ると $(\boldsymbol{x}|\boldsymbol{x}) = a{x_1}^2 + b{x_2}^2$ であるので，$(\boldsymbol{x}|\boldsymbol{x}) \geqq 0$ となるためには a, b がどちらも正でなければならない．

次の問題で，ノルムという概念を確認しよう．

▶**問題**　数ベクトル空間 $\mathbb{R}^2 = \langle \boldsymbol{e}_j \rangle_B$ 内の数ベクトル $\boldsymbol{x} = x_1\boldsymbol{e}_1 + x_2\boldsymbol{e}_2$，$\boldsymbol{y} = y_1\boldsymbol{e}_1 + y_2\boldsymbol{e}_2$ に対して，内積 $(\boldsymbol{x}|\boldsymbol{y}) = 2x_1y_1 + 3x_2y_2$ を考える．このとき，$\boldsymbol{x} = \boldsymbol{e}_1 - \boldsymbol{e}_2$ に直交するノルム 1 の数ベクトル $\boldsymbol{y}$ を求めよ．

◉ 2.3　誘導された内積とノルム

内積の意味をもう少し考えるために，内積空間 V の数ベクトル $\boldsymbol{x}$ に対するノルム $\|\boldsymbol{x}\| = \sqrt{(\boldsymbol{x}|\boldsymbol{x})}$ について考える．理解してほしいことは，V の内積の定義によって数ベクトルのノルムの値は異なるということである．それをスムーズに理解できるように，まず V の部分空間 W に自然に定義される内積を定義する．その後，数ベクトルのノルムについて具体的な例で説明する．

[定義]　誘導された内積
V を内積空間，W をその部分空間とする．このとき，V による内積を用いて W には自然に内積が定義される．このようにして得られた W の内積を **V から誘導された内積**という．

[解説] たとえば，自然な内積空間 $\mathbb{R}^n = \langle \boldsymbol{e}_j \rangle_B$ を考え，$\mathbb{R}^n$ から r 個の線形独立な数ベクトル $\boldsymbol{b}_1, \ldots, \boldsymbol{b}_r$ を取り出し，そこから $\mathbb{R}^n$ の部分空間 $W = \langle \boldsymbol{b}_j \rangle_B$ をつくる．このとき，

W の数ベクトル $\boldsymbol{x}$ と $\boldsymbol{y}$ は,

$$\boldsymbol{x} = x_1\boldsymbol{b}_1 + \cdots + x_r\boldsymbol{b}_r, \quad \boldsymbol{y} = y_1\boldsymbol{b}_1 + \cdots + y_r\boldsymbol{b}_r$$

と書けるが, $\mathbb{R}^n$ の数ベクトルだと思えば,

$$\boldsymbol{x} = x'_1\boldsymbol{e}_1 + \cdots + x'_n\boldsymbol{e}_n, \quad \boldsymbol{y} = y'_1\boldsymbol{e}_1 + \cdots + y'_n\boldsymbol{e}_n$$

と書くこともできる. このとき, $\boldsymbol{x}$ と $\boldsymbol{y}$ に対して

$$(\boldsymbol{x}|\boldsymbol{y}) = x'_1y'_1 + \cdots + x'_ny'_n$$

とした内積が, $\mathbb{R}^n$ から誘導された内積である. 一方, $W = \langle \boldsymbol{b}_j \rangle_B$ に基底 $\{\boldsymbol{b}_j\}$ を使って,

$$(\boldsymbol{x}|\boldsymbol{y}) = x_1y_1 + \cdots + x_ry_r$$

とした内積が, W の基底 $\{\boldsymbol{b}_j\}$ から得られる自然な内積である. □

内積の定義の違いにより, 数ベクトル $\boldsymbol{x}$ のノルムはどのように違う値をとるのかを, 具体的な計算で実感してみよう.

[例題] 自然な内積空間 $\mathbb{R}^3 = \langle \boldsymbol{e}_j \rangle_B$ を考え, $\mathbb{R}^3$ から 2 個の線形独立な数ベクトル $\boldsymbol{b}_1 = 2\boldsymbol{e}_1 + \boldsymbol{e}_2$ と $\boldsymbol{b}_2 = \boldsymbol{e}_1 + 2\boldsymbol{e}_3$ を取り出し, $\mathbb{R}^3$ の部分空間 $W = \langle \boldsymbol{b}_1, \boldsymbol{b}_2 \rangle_B$ を考える. また, $\boldsymbol{x} = \boldsymbol{b}_1 + \boldsymbol{b}_2$ とする.
(1) W に基底 $\{\boldsymbol{b}_1, \boldsymbol{b}_2\}$ から得られる自然な内積を定義したとき, $\boldsymbol{x}$ のノルム $\|\boldsymbol{x}\|$ を求めよ.
(2) W に $\mathbb{R}^3$ から誘導された内積を定義したとき, $\boldsymbol{x}$ のノルム $\|\boldsymbol{x}\|$ を求めよ.

[解答] (1) $\boldsymbol{x} = \boldsymbol{b}_1 + \boldsymbol{b}_2$ より, $\|\boldsymbol{x}\| = \sqrt{(\boldsymbol{x}|\boldsymbol{x})} = \sqrt{1+1} = \sqrt{2}$ である.
(2) $\boldsymbol{x} = 3\boldsymbol{e}_1 + \boldsymbol{e}_2 + 2\boldsymbol{e}_3$ より, $\|\boldsymbol{x}\| = \sqrt{(\boldsymbol{x}|\boldsymbol{x})} = \sqrt{9+1+4} = \sqrt{14}$ である.

▶**問題** 自然な内積空間 $\mathbb{R}^3 = \langle \boldsymbol{e}_j \rangle_B$ を考え, $\mathbb{R}^3$ から 2 個の線形独立な数ベクトル $\boldsymbol{b}_1 = -\boldsymbol{e}_1 + 2\boldsymbol{e}_2$ と $\boldsymbol{b}_2 = 3\boldsymbol{e}_2 + 2\boldsymbol{e}_3$ を取り出し, $\mathbb{R}^3$ の部分空間 $W = \langle \boldsymbol{b}_1, \boldsymbol{b}_2 \rangle_B$ を考える. また, $\boldsymbol{x} = \boldsymbol{b}_1 + 2\boldsymbol{b}_2$ とする.
(1) W に基底 $\{\boldsymbol{b}_1, \boldsymbol{b}_2\}$ から得られる自然な内積を定義したとき, $\boldsymbol{x}$ のノルム $\|\boldsymbol{x}\|$ を求めよ.
(2) W に $\mathbb{R}^3$ から誘導された内積を定義したとき, $\boldsymbol{x}$ のノルム $\|\boldsymbol{x}\|$ を求めよ.

◉ 2.4 シュワルツの不等式

前節では, 内積空間 V の内積の定義によって, 同じ数ベクトル $\boldsymbol{x}$ のノルムでも

異なる値をとることを見た．それでは角度についてはどうだろうか．答えは，ノルムと同様に，内積の定義によって異なる値をとる．これを理解するための準備として，この節では以下の公式を取り上げる．この公式は，「数ベクトル $\boldsymbol{x}$ と $\boldsymbol{y}$ の大きさの積は，$\boldsymbol{x}$ と $\boldsymbol{y}$ の内積の絶対値以上の値をとる」と主張しており，内積空間を扱ううえで基本的なものとされている．

[定理]　シュワルツの不等式

$\boldsymbol{x}$ と $\boldsymbol{y}$ を内積空間 V の数ベクトルとする．このとき，

$$|(\boldsymbol{x}|\boldsymbol{y})| \leqq \|\boldsymbol{x}\| \, \|\boldsymbol{y}\|$$

が成り立つ．とくに，「$|(\boldsymbol{x}|\boldsymbol{y})| = \|\boldsymbol{x}\| \, \|\boldsymbol{y}\| \Longleftrightarrow \boldsymbol{x}$ と $\boldsymbol{y}$ は線形従属」である．

[解説] 証明は，$\boldsymbol{x} = \boldsymbol{0}$ のときは明らかであり，$\boldsymbol{x} \neq \boldsymbol{0}$ のときは，$t = \dfrac{(\boldsymbol{x}|\boldsymbol{y})}{(\boldsymbol{x}|\boldsymbol{x})}$ とおくことで，以下のようにして得られる．

$$\begin{aligned}
\|\boldsymbol{x}\|^2 \, \|\boldsymbol{y}\|^2 - |(\boldsymbol{x}|\boldsymbol{y})|^2 &= (\boldsymbol{x}|\boldsymbol{x})(\boldsymbol{y}|\boldsymbol{y}) - (\boldsymbol{x}|\boldsymbol{y})(\boldsymbol{x}|\boldsymbol{y}) \\
&= (\boldsymbol{x}|\boldsymbol{x})(\boldsymbol{y}|\boldsymbol{y}) - t(\boldsymbol{x}|\boldsymbol{x})(\boldsymbol{x}|\boldsymbol{y}) \\
&= (\boldsymbol{x}|\boldsymbol{x}) \{(\boldsymbol{y}|\boldsymbol{y}) - t(\boldsymbol{x}|\boldsymbol{y})\} \\
&= (\boldsymbol{x}|\boldsymbol{x}) \{(\boldsymbol{y}|\boldsymbol{y}) - t(\boldsymbol{x}|\boldsymbol{y}) - t(\boldsymbol{x}|\boldsymbol{y}) + t(\boldsymbol{x}|\boldsymbol{y})\} \\
&= (\boldsymbol{x}|\boldsymbol{x}) \left\{(\boldsymbol{y}|\boldsymbol{y}) - t(\boldsymbol{x}|\boldsymbol{y}) - t(\boldsymbol{x}|\boldsymbol{y}) + t^2(\boldsymbol{x}|\boldsymbol{x})\right\} \\
&= (\boldsymbol{x}|\boldsymbol{x})(\boldsymbol{y} - t\boldsymbol{x}|\boldsymbol{y} - t\boldsymbol{x}) \geqq 0
\end{aligned}$$

よって，$|(\boldsymbol{x}|\boldsymbol{y})| \leqq \|\boldsymbol{x}\| \, \|\boldsymbol{y}\|$ である．等号が成り立つことは，$\|\boldsymbol{y} - t\boldsymbol{x}\| = 0$ と同値であり，それは $\boldsymbol{y} = t\boldsymbol{x}$ であること，つまり $\boldsymbol{x}$ と $\boldsymbol{y}$ は線形従属であることを意味する．　□

次の例題の不等式は，「三角形の2辺の長さの和は残りの辺の長さより大きい」ということを主張している基本的なものであるが，その証明にはシュワルツの不等式が必要となる．

[例題]　シュワルツの不等式を使って，次の不等式（**三角不等式**）を証明せよ．

$$\|\boldsymbol{x} + \boldsymbol{y}\| \leqq \|\boldsymbol{x}\| + \|\boldsymbol{y}\|$$

[解答]

$$\begin{aligned}
\|\boldsymbol{x} + \boldsymbol{y}\|^2 &= \|\boldsymbol{x}\|^2 + 2(\boldsymbol{x}|\boldsymbol{y}) + \|\boldsymbol{y}\|^2 \leqq \|\boldsymbol{x}\|^2 + 2|(\boldsymbol{x}|\boldsymbol{y})| + \|\boldsymbol{y}\|^2 \\
&\leqq \|\boldsymbol{x}\|^2 + 2\|\boldsymbol{x}\| \, \|\boldsymbol{y}\| + \|\boldsymbol{y}\|^2 = (\|\boldsymbol{x}\| + \|\boldsymbol{y}\|)^2
\end{aligned}$$

であるので，$\|\boldsymbol{x} + \boldsymbol{y}\| \leqq \|\boldsymbol{x}\| + \|\boldsymbol{y}\|$ が成り立つ．

次の問題の等式は**ピタゴラスの定理**とよばれるものであり，シュワルツの不等式と同様に，内積空間においては基本的なものである．

▶**問題**　$(\boldsymbol{x}|\boldsymbol{y}) = 0$ のとき，次の等式を証明せよ．

$$\|\boldsymbol{x}+\boldsymbol{y}\|^2 = \|\boldsymbol{x}\|^2 + \|\boldsymbol{y}\|^2$$

2.5　二つの数ベクトルのなす角

私たちは，小学生のころから二つのベクトル（直線）の間の角度という数値は，当たり前のものとして理解してきたつもりでいる．しかし，角度は見る位置によって開き具合が違って見えたりもする．これは，前節で説明したように，角度が考えている内積によって変わるからである．30° や 45° といった角度を表す数値は二つのベクトルに対して何を意味しているのか，例題と問題を通して改めて考えてみてほしい．

[定理]　二つのベクトルのなす角
内積空間 V において，数ベクトル $\boldsymbol{x}$ と $\boldsymbol{y}$ をどちらも $\boldsymbol{0}$ でないとする．このとき，

$$\cos\theta = \frac{(\boldsymbol{x}|\boldsymbol{y})}{||\boldsymbol{x}||\ ||\boldsymbol{y}||}, \quad 0 \leqq \theta \leqq \pi$$

となる θ がただ一つ定まる．この θ を，$\boldsymbol{x}$ と $\boldsymbol{y}$ との**なす角**という．

[解説] シュワルツの不等式 $|(\boldsymbol{x}|\boldsymbol{y})| \leqq ||\boldsymbol{x}||\ ||\boldsymbol{y}||$ から，

$$-1 \leqq \frac{(\boldsymbol{x}|\boldsymbol{y})}{||\boldsymbol{x}||\ ||\boldsymbol{y}||} \leqq 1$$

が成り立つ．よって，なす角 θ の存在は保証されている．　□

具体的な問題で，基底によって角度の測り方が違うことを確認しよう．

[例題]　数ベクトル空間 $\mathbb{R}^3$ の三つの数ベクトルを

$$\boldsymbol{b}_1 = \boldsymbol{e}_1 - 2\boldsymbol{e}_3, \quad \boldsymbol{b}_2 = \boldsymbol{e}_2 + \boldsymbol{e}_3, \quad \boldsymbol{b}_3 = 2\boldsymbol{e}_1 + \boldsymbol{e}_2$$

とする．そして，自然な内積空間 $\mathbb{R}^3 = \langle \boldsymbol{b}_1, \boldsymbol{b}_2, \boldsymbol{b}_3 \rangle_B$ を考える．このとき，$\boldsymbol{e}_1$，$\boldsymbol{e}_2$ のなす角を θ としたとき，$\cos\theta$ の値を求めよ．

[解答] $\boldsymbol{e}_1$ と $\boldsymbol{e}_2$ の $\langle \boldsymbol{b}_1, \boldsymbol{b}_2, \boldsymbol{b}_3 \rangle$ に関する座標をそれぞれ計算すると，

$$e_1 = \frac{1}{3}(-b_1 - 2b_2 + 2b_3), \quad e_2 = \frac{1}{3}(2b_1 + 4b_2 - b_3)$$

である．したがって，$(e_1|e_2) = -\frac{4}{3}$, $||e_1|| = 1$, $||e_2|| = \frac{\sqrt{21}}{3}$ である．よって，

$$\cos\theta = \frac{(e_1|e_2)}{||e_1||\ ||e_2||} = -\frac{4}{\sqrt{21}}$$

となる．電卓を使って θ の値を求めると，おおよそ 150.8° である．

▶**問題**　数ベクトル空間 $\mathbb{R}^2$ の二つの数ベクトルを

$$b_1 = e_1 + e_2, \quad b_2 = e_1 + 2e_2$$

とする．そして，自然な内積空間 $\mathbb{R}^2 = \langle b_1, b_2 \rangle_B$ を考える．このとき，e_1, e_2 のなす角を θ としたとき，$\cos\theta$ の値を求めよ．

2.6　線形超平面

数ベクトル空間 $\mathbb{R}^n$ に内積を入れると，$\mathbb{R}^n$ の $n-1$ 次元部分空間 W はただ一つの 1 次方程式で書くことができる．実はこのことは，W に直交するすべての数ベクトルが平行であることも意味する．そして，この W の性質を利用すると，$\mathbb{R}^n$ 内の点と W がどの程度離れているかを理解できる．この節と次節において，上に述べた W の定義や性質を説明していく．以下，W には $\mathbb{R}^n$ から誘導された内積が定義されているものとする．

W は，$n-1$ 個の線形独立な数ベクトル $v_1, \ldots, v_{n-1}$ から生成される数ベクトル $w = t_1v_1 + \cdots + t_{n-1}v_{n-1}$ 全体であった．わかりやすくするために，たとえば，自然な内積空間 $\mathbb{R}^3$ の 2 次元部分空間 $W = \langle u, v \rangle_B$ を考えよう．これは，通常私たちが認識している平面のことである．さて，2 個の数ベクトル u, v のどちらにも直交する数ベクトル n を考える．すると，$(n|u) = (n|v) = 0$ が得られる．そして $w = su + tv$ とすると，内積の定義より，

$$(n|w) = 0$$

が得られる．これが W を表す方程式である．より具体的に考えるために，自然な内積空間 $\mathbb{R}^3 = \langle e_j \rangle_B$ において $n = n_1e_1 + n_2e_2 + n_3e_3$ とし，$\mathbb{R}^3$ の基底を用いた W の数ベクトル w を $w = xe_1 + ye_2 + ze_3$ とすると，W を表す方程式は

$$n_1x + n_2y + n_3z = 0$$

となる．

> **［定義］　線形超平面**
> 内積空間 V の一つの数ベクトル $\boldsymbol{n}$ に対して，$(\boldsymbol{n}|\boldsymbol{w}) = 0$ を満たす V の数ベクトル $\boldsymbol{w}$ 全体 W を V の**線形超平面**という．そして，$\boldsymbol{n}$ を線形超平面 W の**法線ベクトル**という．

> **［定理］　線形超平面**
> r 次元の内積空間 V の一つの数ベクトル $\boldsymbol{n}$ に対して，$\boldsymbol{n}$ を法線ベクトルとする線形超平面 $W : (\boldsymbol{n}|\boldsymbol{w}) = 0$ は，V の $r-1$ 次元部分空間である．

［解説］ $\boldsymbol{b}_1 = \boldsymbol{n}$ として，さらに V の基底を適当に選んで $\{\boldsymbol{b}_1, \ldots, \boldsymbol{b}_r\}$ とする．もし，この基底 $\{\boldsymbol{b}_j\}$ のどの数ベクトルも単位ベクトルで，どの二つの数ベクトルも直交するならば，W は V の $r-1$ 次元部分空間といえる．V のこのような基底を**正規直交基底**という．

しかし，通常 $\{\boldsymbol{b}_j\}$ はどの二つも直交しているとは限らない．そこで，以下に示す**グラム‐シュミットの直交化法**とよばれる方法を用いて，基底 $\{\boldsymbol{b}_j\}$ を正規直交基底に変えていく．

まず，$\boldsymbol{u}_1 = \dfrac{\boldsymbol{b}_1}{\|\boldsymbol{b}_1\|} = \dfrac{\boldsymbol{n}}{\|\boldsymbol{n}\|}$ として，$\boldsymbol{u}_1$ を単位ベクトルに変える．次に，

$$\boldsymbol{b}_2' = \boldsymbol{b}_2 - (\boldsymbol{b}_2|\boldsymbol{u}_1)\boldsymbol{u}_1, \quad \boldsymbol{u}_2 = \frac{\boldsymbol{b}_2'}{\|\boldsymbol{b}_2'\|}$$

とすると，$(\boldsymbol{u}_2|\boldsymbol{u}_1) = 0$ かつ $\|\boldsymbol{u}_2\| = 1$ であり，$\boldsymbol{u}_1, \boldsymbol{u}_2$ は V の正規直交基底の候補となる．さらに，

$$\boldsymbol{b}_3' = \boldsymbol{b}_3 - (\boldsymbol{b}_3|\boldsymbol{u}_1)\boldsymbol{u}_1 - (\boldsymbol{b}_3|\boldsymbol{u}_2)\boldsymbol{u}_2, \quad \boldsymbol{u}_3 = \frac{\boldsymbol{b}_3'}{\|\boldsymbol{b}_3'\|}$$

とすると，$(\boldsymbol{u}_3|\boldsymbol{u}_1) = 0$, $(\boldsymbol{u}_3|\boldsymbol{u}_2) = 0$ かつ $\|\boldsymbol{u}_3\| = 1$ となり，$\boldsymbol{u}_1, \boldsymbol{u}_2, \boldsymbol{u}_3$ が V の正規直交基底の候補となる．この操作を繰り返すことで，$\{\boldsymbol{u}_1, \boldsymbol{u}_2, \boldsymbol{u}_3, \ldots, \boldsymbol{u}_r\}$ という V の正規直交基底が得られる．

$\boldsymbol{u}_1 = \dfrac{\boldsymbol{n}}{\|\boldsymbol{n}\|}$ であったので，$(\boldsymbol{n}|\boldsymbol{u}_j) = 0$ $(2 \leqq j \leqq r)$ である．したがって，W は $\{\boldsymbol{u}_2, \ldots, \boldsymbol{u}_r\}$ で生成される V の部分空間であるため，V の $r-1$ 次元部分空間となる．　□

次の例題で，与えられた線形超平面の法線ベクトルを計算して，その定義を確認しよう．

[例題]　自然な内積空間 $\mathbb{R}^3 = \langle \boldsymbol{b}_j \rangle_B$ の部分空間 $W = \langle \boldsymbol{v}_1, \boldsymbol{v}_2 \rangle_B$ を線形超平面と見たとき，W の法線ベクトル $\boldsymbol{n}$ を一つ定めよ．ただし，$\boldsymbol{v}_1 = 2\boldsymbol{b}_1 + \boldsymbol{b}_2 + \boldsymbol{b}_3$,　$\boldsymbol{v}_2 = \boldsymbol{b}_1 - 2\boldsymbol{b}_3$ とする．

[解答] $\boldsymbol{n} = n_1\boldsymbol{b}_1 + n_2\boldsymbol{b}_2 + n_3\boldsymbol{b}_3$ とおく．$(\boldsymbol{n}|\boldsymbol{v}_1) = (\boldsymbol{n}|\boldsymbol{v}_2) = 0$ より，連立方程式

$$2n_1 + n_2 + n_3 = 0, \quad n_1 - 2n_3 = 0$$

を得る．これより，t を任意定数とすると，$n_1 = 2t$, $n_2 = -5t$, $n_3 = t$ を得る．たとえば，$t = 1$ として，法線ベクトル $\boldsymbol{n} = 2\boldsymbol{b}_1 - 5\boldsymbol{b}_2 + \boldsymbol{b}_3$ を得る．

▶**問題**　自然な内積空間 $\mathbb{R}^4 = \langle \boldsymbol{b}_j \rangle_B$ の部分空間 $W = \langle \boldsymbol{v}_1,\ \boldsymbol{v}_2,\ \boldsymbol{v}_3 \rangle_B$ を線形超平面と見たとき，W の法線ベクトル $\boldsymbol{n}$ を一つ定めよ．ただし，$\boldsymbol{v}_1 = 2\boldsymbol{b}_1 - \boldsymbol{b}_2 + \boldsymbol{b}_3$, $\boldsymbol{v}_2 = 2\boldsymbol{b}_3 + \boldsymbol{b}_4$, $\boldsymbol{v}_3 = \boldsymbol{b}_1 + 2\boldsymbol{b}_3$ とする．

2.7　点から線形超平面までの距離

2.6 節の最初の部分で述べたように，内積空間 V の線形超平面 W には，法線ベクトル $\boldsymbol{n}$ が存在するという性質から，V 内の点 P と W との間の距離 $\mathrm{d}(\mathrm{P}, W)$ を比較的簡単に定義することができる．以下，このことについて説明していく．

まず，自然な内積空間 $\mathbb{R}^2 = \langle \boldsymbol{e}_j \rangle_B$ においては，点 P と原点を通る直線 l との距離を，点 P から直線に垂線を下ろした点を H とし，P から H までの長さとするのが自然である．これは，点 P の位置ベクトルを $\boldsymbol{p}$ とし，直線 l の法線ベクトルを $\boldsymbol{n}$ とすると，$\boldsymbol{p}$ の $\dfrac{\boldsymbol{n}}{\|\boldsymbol{n}\|}$ 方向のノルムを意味する．このことを一般化したものが以下の定義である．

[定義]　点から線形超平面までの距離

内積空間 V の基底を $\{\boldsymbol{b}_j\}$ とする．そして，V 内の点 P と $\boldsymbol{n}$ を法線ベクトルとする線形超平面 $W : (\boldsymbol{n}|\boldsymbol{x}) = 0$ を考える．このとき，点 P の位置ベクトル $\boldsymbol{p}$ に対し，絶対値 $\left|\dfrac{(\boldsymbol{p}|\boldsymbol{n})}{\|\boldsymbol{n}\|}\right|$ を P と W の間の**距離**といい，$\mathrm{d}(\mathrm{P}, W)$ で表す．すなわち，

$$\mathrm{d}(\mathrm{P}, W) = \left|\frac{(\boldsymbol{p}|\boldsymbol{n})}{\|\boldsymbol{n}\|}\right|$$

である．

[解説] $\boldsymbol{p}$ と $\boldsymbol{n}$ の内積は，その間のなす角を θ とすれば，$(\boldsymbol{p}|\boldsymbol{n}) = \|\boldsymbol{p}\|\ \|\boldsymbol{n}\| \cos\theta$ と書けた．一方，$\boldsymbol{n}$ は線形超平面の法線ベクトルであり，$\dfrac{(\boldsymbol{p}|\boldsymbol{n})}{\|\boldsymbol{n}\|} = \|\boldsymbol{p}\| \cos\theta$ であるので，この絶対値は，$\boldsymbol{p}$ の $\dfrac{\boldsymbol{n}}{\|\boldsymbol{n}\|}$ 方向の長さを意味する．このことから，$\dfrac{(\boldsymbol{p}|\boldsymbol{n})}{\|\boldsymbol{n}\|}$ の絶対値を，点 P と線形超平面 W の間の距離と定めたのである．

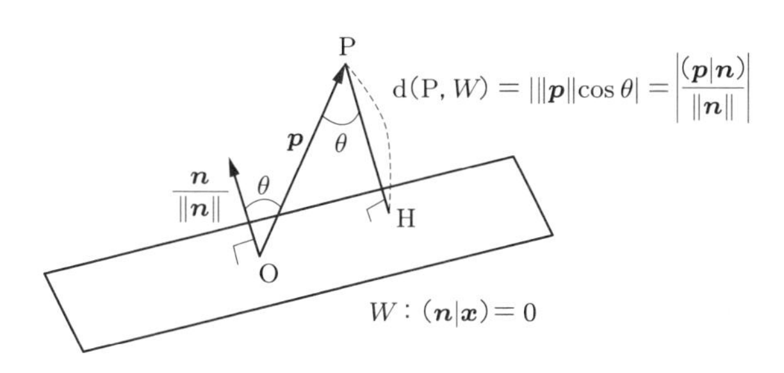

線形超平面 W と点 P の位置関係

□

次の例題で，4 次元の内積空間 $\mathbb{R}^4$ の中に含まれるある点とある線形超平面の間の距離を求めてみよう．

[例題] 内積空間 $\mathbb{R}^4$ の基底を $\{\boldsymbol{b}_j\}$ とする．そして，$\mathbb{R}^4$ 内の線形超平面 W 内の数ベクトル $\boldsymbol{x}$ を $\boldsymbol{x} = x_1\boldsymbol{b}_1 + x_2\boldsymbol{b}_2 + x_3\boldsymbol{b}_3 + x_4\boldsymbol{b}_4$ とし，W の法線ベクトルを $\boldsymbol{n} = 2\boldsymbol{b}_1 - 3\boldsymbol{b}_2 + \boldsymbol{b}_3 + 3\boldsymbol{b}_4$ とする．このとき，点 $\mathrm{P}(1, 6, 2, -3)$ と W との距離 $\mathrm{d}(\mathrm{P}, W)$ を求めたい．以下の問いに答えよ．

(1) $\mathbb{R}^4$ が自然な内積空間 $\langle \boldsymbol{b}_j \rangle_B$ であるとき，$\mathrm{d}(\mathrm{P}, W)$ を求めよ．

(2) $\mathbb{R}^4$ の任意の数ベクトル $\boldsymbol{x} = x_1\boldsymbol{b}_1 + x_2\boldsymbol{b}_2 + x_3\boldsymbol{b}_3 + x_4\boldsymbol{b}_4$ と $\boldsymbol{y} = y_1\boldsymbol{b}_1 + y_2\boldsymbol{b}_2 + y_3\boldsymbol{b}_3 + y_4\boldsymbol{b}_4$ に対して内積を

$$(\boldsymbol{x}|\boldsymbol{y}) = 2x_1y_1 + x_2y_2 + x_3y_3 + x_4y_4$$

としたとき，$\mathrm{d}(\mathrm{P}, W)$ を求めよ．

[解答] (1) 数ベクトル $\boldsymbol{p}$ と $\boldsymbol{n}$ を座標だけで表すと $\boldsymbol{p} = \begin{pmatrix} 1 \\ 6 \\ 2 \\ -3 \end{pmatrix}$, $\boldsymbol{n} = \begin{pmatrix} 2 \\ -3 \\ 1 \\ 3 \end{pmatrix}$ であり，$(\boldsymbol{p}|\boldsymbol{n}) = 1\times2 + 6\times(-3) + 2\times1 + (-3)\times3 = -23$, $\|\boldsymbol{n}\| = \sqrt{2^2 + 3^2 + 1^2 + 3^2} = \sqrt{23}$ である．したがって，$\mathrm{d}(\mathrm{P}, W) = \sqrt{23}$ である．

(2) $(\boldsymbol{p}|\boldsymbol{n}) = 2 \times 1 \times 2 + 6 \times (-3) + 2 \times 1 + (-3) \times 3 = -21$, $\|\boldsymbol{n}\| =$

$\sqrt{2 \times 2^2 + 3^2 + 1^2 + 3^2} = \sqrt{27}$ である．よって，$\mathrm{d}(\mathrm{P}, W) = \dfrac{7}{\sqrt{3}}$ である．

▶**問題**　内積空間 $\mathbb{R}^4$ の基底を $\{\boldsymbol{b}_j\}$ とする．そして，$\mathbb{R}^4$ 内の線形超平面 W 内の数ベクトル $\boldsymbol{x}$ を $\boldsymbol{x} = x_1\boldsymbol{b}_1 + x_2\boldsymbol{b}_2 + x_3\boldsymbol{b}_3 + x_4\boldsymbol{b}_4$ とし，W の法線ベクトルを $\boldsymbol{n} = \boldsymbol{b}_1 - 2\boldsymbol{b}_2 + 3\boldsymbol{b}_3 + 2\boldsymbol{b}_4$ とする．さらに，$\mathbb{R}^4$ の任意の数ベクトル $\boldsymbol{x} = x_1\boldsymbol{b}_1 + x_2\boldsymbol{b}_2 + x_3\boldsymbol{b}_3 + x_4\boldsymbol{b}_4$ と $\boldsymbol{y} = y_1\boldsymbol{b}_1 + y_2\boldsymbol{b}_2 + y_3\boldsymbol{b}_3 + y_4\boldsymbol{b}_4$ に対して内積

$$(\boldsymbol{x}|\boldsymbol{y}) = x_1y_1 + 2x_2y_2 + 3x_3y_3 + x_4y_4$$

を考える．このとき，点 $\mathrm{P}(1, 1, 2, 1)$ と W との距離 $\mathrm{d}(\mathrm{P}, W)$ を求めよ．

振り返り問題

内積空間に関する次の各文には間違いがある．どのような点が間違いであるか説明せよ．

(1) 数ベクトル空間 $\mathbb{R}^2 = \langle \boldsymbol{e}_1, \boldsymbol{e}_2 \rangle_B$ の任意の二つの数ベクトル $\boldsymbol{x} = x_1\boldsymbol{e}_1 + x_2\boldsymbol{e}_2$ と $\boldsymbol{y} = y_1\boldsymbol{e}_1 + y_2\boldsymbol{e}_2$ に対して，$(\boldsymbol{x}|\boldsymbol{y}) = x_1y_2 + x_2y_1$ とすると，$(\boldsymbol{x}|\boldsymbol{y})$ は内積となる．

(2) 数ベクトル空間 $\mathbb{R}^n$ の一つの基底 $\langle \boldsymbol{b}_1, \ldots, \boldsymbol{b}_n \rangle$ に関する自然な内積と，別な基底 $\langle \boldsymbol{b}'_1, \ldots, \boldsymbol{b}'_n \rangle$ に関する自然な内積から，$\mathbb{R}^n$ の任意のベクトル $\boldsymbol{x}$ のノルムをそれぞれ求めると，それらは同じ値となる．

(3) 数ベクトル空間 $\mathbb{R}^n$ の基底 $\langle \boldsymbol{b}_1, \ldots, \boldsymbol{b}_n \rangle$ に対して，自然な内積から二つのベクトルのなす角を定めることができる．しかし，それ以外の内積からは二つのベクトルのなす角を定めることはできない．

(4) 内積空間 $\mathbb{R}^n$ の中から選んだ n より少ない線形独立な r 個の数ベクトル $\boldsymbol{v}_1, \ldots, \boldsymbol{v}_r$ には，これらにすべて直交する数ベクトル $\boldsymbol{n}$ があるため，部分空間 $\langle \boldsymbol{v}_1, \ldots, \boldsymbol{v}_r \rangle_B$ は $\mathbb{R}^n$ の線形超平面といえる．

(5) 内積空間 $\mathbb{R}^n$ の点 P と線形超平面 W について，P から W までの距離 $\mathrm{d}(\mathrm{P}, W)$ は自然基底の内積に対してだけ定まる．

第3章 行列による変換を視覚的に見る

自然界を見ると，たとえば水面に落とした石ころからできる波紋のように，平面のすべての点 (x, y) がいっせいに別の点 (x', y') に移される場合があり，このような現象を数学的に記述する方法が考えられてきた．このような要求を満たす最も単純なものとして，行列による変換という操作がある．

行列の扱い方は，19 世紀の数学者ケーリーの研究によるところが大きい．この章では，とくに，平面上の点の行列の変換による動きを視覚的に扱う．まず，行列の演算を紹介し（3.1 節），写像との関係について説明する（3.2〜3.5 節）．そして，行列の種類によって点がどのように動くのかを具体例を挙げて説明する（3.6〜3.9 節）．

3.1 行列の演算

行列の演算の定義は非常に自然で，それを理解することはそれほど難しくないが，行列による変換はきちんと定義しておく必要がある．

以下，(m, n) 行列 A を単に $A = (a_{ij})$ と表す．そして，二つの (m, n) 行列 $A = (a_{ij})$ と $B = (b_{ij})$ が**等しい**とは，すべての (i, j) 成分の値が等しい，すなわち $a_{ij} = b_{ij}$ のときと定める．A と B が等しいとき，$A = B$ と書く．

対角成分が 1 で残りがすべて 0 である n 次正方行列

$$\begin{pmatrix} 1 & & 0 \\ & \ddots & \\ 0 & & 1 \end{pmatrix}$$

のことを n 次**単位行列**といい，E_n または単に E で表す．また，すべての成分が 0 である n 次正方行列のことを**零行列**といい，O で表す．

以下に，行列の計算の基本となる行列のスカラー倍，行列の和，行列の積を定義する．

［定義］　行列のスカラー倍

$A=(a_{ij})$ とスカラー t に対して，スカラー倍 tA を $tA=(ta_{ij})$ と定める．

［定義］　行列の和

行列の和 $A+B$ は，$A=(a_{ij})$ も $B=(b_{ij})$ もともに (k,m) 行列，すなわち行数と列数が等しいとき，$A+B=(a_{ij}+b_{ij})$ と定義される．明らかに，$A+B=B+A$ であり，A が n 次正方行列なら $A+O=A$ である．

［定義］　行列の積

行列の積 AB は，$A=(a_{ij})$ が (l,m) 行列，$B=(b_{ij})$ が (m,n) 行列のとき，

$$AB=(c_{ij})=\left(\sum_{k=1}^{m}a_{ik}b_{kj}\right)$$

と定義される．このとき，$AB=(c_{ij})$ は (l,n) 行列となる．

たとえば，$(2,3)$ 行列 $A=\begin{pmatrix}1 & 2 & 3\\ 4 & 5 & 6\end{pmatrix}$ と $(3,2)$ 行列 $B=\begin{pmatrix}7 & -1\\ 8 & -3\\ 9 & -5\end{pmatrix}$ のとき，

$$\begin{aligned}AB&=\begin{pmatrix}1\times 7+2\times 8+3\times 9 & 1\times(-1)+2\times(-2)+3\times(-3)\\ 4\times 7+5\times 8+6\times 9 & 4\times(-1)+5\times(-2)+6\times(-3)\end{pmatrix}\\ &=\begin{pmatrix}60 & -14\\ 122 & -32\end{pmatrix}\end{aligned}$$

となる．

注意　n 次正方行列 A,B に対しては，AB も BA も定義されるが，一般に $AB\neq BA$ である．さらに，n 次正方行列 A,B,C に対して，**結合法則** $A(BC)=(AB)C$ が成り立つ．また，単位行列 E に対しては $AE=EA=A$ である．負でない整数 r に対して，A の r **乗**である A^r は，A の r 個の積として定義される．このとき，**指数法則** $A^rA^s=A^{r+s}$, $(A^r)^s=A^{rs}$ が成り立つ．

行列を扱ううえで，転置行列と逆行列は基本的なものであり，行列による変換においてこれらの行列を扱う場面も多いので，ここで説明しておく．

[定義] 転置行列

(m,n) 行列 $A=(a_{ij})$ の行と列を入れ換えてできる (n,m) 行列 (a_{ji}) のことを A の**転置行列**といい，${}^tA$ で表す．

以下は，$(3,2)$ 行列 A とその転置行列 ${}^tA$ の例である．

$$A=\begin{pmatrix} a & x \\ b & y \\ c & z \end{pmatrix}, \quad {}^tA=\begin{pmatrix} a & b & c \\ x & y & z \end{pmatrix}$$

したがって，一般に $A \neq {}^tA$ である．

注意 (m,l) 行列 $A=(a_{ij})$ の転置行列 ${}^tA$ と (m,n) 行列 B の積は，

$$({}^tA)B=\left(c_{ij}\right)=\left(\sum_{k=1}^{m} a_{ki}b_{kj}\right)$$

となり，(m,l) 行列 $A=(a_{ij})$ と (n,l) 行列 $B=(b_{ij})$ の転置行列 ${}^tB$ の積は，

$$A({}^tB)=\left(c_{ij}\right)=\left(\sum_{k=1}^{m} a_{ik}b_{jk}\right)$$

となる．ここで，添字 k の位置に注意する．

[定義] 逆行列

n 次正方行列 A と B に対して，$AB=BA=E$ が成り立つとき，B を A の**逆行列**といい，A^{-1} と表す．A が逆行列をもつとき，A を**正則行列**という．とくに，E は正則行列である．

たとえば，

$$A=\begin{pmatrix} 1 & 3 \\ 1 & 2 \end{pmatrix}, \quad B=\begin{pmatrix} -2 & 3 \\ 1 & -1 \end{pmatrix}$$

とすると，$AB=BA=E$ となるので，B は A の逆行列である（A の逆行列の具体的な求め方は 4.7 節で説明する）．

次の例題で，転置行列と逆行列の基本性質を確認しよう．

[例題]　A, B を n 次正方行列とするとき，以下を示せ．

(1) ${}^t(AB) = {}^tB\,{}^tA$

(2) A, B が正則行列ならば，$(AB)^{-1} = B^{-1}A^{-1}$ である．

[解答] (1) A, B が2次正方行列の場合で示す．$A = \begin{pmatrix} a & b \\ c & d \end{pmatrix}$，$B = \begin{pmatrix} x & y \\ z & w \end{pmatrix}$ とする．

$$AB = \begin{pmatrix} ax+bz & ay+bw \\ cx+dz & cy+dw \end{pmatrix} \quad \text{より} \quad {}^t(AB) = \begin{pmatrix} ax+bz & cx+dz \\ ay+bw & cy+dw \end{pmatrix}$$

である．一方，

$${}^tB{}^tA = \begin{pmatrix} x & z \\ y & w \end{pmatrix} \begin{pmatrix} a & c \\ b & d \end{pmatrix} = \begin{pmatrix} ax+bz & cx+dz \\ ay+bw & cy+dw \end{pmatrix}$$

である．よって，${}^t(AB) = {}^tB\,{}^tA$ である．一般の場合も同様の計算によって示される．

(2) p.40 の注意で説明したように，行列の積は結合法則を満たすので，それを用いると

$$(AB)(B^{-1}A^{-1}) = A(BB^{-1})A^{-1} = AEA^{-1} = AA^{-1} = E$$

となる．同様に，$(B^{-1}A^{-1})(AB) = E$ も示される．したがって，$(AB)^{-1} = B^{-1}A^{-1}$ である．

▶**問題**　A, B, C を n 次正方行列とするとき，以下を示せ．

(1) ${}^t(ABC) = {}^tC\,{}^tB\,{}^tA$

(2) A, B, C が正則行列ならば，$(ABC)^{-1} = C^{-1}B^{-1}A^{-1}$ である．

◉ 3.2　行列による写像と変換

3.2〜3.5 節では，行列による写像の性質を説明する．なお，$\mathbb{R}^n$ は自然な内積空間 $\langle \boldsymbol{e}_j \rangle_B$ として考える．したがって，数ベクトル $\boldsymbol{x} = x_1\boldsymbol{e}_1 + x_2\boldsymbol{e}_2 + \cdots + x_n\boldsymbol{e}_n$ を座標

$$\begin{pmatrix} x_1 \\ \vdots \\ x_n \end{pmatrix}$$

だけで扱う．

さらに，行列の成分が実数である行列を**実行列**，複素数である行列を**複素行列**という．以後，行列といえば断りのない限り実行列を指すこととする．

さて，行列の積の定義により，(m,n) 行列 $A = \begin{pmatrix} a_{11} & \cdots & a_{1n} \\ \vdots & & \vdots \\ a_{m1} & \cdots & a_{mn} \end{pmatrix}$ と数ベクトル $\boldsymbol{x} = \begin{pmatrix} x_1 \\ \vdots \\ x_n \end{pmatrix}$ との演算 $A\boldsymbol{x}$ は，

$$A\boldsymbol{x} = \begin{pmatrix} a_{11} & \cdots & a_{1n} \\ \vdots & & \vdots \\ a_{m1} & \cdots & a_{mn} \end{pmatrix} \begin{pmatrix} x_1 \\ \vdots \\ x_n \end{pmatrix} = \begin{pmatrix} a_{11}x_1 + a_{12}x_2 + \cdots + a_{1n}x_n \\ \vdots \\ a_{m1}x_1 + a_{m2}x_2 + \cdots + a_{mn}x_n \end{pmatrix}$$

である．これより，(m,n) 行列 A が与えられると，任意の n 次元ベクトル $\boldsymbol{x}$ に対して，$A\boldsymbol{x}$ は m 次元 $\mathbb{R}$ ベクトル空間の数ベクトルとなる．

［定義］ 行列による写像と変換

数ベクトル空間 $\mathbb{R}^n$ の任意のベクトル $\boldsymbol{x}$ に対して，$\mathbb{R}^m$ のベクトル $A\boldsymbol{x}$ を対応させる操作 f のことを，行列 A による $\mathbb{R}^n$ から $\mathbb{R}^m$ への**写像**，あるいは単に A による写像という．このとき，$f(\boldsymbol{x}) = A\boldsymbol{x}$ と表される．

また，ベクトル $A\boldsymbol{x}$ を f による $\boldsymbol{x}$ の**像**とよぶ．とくに，$m = n$ のとき，n 次正方行列 A による $\mathbb{R}^n$ から $\mathbb{R}^n$ への写像を行列 A による $\mathbb{R}^n$ 上の**変換**，あるいは単に A による変換という．単位行列 E_n による変換は $\boldsymbol{x}$ を動かさないため，**恒等変換**とよばれる．

直線はベクトルの集まりとも考えられるので，零行列でない行列による変換は，一つの直線を別の直線に移しているとも考えられる．つまり，直線の像は直線となる．

次は，原点を通る直線に関する例題である．一般の直線の場合は読者自身で確かめてほしい．

[例題]　xy 座標系上の直線 $y = ax$（a は定数）上の点 P は，次の行列 A, B による変換でどのような図形の点に変換されるか．

(1) $A = \begin{pmatrix} -2 & 3 \\ 1 & -4 \end{pmatrix}$　　(2) $B = \begin{pmatrix} 3 & -2 \\ -9 & 6 \end{pmatrix}$

[解答] 直線 $y = ax$ 上の点 P は，媒介変数 t を用いて $x = t$, $y = at$ と表される．したがって，点 P の位置ベクトルは $\boldsymbol{x} = \begin{pmatrix} t \\ at \end{pmatrix}$ と書ける．移された点を点 P$'$ として，その位置ベクトルを $\begin{pmatrix} x' \\ y' \end{pmatrix}$ とする．

(1) $\begin{pmatrix} x' \\ y' \end{pmatrix} = \begin{pmatrix} -2 & 3 \\ 1 & -4 \end{pmatrix}\begin{pmatrix} t \\ at \end{pmatrix} = \begin{pmatrix} (-2+3a)t \\ (1-4a)t \end{pmatrix}$ であるので，直線 $x' = (-2+3a)t$, $y' = (1-4a)t$ を得る．t を消去すると，$(-2+3a)y' = (1-4a)x'$ と表される．したがって，直線 $y = ax$ 上の点 P は，直線 $(-2+3a)y = (1-4a)x$ 上の点に変換される．

たとえば $a = 2$ のとき，直線 $y = 2x$ 上の点は，直線 $y = -\dfrac{7}{4}x$ 上の点に変換される．変換の様子を以下に示す．

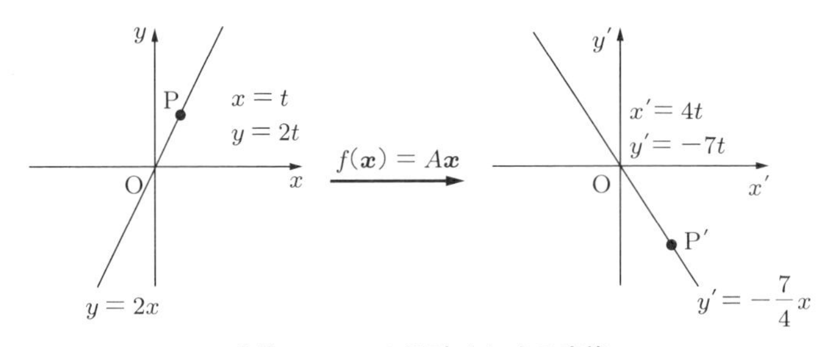

直線 $y = 2x$ の行列 A による変換

(2) $\begin{pmatrix} x' \\ y' \end{pmatrix} = \begin{pmatrix} 3 & -2 \\ -9 & 6 \end{pmatrix}\begin{pmatrix} t \\ at \end{pmatrix} = \begin{pmatrix} (3-2a)t \\ (-9+6a)t \end{pmatrix}$ であるので，直線 $x' = (3-2a)t$, $y' = (-9+6a)t$ を得る．t を消去すると，$y' = -3x'$ と表される．したがって，直線 $y = ax$ 上の点 P は，a の値によらず直線 $y = -3x$ 上の点に変換される．

注意　上の (2) が示していることは，行列 B での変換により，2 次元ベクトル空間 $\mathbb{R}^2$ の任意の点が，その 1 次元部分空間である直線 $y = -3x$ 上の点に変換されることを意味している．実は，これは B のランクが 2 ではなく 1 になっていることが原因である（詳しくは 4.4 節で述べる）．

▶**問題** xy 座標系上の直線 $y = ax$（a は定数）上の点 P は，次の行列 A, B による変換でどのようなの図形の点に変換されるか．

(1) $A = \begin{pmatrix} 2 & 0 \\ 1 & -3 \end{pmatrix}$ (2) $B = \begin{pmatrix} 0 & 1 \\ 0 & 4 \end{pmatrix}$

3.3 行列のスカラー倍による写像

A を (m, n) 行列，t をスカラーとし，tA を考える．tA は，A のすべての成分を t 倍することである．しかし，これは単に行列のスカラー倍が定義されたということではなく，行列による変換のスカラー倍が定義されたという重要な意味をもつ．

［定理］ 行列のスカラー倍による写像
tA による $\mathbb{R}^n$ から $\mathbb{R}^m$ への写像に対して，$\boldsymbol{x}$ の像 $(tA)\boldsymbol{x}$ は $t(A\boldsymbol{x})$ に一致する．

［解説］ この定理は簡単に証明できて，$(tA)\boldsymbol{x} = \begin{pmatrix} ta_{11} & \cdots & ta_{1n} \\ \vdots & & \vdots \\ ta_{m1} & \cdots & ta_{mn} \end{pmatrix} \begin{pmatrix} x_1 \\ \vdots \\ x_n \end{pmatrix}$

$$= \begin{pmatrix} ta_{11}x_1 + \cdots + ta_{1n}x_n \\ \vdots \\ ta_{m1}x_1 + \cdots + ta_{mn}x_n \end{pmatrix} = t \begin{pmatrix} a_{11}x_1 + \cdots + a_{1n}x_n \\ \vdots \\ a_{m1}x_1 + \cdots + a_{mn}x_n \end{pmatrix} = t(A\boldsymbol{x})$$ となる． □

$A \neq O$ の場合，原点を通る直線 L の行列 A による変換の像は原点を通る直線 L' となるが，tA による L の像も L' となる．直感的には明らかだが，念のため次の例題で確認しておこう．

［例題］ A と B は 4 次正方行列で，$3A = B$ を満たしているとする．さらに，$x_1x_2x_3x_4$ 座標系上の任意の点 P は，行列 B で原点を通るある直線上の点に変換されているとする．このとき，行列 A でもそれと同じ直線上の点に変換されることを証明せよ．

［解答］ 点 P の位置ベクトルを $\boldsymbol{x}$，行列 B による点 P の像 P$'$ の位置ベクトルを $\boldsymbol{x}'$ とする．また，原点を通る直線は $\mathbb{R}^4$ の 1 次元部分空間であるので，その基底を $\boldsymbol{b}$ とすると，ある定数 c で $\boldsymbol{x}' = c\boldsymbol{b}$ と書ける．$\boldsymbol{x}' = B\boldsymbol{x} = 3A\boldsymbol{x}$ より，$A\boldsymbol{x} = \dfrac{1}{3}\boldsymbol{x}' = \dfrac{c}{3}\boldsymbol{b}$ である．したがって，点 P は行列 A で同じ直線上の点に変換される．

▶**問題**　A と B は4次正方行列で，$3A = 2B$ を満たしているとする．さらに，$x_1x_2x_3x_4$ 座標系上の任意の点 P は，行列 A で原点を含むある平面上の点に変換されているとする．このとき，行列 B でもそれと同じ平面上の点に変換されることを証明せよ．

3.4　行列の和による写像

A, B をそれぞれ (m, n) 行列とし，和 $A + B$ による $\mathbb{R}^n$ から $\mathbb{R}^m$ への写像について考える．$A + B$ は，A と B の同じ成分どうしを足すことである．しかし，スカラー倍の写像のときと同様に，これは単に行列による足し算が定義されたというのではなく，行列による変換の足し算が定義されたという重要な意味をもつ．

[定理]　行列の和による写像
$A + B$ による $\mathbb{R}^n$ から $\mathbb{R}^m$ への写像に対して，$\boldsymbol{x}$ の像 $(A + B)\boldsymbol{x}$ は $A\boldsymbol{x} + B\boldsymbol{x}$ に一致する．

[解説] この定理は簡単に証明できて，$A = \begin{pmatrix} a_{11} & \cdots & a_{1n} \\ \vdots & & \vdots \\ a_{m1} & \cdots & a_{mn} \end{pmatrix}$, $B = \begin{pmatrix} b_{11} & \cdots & b_{1n} \\ \vdots & & \vdots \\ b_{m1} & \cdots & b_{mn} \end{pmatrix}$

とすると，以下のようになる．

$$
\begin{aligned}
(A + B)\boldsymbol{x} &= \begin{pmatrix} a_{11} + b_{11} & \cdots & a_{1n} + b_{1n} \\ \vdots & & \vdots \\ a_{m1} + b_{m1} & \cdots & a_{mn} + b_{mn} \end{pmatrix} \begin{pmatrix} x_1 \\ \vdots \\ x_n \end{pmatrix} \\
&= \begin{pmatrix} (a_{11} + b_{11})x_1 + \cdots + (a_{1n} + b_{1n})x_n \\ \vdots \\ (a_{m1} + b_{m1})x_1 + \cdots + (a_{mn} + b_{mn})x_n \end{pmatrix} \\
&= \begin{pmatrix} (a_{11}x_1 + \cdots + a_{1n}x_n) + (b_{1n}x_1 + \cdots + b_{1n}x_n) \\ \vdots \\ (a_{m1}x_1 + \cdots + a_{mn}x_n) + (b_{m1}x_1 + \cdots + b_{mn}x_n) \end{pmatrix} \\
&= \begin{pmatrix} a_{11}x_1 + \cdots + a_{1n}x_n \\ \vdots \\ a_{m1}x_1 + \cdots + a_{mn}x_n \end{pmatrix} + \begin{pmatrix} b_{11}x_1 + \cdots + b_{1n}x_n \\ \vdots \\ b_{m1}x_1 + \cdots + b_{mn}x_n \end{pmatrix}
\end{aligned}
$$

$$= A\boldsymbol{x} + B\boldsymbol{x}$$ □

$\boldsymbol{x}$ の像 $(A+B)\boldsymbol{x}$ が $\mathbf{0}$ となったとき，$A\boldsymbol{x} = -B\boldsymbol{x}$ であることは，上記の定理よりわかる．計算自体は簡単であるのだが，次の例題でその幾何学的な意味を考えよう．

[例題] A, B をそれぞれ $(2,3)$ 行列とし，$A = \begin{pmatrix} 2 & 1 & -3 \\ -4 & -2 & 6 \end{pmatrix}$ とする．A, B による $\mathbb{R}^3$ から $\mathbb{R}^2$ への写像をそれぞれ f, g とする．さらに，$A+B$ による写像を h とする．$\boldsymbol{x}$ を $\mathbb{R}^3$ の任意の数ベクトルとし，$h(\boldsymbol{x}) = \mathbf{0}$ であるとき，集合 $\{f(\boldsymbol{x})\}$ も $\{g(\boldsymbol{x})\}$ も，どちらも $\mathbb{R}^2$ の 1 次元部分空間となることを証明せよ．

[解答] $\boldsymbol{x} = \begin{pmatrix} x_1 \\ x_2 \\ x_3 \end{pmatrix}$ とすると，$f(\boldsymbol{x}) = A\boldsymbol{x} = \begin{pmatrix} 2x_1 + x_2 - 3x_3 \\ -4x_1 - 2x_2 + 6x_3 \end{pmatrix}$ である．ここで，$2x_1 + x_2 - 3x_3$ を t とおくと，$f(\boldsymbol{x}) = t\begin{pmatrix} 1 \\ -2 \end{pmatrix}$ となる．$\boldsymbol{b} = \begin{pmatrix} -1 \\ 2 \end{pmatrix}$ とおくと，これは $\{f(\boldsymbol{x})\} = \langle \boldsymbol{b} \rangle_B$，すなわち $\{f(\boldsymbol{x})\}$ は $\mathbb{R}^2$ の 1 次元部分空間であることを意味する．一方，$f(\boldsymbol{x}) + g(\boldsymbol{x}) = A\boldsymbol{x} + B\boldsymbol{x} = (A+B)\boldsymbol{x} = h(\boldsymbol{x}) = \mathbf{0}$ より，$g(\boldsymbol{x}) = -f(\boldsymbol{x}) = -A\boldsymbol{x} = t\begin{pmatrix} -1 \\ 2 \end{pmatrix}$ である．したがって，$\{g(\boldsymbol{x})\} = \langle \boldsymbol{b} \rangle_B$ となるため，$\{g(\boldsymbol{x})\}$ は $\mathbb{R}^2$ の 1 次元部分空間である．

▶**問題** A, B をそれぞれ 3 次正方行列とし，$A = \begin{pmatrix} 1 & 1 & 2 \\ 0 & -2 & 0 \\ 1 & -1 & 2 \end{pmatrix}$ とする．A, B による $\mathbb{R}^3$ 上の変換をそれぞれ f, g とする．さらに，$A+B$ による変換を h とする．$\boldsymbol{x}$ を $\mathbb{R}^3$ の任意の数ベクトルとし，$h(\boldsymbol{x}) = \mathbf{0}$ であるとき，集合 $\{f(\boldsymbol{x})\}$ も $\{g(\boldsymbol{x})\}$ も，どちらも $\mathbb{R}^3$ の 2 次元部分空間となることを証明せよ．

3.5 行列の積による写像

A を (k,m) 行列, B を (m,n) 行列とする．さらに, A による写像を $f:\mathbb{R}^m \to \mathbb{R}^k$ ($\mathbb{R}^m$ から $\mathbb{R}^k$ への写像 f)，B による写像を $g:\mathbb{R}^n \to \mathbb{R}^m$ とする．すると，A と B の積である (k,n) 行列 AB による写像 $h:\mathbb{R}^n \to \mathbb{R}^k$ が定まる．以下に，三つの

写像 f, g, h の関係性について説明する.

[定理]　行列の積による写像

上記の設定のもとで, $\mathbb{R}^n$ の数ベクトル $\boldsymbol{x}$ に対して,

$$h(\boldsymbol{x}) = f(g(\boldsymbol{x}))$$

が成り立つ. h を f と g の**合成写像**といい, $f \circ g$ と書く.

[解説] この定理が示していることは, 二つの行列による合成写像が二つの行列の積と対応していることである. つまり, 行列の積が, 単に積という計算法を定義したというだけでなく, 写像というものにおいても充分に意味をもち, 非常にうまく定義されているということである. そしてこの定理こそが, ケーリーが示した行列の理論の中の最も重要な部分であったと考えられる.

以下, 具体的な行列 A, B で説明する.

$$A = \begin{pmatrix} 1 & 2 & 3 \\ 4 & 5 & 6 \end{pmatrix}, \quad B = \begin{pmatrix} 7 & -1 \\ 8 & -3 \\ 9 & -5 \end{pmatrix}, \quad AB = \begin{pmatrix} 60 & -14 \\ 122 & -32 \end{pmatrix}$$

とする. このとき, $f : \mathbb{R}^2 \to \mathbb{R}^3$, $g : \mathbb{R}^3 \to \mathbb{R}^2$, $h : \mathbb{R}^2 \to \mathbb{R}^2$ である. $\mathbb{R}^2$ の数ベクトル $\boldsymbol{x} = \begin{pmatrix} a \\ b \end{pmatrix}$ に対して, g, f の順に $\boldsymbol{x}$ の像を計算すると,

$$g(\boldsymbol{x}) = B\begin{pmatrix} a \\ b \end{pmatrix} = \begin{pmatrix} 7a - b \\ 8a - 3b \\ 9a - 5b \end{pmatrix}, \quad f(g(\boldsymbol{x})) = A\begin{pmatrix} 7a - b \\ 8a - 3b \\ 9a - 5b \end{pmatrix} = \begin{pmatrix} 60a - 14b \\ 122a - 32b \end{pmatrix}$$

である. 一方, 先に積 AB を計算してそれを使って, $\boldsymbol{x}$ の像を見てみると,

$$h(\boldsymbol{x}) = AB\begin{pmatrix} a \\ b \end{pmatrix} = \begin{pmatrix} 60a - 14b \\ 122a - 32b \end{pmatrix}$$

であり, $f(g(\boldsymbol{x})) = h(\boldsymbol{x})$ が成り立つ. □

次の例題で, 合成変換の計算練習をしよう.

[例題] $A = \begin{pmatrix} 1 & -1 & 0 \\ 0 & -1 & 1 \\ 0 & 1 & 0 \end{pmatrix}$ による変換を $f : \mathbb{R}^3 \to \mathbb{R}^3$, $B = \begin{pmatrix} 1 & 0 & 1 \\ 0 & 0 & 2 \\ 0 & 3 & 3 \end{pmatrix}$ による

変換を $g:\mathbb{R}^3 \to \mathbb{R}^3$ とする．このとき，$\mathbb{R}^3$ の数ベクトル $\boldsymbol{x}$ の合成変換 $g \circ f$ による像を求めよ．

[解答] $\boldsymbol{x} = \begin{pmatrix} x_1 \\ x_2 \\ x_3 \end{pmatrix}$ とすると，

$$(g \circ f)(\boldsymbol{x}) = (BA)\boldsymbol{x} = \begin{pmatrix} 1 & 0 & 0 \\ 0 & 2 & 0 \\ 0 & 0 & 3 \end{pmatrix} \begin{pmatrix} x_1 \\ x_2 \\ x_3 \end{pmatrix} = \begin{pmatrix} x_1 \\ 2x_2 \\ 3x_3 \end{pmatrix}$$

である．

▶**問題** $A = \begin{pmatrix} 0 & 1 & 0 \\ 0 & 0 & 1 \\ 1 & 0 & 0 \end{pmatrix}$ による変換を $f:\mathbb{R}^3 \to \mathbb{R}^3$ とする．このとき，合成変換 $f \circ f \circ f$ は恒等変換であることを証明せよ．

3.6 対角行列による空間の点の移動の様子

3.6〜3.9 節で，行列の変換を，平面での点の動きに関連づけて視覚的に見ていこう．

行列による変換の中でも最も基本的なものが，対角行列による変換である．**対角行列**とは，

$$D = \begin{pmatrix} \lambda_1 & & 0 \\ & \ddots & \\ 0 & & \lambda_n \end{pmatrix}$$

という形の行列で，対角成分以外はすべて 0 である正方行列のことである．この節では，この行列 D による変換 $f(\boldsymbol{x}) = D\boldsymbol{x}$ を考える．

[定理] 対角行列による変換

対角行列 D による変換 $f(\boldsymbol{x}) = D\boldsymbol{x}$ は，$\mathbb{R}^n$ の数ベクトル $\boldsymbol{x}$ を，x_j 方向へ λ_j 倍 $(1 \leqq j \leqq n)$ する変換である．言い換えると，$\mathbb{R}^n$ の点 $(x_1, \ldots, x_n)$ を点 $(\lambda_1 x_1, \ldots, \lambda_n x_n)$ に移す変換である．

[解説] 簡単のため，xy 平面で解説しよう．$D = \begin{pmatrix} \lambda_1 & 0 \\ 0 & \lambda_2 \end{pmatrix}$，$\boldsymbol{x} = \begin{pmatrix} x \\ y \end{pmatrix}$ とすると，$f(\boldsymbol{x}) = D\boldsymbol{x} = \begin{pmatrix} \lambda_1 & 0 \\ 0 & \lambda_2 \end{pmatrix} \begin{pmatrix} x \\ y \end{pmatrix} = \begin{pmatrix} \lambda_1 x \\ \lambda_2 y \end{pmatrix}$ である．これは，点 $\begin{pmatrix} x \\ y \end{pmatrix}$ が点 $\begin{pmatrix} \lambda_1 x \\ \lambda_2 y \end{pmatrix}$ に変換されたことを意味する．以下の図は，$\lambda_1 = 2$，$\lambda_2 = 3$ としたときの xy 平面上の格子点の A による変換の様子を描いたものである．

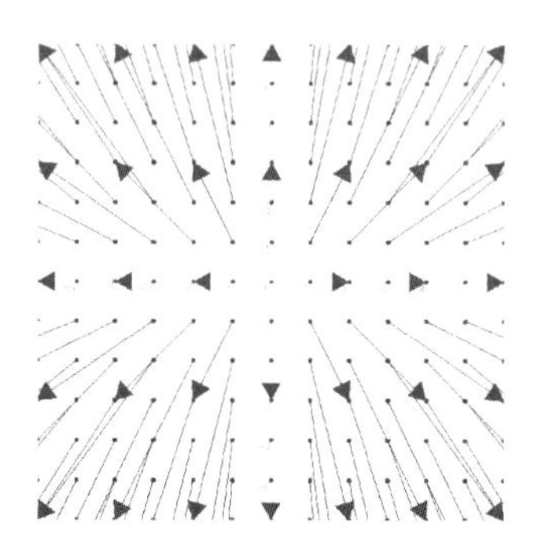

対角行列による変換

ところで，単位行列 E_n は $\lambda_1 = \cdots = \lambda_n = 1$ の対角行列であり，E_n による恒等変換は，点の位置を移動させない．また，$\lambda_1 = \cdots = \lambda_n = \lambda$ である対角行列による変換については一般的な呼び名はないが，後の説明で使うために，本書では λ 倍**放射**とよぶことにする．

また，$A = \begin{pmatrix} 1 & 0 & 0 \\ 0 & 1 & 0 \\ 0 & 0 & 0 \end{pmatrix}$ を用いた $x_1x_2x_3$ 座標系における変換によって，$A \begin{pmatrix} x_1 \\ x_2 \\ x_3 \end{pmatrix} = \begin{pmatrix} x_1 \\ x_2 \\ 0 \end{pmatrix}$ となる．このように投影する変換は，x_1x_2 座標系への**射影**とよばれる．□

次の例題で，対角行列によって具体的な図形がどのように変形するのかを確かめよう．

[例題]　f を以下の2次対角行列 D による $\mathbb{R}^2$ 上の変換 $f(\boldsymbol{x}) = D\boldsymbol{x}$ とする．

$$D = \begin{pmatrix} 2 & 0 \\ 0 & 3 \end{pmatrix}$$

このとき，以下の図形は f によってどのような図形に変換されるか．

(1) 直線：$y = x$　　(2) 単位円：$x^2 + y^2 = 1$

[解答] (1) D により，直線は原点と $(2,3)$ を通るように変換される．したがって，変換後の図形は $y = \dfrac{3}{2}x$ である．

(2) D により単位円は x 方向へ 2 倍，y 方向へ 3 倍されるので，像は点 $(0,3)$ と $(2,0)$ を通るように変換される．したがって，変換後の図形は $\dfrac{x^2}{2^2} + \dfrac{y^2}{3^2} = 1$（楕円）である．

▶**問題**　上記の例題の 2 次対角行列 D による $\mathbb{R}^2$ 上の変換 $f(\boldsymbol{x}) = D\boldsymbol{x}$ を用いると，以下の図形は f によってどのような図形に変換されるか．

(1) 放物線：$y = x^2$　　(2) 双曲線：$y = \dfrac{1}{x}$

◉ 3.7　直交行列による空間の点の移動の様子

n 次正方行列 A が

$$A{}^tA = {}^tAA = E$$

を満たすとき，A は**直交行列**とよばれる．n 次正方行列 A の各列を数ベクトル（**列ベクトル**という）と見て，$(\boldsymbol{a}_1\boldsymbol{a}_2\ \cdots\ \boldsymbol{a}_n)$ と考えると，A が直交行列とは，$\boldsymbol{a}_i$ がすべて単位ベクトルで，$i \neq j$ のとき $(\boldsymbol{a}_i|\boldsymbol{a}_j) = 0$（すなわち，たがいに異なる列ベクトルは直交する）を満たすものだといえる．

2 次の直交行列は

$$R(\theta) = \begin{pmatrix} \cos\theta & -\sin\theta \\ \sin\theta & \cos\theta \end{pmatrix}, \quad R'(\theta) = \begin{pmatrix} \cos\theta & \sin\theta \\ \sin\theta & -\cos\theta \end{pmatrix}$$

となることが知られている．$R(\theta)$ を 2 次の**回転行列**という．また，$S = R'(0)$ とおくと，

$$S = \begin{pmatrix} 1 & 0 \\ 0 & -1 \end{pmatrix}$$

は x 軸に対する**鏡映**（点 (x,y) を x 軸に関して対称に移動させる変換）を与え，$R'(\theta) = R(\theta)S$ が成り立つ．

3 次の回転行列は

$$R_x(\theta) = \begin{pmatrix} 1 & 0 & 0 \\ 0 & \cos\theta & -\sin\theta \\ 0 & \sin\theta & \cos\theta \end{pmatrix}, \quad R_y(\varphi) = \begin{pmatrix} \cos\varphi & 0 & \sin\varphi \\ 0 & 1 & 0 \\ -\sin\varphi & 0 & \cos\varphi \end{pmatrix}$$

$$R_z(\psi) = \begin{pmatrix} \cos\psi & -\sin\psi & 0 \\ \sin\psi & \cos\psi & 0 \\ 0 & 0 & 1 \end{pmatrix}$$

などがある．ここで，θ は y 軸から z 軸へ向かう方向を正とし，φ は z 軸から x 軸へ向かう方向を正とし，ψ は x 軸から y 軸へ向かう方向を正とするもので，$R_x(\theta)$，$R_y(\varphi)$，$R_z(\psi)$ の合成変換は**オイラー変換**とよばれている（詳しくは第７章で説明する）．さらに，対角行列で対角成分のどれか一つだけが -1 で，残りの二つが１である次の行列も直交行列である．

$$S_1 = \begin{pmatrix} -1 & 0 & 0 \\ 0 & 1 & 0 \\ 0 & 0 & 1 \end{pmatrix}, \quad S_2 = \begin{pmatrix} 1 & 0 & 0 \\ 0 & -1 & 0 \\ 0 & 0 & 1 \end{pmatrix}, \quad S_3 = \begin{pmatrix} 1 & 0 & 0 \\ 0 & 1 & 0 \\ 0 & 0 & -1 \end{pmatrix}$$

［定義］　直交変換と回転

直交行列による変換を**直交変換**という．とくに，$\mathbb{R}^2$ や $\mathbb{R}^3$ における直交変換は**回転**という．

［解説］ 平面における直交変換 $R(\theta)$ による回転について説明しよう．$x = r\cos\alpha$，$y = r\sin\alpha$ とおく．加法定理により，

$$\begin{aligned} R(\theta)\begin{pmatrix} x \\ y \end{pmatrix} &= \begin{pmatrix} \cos\theta & -\sin\theta \\ \sin\theta & \cos\theta \end{pmatrix}\begin{pmatrix} r\cos\alpha \\ r\sin\alpha \end{pmatrix} \\ &= \begin{pmatrix} r(\cos\alpha\cos\theta - \sin\alpha\sin\theta) \\ r(\cos\alpha\sin\theta + \sin\alpha\cos\theta) \end{pmatrix} = \begin{pmatrix} r\cos(\theta+\alpha) \\ r\sin(\theta+\alpha) \end{pmatrix} \end{aligned}$$

となる．これは，点 $\begin{pmatrix} r\cos\alpha \\ r\sin\alpha \end{pmatrix}$ が $\begin{pmatrix} r\cos(\alpha+\theta) \\ r\sin(\alpha+\theta) \end{pmatrix}$ と θ 回転したことを意味する．以下の図は，$\theta = \dfrac{\pi}{6}$ としたときの xy 平面上の格子点の R による変換の様子である．

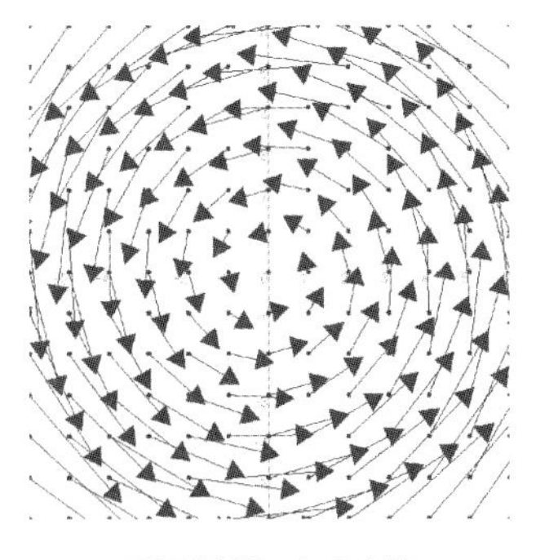

回転行列による変換 □

直交変換は，内積を保つ（2 点間の距離や角を変えない）変換である．次の例題とその注意で，このことを説明する．

[例題] $\mathbb{R}^3$ は自然な内積空間とし，さらに，$f:\mathbb{R}^3 \to \mathbb{R}^3$ を直交変換，$\boldsymbol{x}$，$\boldsymbol{y}$ を $\mathbb{R}^3$ の数ベクトルとする．このとき，$(f(\boldsymbol{x})|f(\boldsymbol{y})) = (\boldsymbol{x}|\boldsymbol{y})$ であることを証明せよ．

[解答] $A = \begin{pmatrix} a_{11} & a_{12} & a_{13} \\ a_{21} & a_{22} & a_{33} \\ a_{31} & a_{22} & a_{33} \end{pmatrix}$ を直交行列とし，f は A による直交変換とする．また，$\boldsymbol{x} = \begin{pmatrix} x_1 \\ x_2 \\ x_3 \end{pmatrix}$，$\boldsymbol{y} = \begin{pmatrix} y_1 \\ y_2 \\ y_3 \end{pmatrix}$ とする．${}^tAA = E$ より，$\displaystyle\sum_{k=1}^{3} a_{ki}a_{kj} = \delta_{ij}$ である．ここで，δ_{ij} は $i \neq j$ のとき $\delta_{ij} = 0$ で，$i = j$ のとき $\delta_{ij} = 1$ となる関数（**クロネッカーのデルタ**とよばれる）である．また，

$$f(\boldsymbol{x}) = \begin{pmatrix} \displaystyle\sum_{i=1}^{3} a_{1i}x_i \\ \displaystyle\sum_{i=1}^{3} a_{2i}x_i \\ \displaystyle\sum_{i=1}^{3} a_{3i}x_i \end{pmatrix}, \quad f(\boldsymbol{y}) = \begin{pmatrix} \displaystyle\sum_{j=1}^{3} a_{1j}y_j \\ \displaystyle\sum_{j=1}^{3} a_{2j}y_j \\ \displaystyle\sum_{j=1}^{3} a_{3j}y_j \end{pmatrix}$$

である．したがって，

$$(f(\boldsymbol{x})|f(\boldsymbol{y})) = \left(\sum_{i,j} a_{1i}a_{1j}x_iy_j\right) + \left(\sum_{i,j} a_{2i}a_{2j}x_iy_j\right) + \left(\sum_{i,j} a_{3i}a_{3j}x_iy_j\right)$$

$$= \sum_{i,j} \left(\sum_{k=1}^{3} a_{ki} a_{kj} \right) x_i y_j = \sum_{i=1}^{3} x_i y_i = (\boldsymbol{x}|\boldsymbol{y})$$

である.

注意　上の解答からわかるように，実は，ここで示したことは一般の $\mathbb{R}^n$ での直交変換で成り立つ．さらに，その逆も成り立つ．つまり，変換 $f : \mathbb{R}^n \to \mathbb{R}^n$ において，$(f(\boldsymbol{x})|f(\boldsymbol{y})) = (\boldsymbol{x}|\boldsymbol{y})$ であることは，f が直交変換であることの必要十分条件なのである．また，V を内積空間（数ベクトル空間）とし，$\{\boldsymbol{v}_j\}$ を V の正規直交基底としたとき，$F : V \to \mathbb{R}^n$ を $\boldsymbol{x} = x_1\boldsymbol{v}_1 + \cdots + x_n\boldsymbol{v}_n$ に対し，$F(\boldsymbol{x}) = x_1\boldsymbol{e}_1 + \cdots + x_n\boldsymbol{e}_n$ とすると，$(\boldsymbol{x}|\boldsymbol{y}) = (F(\boldsymbol{x})|F(\boldsymbol{y})) = x_1y_1 + \cdots + x_ny_n$ であることが $(\boldsymbol{v}_i|\boldsymbol{v}_j) = \delta_{ij}$ からただちに証明できる（読者自身で確かめよ）．以上のことから，上記の例題は，正規直交基底をもつ一般の内積空間 V で成り立つ．

▶**問題**　$f : \mathbb{R}^n \to \mathbb{R}^n$ を行列 A による変換とする．次の (1)〜(3) が成り立つことを順に証明せよ．

(1) $\|\boldsymbol{x}+\boldsymbol{y}\|^2 - \|\boldsymbol{x}-\boldsymbol{y}\|^2 = 4(\boldsymbol{x}|\boldsymbol{y})$

(2) $\|f(\boldsymbol{x}+\boldsymbol{y})\|^2 - \|f(\boldsymbol{x}-\boldsymbol{y})\|^2 = 4(f(\boldsymbol{x})|f(\boldsymbol{y}))$

(3) すべての $\boldsymbol{x} \in \mathbb{R}^n$ について $\|f(\boldsymbol{x})\| = \|\boldsymbol{x}\|$ ならば，すべての $\boldsymbol{x}, \boldsymbol{y} \in \mathbb{R}^n$ について $(f(\boldsymbol{x})|f(\boldsymbol{y})) = (\boldsymbol{x}|\boldsymbol{y})$ が成り立つ．

注意　(3) は，f が直交変換であることを示している．

3.8　交代行列による空間の点の移動の様子

n 次正方行列 A が

$${}^tA = -A$$

を満たすとき，A は**交代行列**とよばれる．たとえば3次交代行列は，

$$A = \begin{pmatrix} 0 & -a & -b \\ a & 0 & -c \\ b & c & 0 \end{pmatrix}$$

という形の行列である（a, b, c は定数）．交代行列は，対角成分がすべて0となるという特徴をもつ．この行列 A を用いて，平面ベクトル $\boldsymbol{x}$ に対して，$f(\boldsymbol{x}) = A\boldsymbol{x}$ を考えたい．そのために，上の行列 A を

$$A_{x_3} = \begin{pmatrix} 0 & -a & 0 \\ a & 0 & 0 \\ 0 & 0 & 0 \end{pmatrix}, \quad A_{x_2} = \begin{pmatrix} 0 & 0 & -b \\ 0 & 0 & 0 \\ b & 0 & 0 \end{pmatrix}, \quad A_{x_1} = \begin{pmatrix} 0 & 0 & 0 \\ 0 & 0 & -c \\ 0 & c & 0 \end{pmatrix}$$

と分解する．すなわち，$A = A_{x_3} + A_{x_2} + A_{x_1}$ と考える．そして，行列 $A_{x_3}, A_{x_2}, A_{x_1}$ の変換は，それぞれ部分空間 $\langle \boldsymbol{e}_1, \boldsymbol{e}_2 \rangle_B$，$\langle \boldsymbol{e}_2, \boldsymbol{e}_3 \rangle_B$，$\langle \boldsymbol{e}_3, \boldsymbol{e}_1 \rangle_B$ での変換である．よって，以下では 2 次の交代行列による変換について説明する．

[定理]　2 次の交代行列による変換

2 次の交代行列 $A = \begin{pmatrix} 0 & -a \\ a & 0 \end{pmatrix}$ を考える．このとき，変換 $f(\boldsymbol{x}) = A\boldsymbol{x}$ は，点 (x, y) を原点のまわりに $\dfrac{\pi}{2}$ 回転させた後に，a 倍放射する変換である．

[解説] $A = a \begin{pmatrix} 0 & -1 \\ 1 & 0 \end{pmatrix}$ と変形すると，$A' = \begin{pmatrix} 0 & -1 \\ 1 & 0 \end{pmatrix}$ は回転行列 $R(\pi/2)$ である．すなわち，原点のまわりに $\dfrac{\pi}{2}$ 回転する変換である．したがって，交代行列 A による変換は，原点のまわりに $\dfrac{\pi}{2}$ 回転させた後に a 倍放射するものである．

以下の図は，$a = 3$ としたときの xy 平面上の格子点の A による変換の様子を描いたものである．

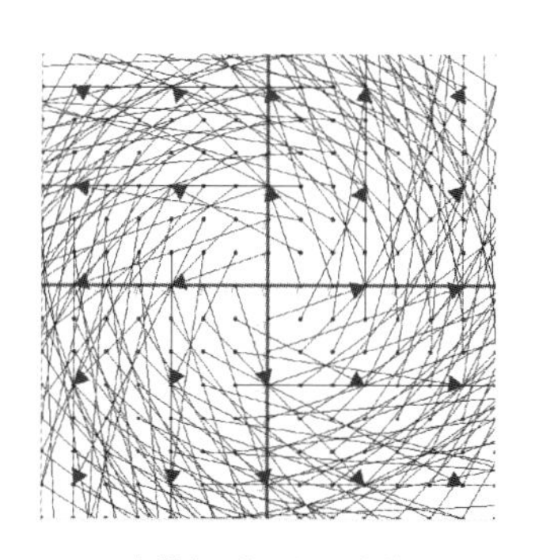

交代行列による変換

□

[例題]　行列 $A = \begin{pmatrix} 0 & 0 & b \\ 0 & 0 & 0 \\ -b & 0 & 0 \end{pmatrix}$ による数ベクトル空間 $\mathbb{R}^3$ の変換について説明せよ．ただし，b は 0 でない定数とする．

[解答] $\boldsymbol{x} = \begin{pmatrix} x_1 \\ x_2 \\ x_3 \end{pmatrix}$ とし，さらに $\boldsymbol{x}' = A\boldsymbol{x}$ とすると，$\boldsymbol{x}'$ の第2成分は常に0である．したがって，この変換は，まず $x_1x_2x_3$ 座標系の点を x_1x_3 座標系へ射影する．その後 x_1x_3 座標系は，行列 $A_{x_2} = \begin{pmatrix} 0 & b \\ -b & 0 \end{pmatrix} = b\begin{pmatrix} 0 & 1 \\ -1 & 0 \end{pmatrix}$ で変換される．これは，点 (x_1, x_3) を原点のまわりに $-\dfrac{\pi}{2}$ 回転させた後に b 倍放射するものである．よって，A による変換は，$x_1x_2x_3$ 座標系の点をまず点 (x_1, x_3) へ射影し，その後 x_1x_3 座標系において，点 (x_1, x_3) を原点のまわりに $-\dfrac{\pi}{2}$ 回転させた後に b 倍放射するものである．

▶**問題**　行列 $A = \begin{pmatrix} 0 & 0 & 0 & 0 \\ 0 & 0 & 0 & -c \\ 0 & 0 & 0 & 0 \\ 0 & c & 0 & 0 \end{pmatrix}$ による数ベクトル空間 $\mathbb{R}^4$ の変換について説明せよ．ただし，c は0でない定数とする．

注意　2次の交代行列による $\mathbb{R}^n$ の変換は，$\mathbb{R}^2$ 上の数ベクトルに $\dfrac{\pi}{2}$ 回転を与えるものである．これは，複素数という数の世界に関係がある．さらに，複素数より広い数の世界（四元数）があることも発見されており，その世界の理論を使うと $\mathbb{R}^3$ の数ベクトルの回転が詳細に理解できる（詳細は第7章で説明する）．

3.9　対称行列による空間の点の移動の様子

対称行列とは，$A = {}^tA$ を満たす行列である．たとえば3次対称行列は，

$$A = \begin{pmatrix} \lambda_1 & a & b \\ a & \lambda_2 & c \\ b & c & \lambda_3 \end{pmatrix}$$

という形の行列である．ここで，$\lambda_1, \lambda_2, \lambda_3, a, b, c$ は定数である．

$$B = \begin{pmatrix} \lambda_1 & 0 & 0 \\ 0 & \lambda_2 & 0 \\ 0 & 0 & \lambda_3 \end{pmatrix}, \quad C = \begin{pmatrix} 0 & a & b \\ a & 0 & c \\ b & c & 0 \end{pmatrix}$$

とおくと，$A = B + C$ と分解される．行列 B は対角行列であり，この行列による

変換は基底 $\boldsymbol{e}_j$ $(j=1,2,3)$ 方向へ λ_j 倍することであったので，対称行列による変換は，対角成分がすべて 0 の特殊な対称行列 C による変換を理解することが重要となる．C は交代行列との類似性から，さらに $C=C_{x_3}+C_{x_2}+C_{x_1}$ と分解できる．ここで，

$$C_{x_3}=\begin{pmatrix}0&a&0\\a&0&0\\0&0&0\end{pmatrix},\quad C_{x_2}=\begin{pmatrix}0&0&b\\0&0&0\\b&0&0\end{pmatrix},\quad C_{x_1}=\begin{pmatrix}0&0&0\\0&0&c\\0&c&0\end{pmatrix}$$

である．よって，交代行列のときと同様に, 以下では 2 次の対称行列 $\begin{pmatrix}0&a\\a&0\end{pmatrix}$ を用いた変換について説明する．

[定理]　対角成分が 0 の 2 次の対称行列による変換

対称行列 $A=\begin{pmatrix}0&a\\a&0\end{pmatrix}$ とする．このとき，変換 $f(\boldsymbol{x})=A\boldsymbol{x}$ は，xy 座標系上の点 (x,y) を直線 $y=x$ を中心に鏡映を行った後に，a 倍放射する変換である．

[解説] $A=a\begin{pmatrix}0&1\\1&0\end{pmatrix}$ と変形し，$A'=\begin{pmatrix}0&1\\1&0\end{pmatrix}$ とする．A' による変換は，$A'\begin{pmatrix}x\\y\end{pmatrix}=\begin{pmatrix}y\\x\end{pmatrix}$ であり，これは，点 (x,y) を直線 $y=x$ に関して対称に移動させる変換である．したがって，この特殊な対称行列 A による変換は，点 (x,y) を A' で直線 $y=x$ を中心に鏡映を行った後に，a 倍放射する変換といえる．

このようなことから，xy 座標系上において，A による変換で不変な直線が $y=x$ と $y=-x$ の 2 本存在し，互いに直交していることもわかる．次のページの図は，$a=2$ としたときの xy 平面上の格子点の A による変換の様子を描いたものである．

繰り返しになるが，一般に対称行列 $A=\begin{pmatrix}\lambda_1&a\\a&\lambda_2\end{pmatrix}$ による変換は，$B=\begin{pmatrix}\lambda_1&0\\0&\lambda_2\end{pmatrix}$，$C=\begin{pmatrix}0&a\\a&0\end{pmatrix}$ とすると，$A=B+C$ であるため，B による変換と C による変換に分解される．このため，A による変換においては，対角行列 B の影響を受けて，見かけ上直線 $y=-x$ を中心とした鏡映という動きが消える．

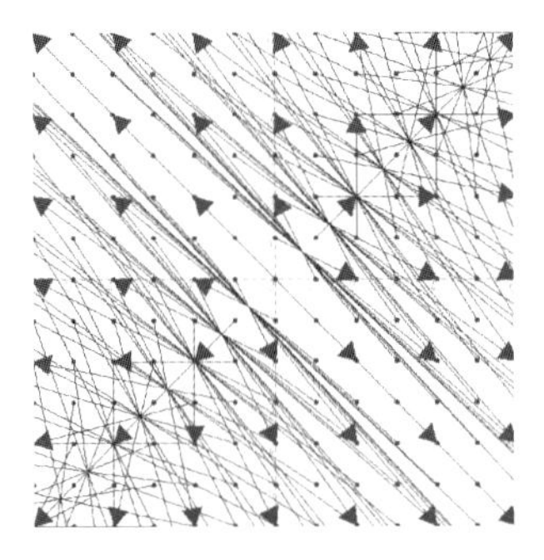

対角成分が 0 の対称行列による変換 □

対称行列 $A = \begin{pmatrix} \lambda_1 & a \\ a & \lambda_2 \end{pmatrix}$ による変換をさらに理解するために，以下の例題を扱う．その特徴は，上の図からもわかるように，この変換で不変な直交する 2 本の直線が存在することである．

[例題]　a, b を実数，c を 0 でない実数とし，行列 $A = \begin{pmatrix} a & c \\ c & b \end{pmatrix}$ とする．このとき，xy 座標系の A による変換で不変な二つの直線 $y = ux, y = vx$ が存在して，それらは直交することを証明せよ．

[解答] β を 0 でない定数とし，直線 $y = \beta x$ 上の点の位置ベクトルを $\boldsymbol{x} = \begin{pmatrix} t \\ \beta t \end{pmatrix}$ とすると，$A\boldsymbol{x} = \begin{pmatrix} (a + \beta c)t \\ (c + \beta b)t \end{pmatrix}$ である．$y = \beta x$ より，$c + \beta b = \beta(a + c\beta)$ を得る．つまり，β に関する 2 次方程式 $c\beta^2 + (a - b)\beta - c = 0$ を得る．判別式 D を計算すると，$D = (a - b)^2 + 4c^2 > 0$ である．したがって，この β は二つの異なる解 u, v をもつことになる．さらに，解の公式より

$$\beta = \frac{-(a - b) \pm \sqrt{D}}{2c}$$

であるため，$y = ux, y = vx$ の方向ベクトルをそれぞれ

$$\boldsymbol{u} = \begin{pmatrix} 1 \\ \dfrac{-(a - b) - \sqrt{D}}{2c} \end{pmatrix}, \quad \boldsymbol{v} = \begin{pmatrix} 1 \\ \dfrac{-(a - b) + \sqrt{D}}{2c} \end{pmatrix}$$

とおくことができる．よって，$(\boldsymbol{u}|\boldsymbol{v}) = 0$ であり，これらの 2 直線は直交する．

▶**問題**　対称行列 $A = \begin{pmatrix} 2 & 1 \\ 1 & 4 \end{pmatrix}$ による $\mathbb{R}^2$ の変換で不変な二つの直線 L_1 と L_2 の方程式を求めよ．

注意　一般に，n 次対称行列による $\mathbb{R}^n$ 上の変換では，異なる不変な直線が n 本存在し，それらは互いに直交する．このような現象があることから，対称行列による変換は直交変換と関係があるのではないかと思われる読者もいるだろう．その疑問は，固有値や固有ベクトルというものを学習した後で解消する．

振り返り問題

行列による数ベクトル空間の変換に関する次の各文には間違いがある．どのような点が間違いであるか説明せよ．

(1) 2 次対角行列による変換は，数ベクトル空間 $\mathbb{R}^2$ のすべての点を x 方向にも y 方向にも λ 倍する変換である．

(2) 2 次交代行列による変換は，数ベクトル空間 $\mathbb{R}^2$ のすべての点を回転させる変換である．

(3) 2 次交代行列による変換では，数ベクトル空間 $\mathbb{R}^2$ の中に不変な直線が 2 本存在する場合がある．

(4) 2 次対称行列による変換は，数ベクトル空間 $\mathbb{R}^2$ のすべての点を直線 $y = x$ を中心に鏡映を行う変換である．

(5) 2 次対称行列による変換では，数ベクトル空間 $\mathbb{R}^2$ の中に不変な直線が存在する．

第4章 表現行列と基底変換

数ベクトル空間には必ず基底がある．そして，第3章では自然基底に関する行列による空間の点の移動の様子を見てきた．しかし，数ベクトル空間を自然基底ではない基底で考えた場合，自然基底で考えた空間の点を移動させる行列の各成分の数値は当然変わるはずである．

ベクトル空間論においては，空間の点を移動させる力のようなものを線形写像とよび，線形写像に対して基底を定めたときに得られる行列を表現行列という．この章では，線形写像の基本事項も確認しながら（4.3〜4.7節），数ベクトル空間に線形写像がはたらいて空間の点が移動したとき，基底の違いによって表現行列はどのように変化するのかを見ていく．

4.1 線形写像と表現行列

V と W をそれぞれ $\mathbb{R}^n$ の m 次元，r 次元部分空間とする．さらに，$V = \langle \boldsymbol{v}_1, \ldots, \boldsymbol{v}_m \rangle_B$, $W = \langle \boldsymbol{w}_1, \ldots, \boldsymbol{w}_r \rangle_B$ とする．

以下の定義は，数ベクトル空間の行列による写像を一般化したものである．すなわち，V に属する数ベクトルと W に属する数ベクトルの対応関係を線形という考え方で定義するのである．線形性は，行列による写像以外にも微分や積分，数列などにもある性質で，この性質により，これらの対象を統一的に扱うことができる．

［定義］ 線形写像

$F : V \to W$ が**線形写像**であるとは，任意の数ベクトル $\boldsymbol{x}$, $\boldsymbol{y} \in V$ と任意の定数 $\lambda \in \mathbb{R}$ に対して，次の二つの条件を満たすときをいう．

$$F(\boldsymbol{x} + \boldsymbol{y}) = F(\boldsymbol{x}) + F(\boldsymbol{y}), \quad F(\lambda \boldsymbol{x}) = \lambda F(\boldsymbol{x})$$

とくに $W = V$ のとき，F は線形変換という．

定義から，行列による写像は明らかに線形写像である．するとその逆，つまり

「線形写像は行列による写像で表されるか」という疑問が生じるが，これも実は成り立つ．それが以下の定理である．

[定理] 表現行列

数ベクトル空間 $\mathbb{R}^n$ の m 次元部分空間 $V = \langle \boldsymbol{v}_1, \ldots, \boldsymbol{v}_m \rangle_B$ と r 次元部分空間 $W = \langle \boldsymbol{w}_1, \ldots, \boldsymbol{w}_r \rangle_B$ の間の任意の線形写像 $F : V \to W$ に対して，

$$(F(\boldsymbol{v}_1) \ \cdots \ F(\boldsymbol{v}_m)\ ) = (\boldsymbol{w}_1 \ \cdots \ \boldsymbol{w}_r)A$$

となる (r, m) 行列 A が存在する．行列 A を**基底 $\{\boldsymbol{v}_j\}$ と $\{\boldsymbol{w}_k\}$ に関する F の表現行列**といい，$M(F)$ で表す．

[解説] $F(\boldsymbol{v}_1), \ldots, F(\boldsymbol{v}_m)$ は W の数ベクトルであるので，どの番号 $1 \leqq j \leqq m$ に対しても，

$$F(\boldsymbol{v}_j) = a_{1j}\boldsymbol{w}_1 + \cdots + a_{rj}\boldsymbol{w}_r$$

と書ける．これを，基底と座標の積で表せば，

$$F(\boldsymbol{v}_j) = (\boldsymbol{w}_1 \ \cdots \ \boldsymbol{w}_r) \begin{pmatrix} a_{1j} \\ \vdots \\ a_{rj} \end{pmatrix}$$

である．したがって，これらをまとめて書けば

$$(F(\boldsymbol{v}_1) \ \cdots \ F(\boldsymbol{v}_m)\ ) = (\boldsymbol{w}_1 \ \cdots \ \boldsymbol{w}_r) \begin{pmatrix} a_{11} & \cdots & a_{1m} \\ \vdots & & \vdots \\ a_{r1} & \cdots & a_{rm} \end{pmatrix}$$

となり，この行列 $A = (a_{ij})$ が表現行列 $M(F)$ である． □

次の例題で，具体的な線形写像の表現行列を求めてみよう．

[例題] 数ベクトル空間 $\mathbb{R}^4$ の 3 次元部分空間 $V = \langle \boldsymbol{v}_1, \boldsymbol{v}_2, \boldsymbol{v}_3 \rangle_B$ と 2 次元部分空間 $W = \langle \boldsymbol{w}_1, \boldsymbol{w}_2 \rangle_B$ の間の線形写像 $F : V \to W$ で，

$$F(\boldsymbol{v}_1) = 2\boldsymbol{w}_1 - 3\boldsymbol{w}_2, \quad F(\boldsymbol{v}_2) = -5\boldsymbol{w}_1 + 11\boldsymbol{w}_2, \quad F(\boldsymbol{v}_3) = -\boldsymbol{w}_2$$

であるとき，基底 $\{\boldsymbol{v}_j\}$ と $\{\boldsymbol{w}_k\}$ に関する F の表現行列 $M(F)$ を求めよ．

[解答] $(F(\boldsymbol{v}_1)\ F(\boldsymbol{v}_2)\ F(\boldsymbol{v}_3)) = (\boldsymbol{w}_1\ \boldsymbol{w}_2)\begin{pmatrix} 2 & -5 & 0 \\ -3 & 11 & -1 \end{pmatrix}$ であるので，

$$M(F) = \begin{pmatrix} 2 & -5 & 0 \\ -3 & 11 & -1 \end{pmatrix}$$

である．

▶**問題**　数ベクトル空間 $\mathbb{R}^5$ の 4 次元部分空間 $V = \langle \boldsymbol{v}_1, \boldsymbol{v}_2, \boldsymbol{v}_3, \boldsymbol{v}_4 \rangle_B$ と 3 次元部分空間 $W = \langle \boldsymbol{w}_1, \boldsymbol{w}_2, \boldsymbol{w}_3 \rangle_B$ の間の線形写像 $F : V \to W$ で，$F(\boldsymbol{v}_1) = -\boldsymbol{w}_1 + 2\boldsymbol{w}_2$，$F(\boldsymbol{v}_2) = 3\boldsymbol{w}_2 + 2\boldsymbol{w}_3$，$F(\boldsymbol{v}_3) = -5\boldsymbol{w}_1 + 2\boldsymbol{w}_2 - \boldsymbol{w}_3$，$F(\boldsymbol{v}_4) = 7\boldsymbol{w}_1 - \boldsymbol{w}_3$ であるとき，F の基底 $\{\boldsymbol{v}_j\}$ と $\{\boldsymbol{w}_k\}$ に関する表現行列 $M(F)$ を求めよ．

4.2　表現行列と座標の関係

数ベクトル空間 $\mathbb{R}^n$ の部分空間 V と W に基底を定めると，V と W の任意のベクトル $\boldsymbol{x}$ と $\boldsymbol{y}$ に，各基底に関する座標がそれぞれ定まった．また，前節で線形写像 $F : V \to W$ には，二つの基底に関する F の表現行列 $M(F)$ が存在することを確認した．このことから，表現行列 $M(F)$ は，$\boldsymbol{x}$ の座標と $\boldsymbol{y}$ の座標とをどのように結びつけるかという疑問が生じる．以下の定理は，その答えになっている．

[定理]　表現行列と座標の関係

数ベクトル空間 $\mathbb{R}^n$ の m 次元部分空間 $V = \langle \boldsymbol{v}_1, \ldots, \boldsymbol{v}_m \rangle_B$ と，r 次元部分空間 $W = \langle \boldsymbol{w}_1, \ldots, \boldsymbol{w}_r \rangle_B$ の間の線形写像を $F : V \to W$ とし，$\{\boldsymbol{v}_j\}$ と $\{\boldsymbol{w}_k\}$ に関する F の表現行列を $M(F)$ とする．さらに，$\boldsymbol{x} \in V$ を $\boldsymbol{x} = x_1\boldsymbol{v}_1 + \cdots + x_m\boldsymbol{v}_m$，$F(\boldsymbol{x}) \in W$ を $F(\boldsymbol{x}) = y_1\boldsymbol{w}_1 + \cdots + y_r\boldsymbol{w}_r$ とする．このとき，座標に関する次の関係式が成り立つ．

$$\begin{pmatrix} y_1 \\ \vdots \\ y_r \end{pmatrix} = M(F)\begin{pmatrix} x_1 \\ \vdots \\ x_m \end{pmatrix} \tag{$*1$}$$

[解説] 以下に定理の証明を述べる．

$$(\boldsymbol{w}_1 \ \cdots \ \boldsymbol{w}_r)\begin{pmatrix} y_1 \\ \vdots \\ y_r \end{pmatrix} = F(\boldsymbol{x}) = (F(\boldsymbol{v}_1) \ \cdots \ F(\boldsymbol{v}_m))\begin{pmatrix} x_1 \\ \vdots \\ x_m \end{pmatrix}$$
$$= (\boldsymbol{w}_1 \ \cdots \ \boldsymbol{w}_r)M(F)\begin{pmatrix} x_1 \\ \vdots \\ x_m \end{pmatrix}$$

よって，$\boldsymbol{w}_1, \ldots, \boldsymbol{w}_r$ の線形独立性より，左辺と右辺の各 $\boldsymbol{w}_j$ の座標は等しい．つまり，4.1 節の定理の記号を用いて $M(F) = (a_{ji})$ とすると，$y_j = \displaystyle\sum_{i=1}^{m} a_{ji}x_i \ (1 \leqq j \leqq m)$ が成り立つ．これは式 (∗1) を意味する． □

次の例題で，上記の定理を用いて線形写像の計算をしてみよう．

[例題] 数ベクトル空間 $\mathbb{R}^4$ の 3 次元部分空間 $V = \langle \boldsymbol{v}_1, \boldsymbol{v}_2, \boldsymbol{v}_3 \rangle_B$ と 2 次元部分空間 $W = \langle \boldsymbol{w}_1, \boldsymbol{w}_2 \rangle_B$ について，$\{\boldsymbol{v}_j\}$ と $\{\boldsymbol{w}_k\}$ に関する線形写像 F の表現行列を

$$M(F) = \begin{pmatrix} 3 & 0 & 2 \\ -5 & 7 & -1 \end{pmatrix}$$

とし，$\boldsymbol{x} = 2\boldsymbol{v}_1 - 3\boldsymbol{v}_2 + \boldsymbol{v}_3 \in V$ とするとき，$F(\boldsymbol{x})$ を求めよ．

[解答] $F(\boldsymbol{x})$ の基底 $\boldsymbol{w}_1, \boldsymbol{w}_2$ に関する座標だけを計算すると，

$$\begin{pmatrix} 3 & 0 & 2 \\ -5 & 7 & -1 \end{pmatrix}\begin{pmatrix} 2 \\ -3 \\ 1 \end{pmatrix} = \begin{pmatrix} 8 \\ -32 \end{pmatrix}$$

である．したがって，$F(\boldsymbol{x}) = 8\boldsymbol{w}_1 - 32\boldsymbol{w}_2$ である．

▶**問題** 数ベクトル空間 $\mathbb{R}^5$ の 4 次元部分空間 $V = \langle \boldsymbol{v}_1, \boldsymbol{v}_2, \boldsymbol{v}_3, \boldsymbol{v}_4 \rangle_B$ と 3 次元部分空間 $W = \langle \boldsymbol{w}_1, \boldsymbol{w}_2, \boldsymbol{w}_3 \rangle_B$ について，$\{\boldsymbol{v}_j\}$ と $\{\boldsymbol{w}_k\}$ に関する F の表現行列を

$$M(F) = \begin{pmatrix} 3 & 0 & 2 & -1 \\ -5 & 7 & -1 & -1 \\ -2 & 7 & 1 & -2 \end{pmatrix}$$

とし，$\boldsymbol{x} = 2\boldsymbol{v}_1 - 3\boldsymbol{v}_2 + \boldsymbol{v}_3 + \boldsymbol{v}_4 \in V$ とするとき，$F(\boldsymbol{x})$ を求めよ．

4.3　同型写像

4.3〜4.7 節では，線形写像の基本的な性質を確認しよう．

二つの数ベクトル空間 V と W の間に線形写像 $F : V \to W$ が与えられると，V と W を比較できる．そして，もし V と W の次元が等しかったなら，V と W は同一視できると考えられる．この節では，V と W を比較する線形写像 F とはどのようなものかについて考える．そのために，写像の全射，単射という概念と，V と W を同一視するための同型という概念を定義する．

［定義］　全射，単射，全単射

集合 V から W への写像 $f : V \to W$ が $f(V) = W$ を満たすとき，f を**全射**という．また，$f(v_1) = f(v_2)$ なら $v_1 = v_2$ であるとき，f を**単射**という．全射かつ単射である写像 f を**全単射**という．

写像が線形写像であるとき，以下のように同型写像というものが定義される．

［定義］　同型写像

線形写像 $F : V \to W$ が全単射であるとき，F を**同型写像**という．そして，数ベクトル空間 V と W の間に同型写像 $F : V \to W$ が存在するとき，V と W は**同型**であるといい，記号で $V \cong W$ と表す．

数ベクトル空間 V と W が同型であるとき，V と W は数ベクトル空間として同一視できる．

［定理］　$\mathbb{R}^m$ と同型な部分空間

$\mathbb{R}^n$ の m 次元部分空間 $V = \langle \boldsymbol{v}_1, \ldots, \boldsymbol{v}_m \rangle_B$ と $\mathbb{R}^m$ は同型である（$V \cong \mathbb{R}^m$）．

［解説］ 同型 $V \cong \mathbb{R}^m$ であるためには，V と $\mathbb{R}^m$ の間に同型写像 F が存在すればよい．そのような F とは何かといえば簡単で，$\boldsymbol{x} = x_1\boldsymbol{v}_1 + \cdots + x_m\boldsymbol{v}_m$ に対して $F(\boldsymbol{x}) = x_1\boldsymbol{e}_1 + \cdots + x_m\boldsymbol{e}_m$ という写像を考えればよい．これは明らかに全単射を与える線形写像である．　□

注意　3.7 節の例題の注意でも述べたが，上記の定理の同型は $V = \langle \boldsymbol{v}_1, \ldots, \boldsymbol{v}_m \rangle_B$ の基底が正規直交基底であれば，V の内積が確定する．つまり，$\mathbb{R}^m$ を自然な内積空間

とし，上の解説で述べた同型写像 $F : V \to \mathbb{R}^m$ を考えると，V の内積 $(\boldsymbol{x}|\boldsymbol{y})$ は $(\boldsymbol{x}|\boldsymbol{y}) = (F(\boldsymbol{x})|F(\boldsymbol{y})) = x_1y_1 + \cdots + x_my_m$ となる．

[例題]　数ベクトル空間 $\mathbb{R}^4 = \langle \boldsymbol{b}_1, \boldsymbol{b}_2, \boldsymbol{b}_3, \boldsymbol{b}_4 \rangle_B$ を考える．ここで，

$$\boldsymbol{b}_1 = \boldsymbol{e}_1, \quad \boldsymbol{b}_2 = 3\boldsymbol{e}_1 + \boldsymbol{e}_2, \quad \boldsymbol{b}_3 = \boldsymbol{e}_3 + 2\boldsymbol{e}_4, \quad \boldsymbol{b}_4 = \boldsymbol{e}_1 - 2\boldsymbol{e}_4$$

とする．このとき，$\mathbb{R}^4$ の部分空間を $W = \langle \boldsymbol{b}_1, \boldsymbol{b}_2 - \boldsymbol{e}_2, \boldsymbol{b}_3 - \boldsymbol{e}_3, \boldsymbol{b}_4 \rangle$ としたとき，$W \cong \mathbb{R}^t$ となる t を求めよ．

[解答] $W = \langle \boldsymbol{b}_1, \boldsymbol{b}_2 - \boldsymbol{e}_2, \boldsymbol{b}_3 - \boldsymbol{e}_3, \boldsymbol{b}_4 \rangle = \langle \boldsymbol{e}_1, 3\boldsymbol{e}_1, 2\boldsymbol{e}_4, \boldsymbol{e}_1 - 2\boldsymbol{e}_4 \rangle = \langle \boldsymbol{e}_1, \boldsymbol{e}_4 \rangle_B \cong \mathbb{R}^2$ である．したがって，$t = 2$ である．

▶**問題**　数ベクトル空間 $\mathbb{R}^5 = \langle \boldsymbol{b}_1, \boldsymbol{b}_2, \boldsymbol{b}_3, \boldsymbol{b}_4, \boldsymbol{b}_5 \rangle_B$ を考える．ここで，

$$\boldsymbol{b}_1 = \boldsymbol{e}_2, \quad \boldsymbol{b}_2 = -2\boldsymbol{e}_2 + \boldsymbol{e}_4, \quad \boldsymbol{b}_3 = \boldsymbol{e}_1 + \boldsymbol{e}_4, \quad \boldsymbol{b}_4 = \boldsymbol{e}_1 - 2\boldsymbol{e}_4, \quad \boldsymbol{b}_5 = \boldsymbol{e}_1 - \boldsymbol{e}_5$$

とする．このとき，$\mathbb{R}^5$ の部分空間を

$$W = \langle \boldsymbol{b}_1, \boldsymbol{b}_2 + \boldsymbol{e}_2 - \boldsymbol{e}_4, \boldsymbol{b}_3 - \boldsymbol{e}_1, -\boldsymbol{b}_4 + \boldsymbol{e}_1 - \boldsymbol{e}_4, \boldsymbol{b}_5 - \boldsymbol{e}_1 \rangle$$

としたとき，$W \cong \mathbb{R}^t$ となる t を求めよ．

4.4　線形写像のランク

数ベクトル空間 $\mathbb{R}^n$ の部分空間 $V = \langle \boldsymbol{v}_1, \ldots, \boldsymbol{v}_m \rangle_B$ と $W = \langle \boldsymbol{w}_1, \ldots, \boldsymbol{w}_r \rangle_B$ の間の線形写像を $F : V \to W$ する．このとき，集合 $F(V) = \{F(\boldsymbol{x}) \mid \boldsymbol{x} \in V\}$ を考えると，$F(V)$ は W の部分空間である．なぜなら，V の任意のベクトル $\boldsymbol{x}, \boldsymbol{y}$ とスカラー λ に対して，$F(\boldsymbol{x}) + F(\boldsymbol{y}) = F(\boldsymbol{x} + \boldsymbol{y}) \in F(V)$ であり，$\lambda F(\boldsymbol{x}) = F(\lambda \boldsymbol{x}) \in F(V)$ が成り立つからである．$F(V)$ は部分空間であるので，次元をもつ．そして，それは線形写像 F に関係するはずである．以下，このことについて考える．

[定義]　線形写像のランク
$F(V)$ を F の**像**または**イメージ**といい，$\mathrm{Im}\, F$ と書く．そして $\dim(\mathrm{Im}\, F)$ を F の**ランク**といい，$\mathrm{rank}\, F$ と書く．

次の定理は，ベクトル空間論において非常に重要な定理の一つである．第1章で連立1次方程式の解法をランクを使って紹介したが，それができるのも以下の定理

のおかげなのである（この定理の重要性については，第5章でも詳しく述べる）．

［定理］　線形写像のランクの不変性

線形写像 $F : V \to W$ について，F のランクは V と W のどんな基底についても，それらに関する表現行列 $M(F)$ のランクに等しい．すなわち，$\operatorname{rank} F = \operatorname{rank} M(F)$ が成り立つ．

［解説］ この定理を簡単に説明すると，F のランクを計算するときは何でもよいから基底を決めてそれらの表現行列のランクを計算すれば，それが F のランク，すなわち $\operatorname{Im} F$ の次元になっていると主張している．実際，4.1 節の定理から

$$(F(\boldsymbol{v}_1)\ \cdots\ F(\boldsymbol{v}_m)\ ) = (\boldsymbol{w}_1\ \cdots\ \boldsymbol{w}_r)M(F)$$

であるので，$M(F)$ のランクを F のランクと定義することはできる．V と W の基底をそれぞれ $\{\boldsymbol{v}'\}$ と $\{\boldsymbol{w}'\}$ に取り換えたときに，その表現行列 $M'(F)$ のランクが $M(F)$ のランクと一致するのかどうかが問題となるが，この点が心配ないということをこの定理は強く主張しているのである（実はこれを示すためには，4.9 節の定理が必要であり，証明はそれほど簡単ではない）．　□

次の例題で，上記の定理で述べている線形写像のランクの不変性の意味を確かめよう．

［例題］ $\mathbb{R}^4$ の 2 次元部分空間 V と 3 次元部分空間 W を $V = \langle \boldsymbol{v}_1, \boldsymbol{v}_2 \rangle_B$，$W = \langle \boldsymbol{w}_1, \boldsymbol{w}_2, \boldsymbol{w}_3 \rangle_B$ とする．これらの基底に関する $F : V \to W$ の表現行列 $M(F)$ を

$$M(F) = \begin{pmatrix} 3 & -1 \\ 0 & 1 \\ 3 & 0 \end{pmatrix}$$

とするとき，$\dim F(V)$ を求めよ．また，V と W をそれぞれ $V = \langle \boldsymbol{v}_1 + \boldsymbol{v}_2, \boldsymbol{v}_2 \rangle_B$，$W = \langle 2\boldsymbol{w}_1 + \boldsymbol{w}_2 + 3\boldsymbol{w}_3, -\boldsymbol{w}_1 + \boldsymbol{w}_2, \boldsymbol{w}_3 \rangle_B$ としたとき，これらの基底に関する F の表現行列 $M'(F)$ と $\operatorname{rank} M'(F)$ を求めよ．

［解答］ 明らかに $\operatorname{rank} M(F) = 2$ より，$\dim F(V) = 2$ である．

次に $\boldsymbol{v}' = \boldsymbol{v}_1 + \boldsymbol{v}_2$，$\boldsymbol{v}'_2 = \boldsymbol{v}_2$，そして $\boldsymbol{w}'_1 = 2\boldsymbol{w}_1 + \boldsymbol{w}_2 + 3\boldsymbol{w}_3$，$\boldsymbol{w}'_2 = -\boldsymbol{w}_1 + \boldsymbol{w}_2$，$\boldsymbol{w}'_3 = \boldsymbol{w}_3$ とおく．$F(\boldsymbol{v}_j) = (\boldsymbol{w}_j)M(F)$ より $F(\boldsymbol{v}_1) = 3\boldsymbol{w}_1 + 3\boldsymbol{w}_3$，$F(\boldsymbol{v}_2) = -\boldsymbol{w}_1 + \boldsymbol{w}_2$ であり，

$$F(\boldsymbol{v}'_1) = F(\boldsymbol{v}_1) + F(\boldsymbol{v}_2) = 2\boldsymbol{w}_1 + \boldsymbol{w}_2 + 3\boldsymbol{w}_3 = \boldsymbol{w}'_1$$

$$F(\boldsymbol{v}'_2) = F(\boldsymbol{v}_2) = -\boldsymbol{w}_1 + \boldsymbol{w}_2 = \boldsymbol{w}'_2$$

である．したがって，

$$(F(\boldsymbol{v}_1')\ F(\boldsymbol{v}_2')) = (\boldsymbol{w}_1'\ \boldsymbol{w}_2'\ \boldsymbol{w}_3') \begin{pmatrix} 1 & 0 \\ 0 & 1 \\ 0 & 0 \end{pmatrix}$$

より $M'(F) = \begin{pmatrix} 1 & 0 \\ 0 & 1 \\ 0 & 0 \end{pmatrix}$ であり，明らかに $\operatorname{rank} M'(F) = 2$ である．

▶**問題** $\mathbb{R}^4$ の 3 次元部分空間 V と W を $V = \langle \boldsymbol{v}_1, \boldsymbol{v}_2, \boldsymbol{v}_3 \rangle_B$, $W = \langle \boldsymbol{w}_1, \boldsymbol{w}_2, \boldsymbol{w}_3 \rangle_B$ とする．これらの基底に関する $F : V \to W$ の表現行列 $M(F)$ を

$$M(F) = \begin{pmatrix} 2 & 3 & 1 \\ -4 & -6 & -2 \\ 6 & 9 & 3 \end{pmatrix}$$

とするとき，$\dim F(V)$ を求めよ．また，V と W をそれぞれ $V = \langle \boldsymbol{v}_1 - 2\boldsymbol{v}_3, \boldsymbol{v}_2 - 3\boldsymbol{w}_3, \boldsymbol{v}_3 \rangle_B$, $W = \langle \boldsymbol{w}_1 - \boldsymbol{w}_2, -\boldsymbol{w}_2 + 2\boldsymbol{w}_3, \boldsymbol{w}_3 \rangle_B$ としたとき，これらの基底に関する F の表現行列 $M'(F)$ と $\operatorname{rank} M'(F)$ を求めよ．

4.5 線形写像のカーネル

数ベクトル空間 $\mathbb{R}^n$ の部分空間 $V = \langle \boldsymbol{v}_1, \ldots, \boldsymbol{v}_m \rangle_B$ と $W = \langle \boldsymbol{w}_1, \ldots, \boldsymbol{w}_r \rangle_B$ の間の線形写像を $F : V \to W$ する．もし F が単射であるならば，V と $F(V)$ を同一視することができる．そこで，集合 $F^{-1}(\mathbf{0}) = \{\boldsymbol{x} \in V \mid F(\boldsymbol{x}) = \mathbf{0}\}$ を考えると，F が単射ならば $F^{-1}(\mathbf{0}) = \{\mathbf{0}\}$ となっている．一方，$F^{-1}(\mathbf{0})$ は V の部分空間である．なぜなら，$F^{-1}(\mathbf{0})$ の任意のベクトル $\boldsymbol{x}, \boldsymbol{y}$ とスカラー λ に対して，$F(\boldsymbol{x} + \boldsymbol{y}) = F(\boldsymbol{x}) + F(\boldsymbol{y}) = \mathbf{0}$ であり，$F(\lambda\boldsymbol{x}) = \lambda F(\boldsymbol{x}) = \mathbf{0}$ であるので，$\boldsymbol{x} + \boldsymbol{y} \in F^{-1}(\mathbf{0})$, $\lambda\boldsymbol{x} \in F^{-1}(\mathbf{0})$ が成り立つからである．

実は，F が単射であることは，$F^{-1}(\mathbf{0}) = \{\mathbf{0}\}$ であることと同値である．このことを説明しよう．

［定義］ 線形写像のカーネル

$F^{-1}(\mathbf{0})$ を F の**核**または**カーネル**といい，$\operatorname{Ker} F$ と書く．

［定理］　単射な線形写像

線形写像 $F: V \to W$ について，「F が単射であること」と「$\mathrm{Ker}\, F = \{\mathbf{0}\}$ であること」は同値である．

［解説］ F が単射ならば，$\mathrm{Ker}\, F = \{\mathbf{0}\}$ であることは明らかである．逆に，$\mathrm{Ker}\, F = \{\mathbf{0}\}$ を仮定し $F(\boldsymbol{x}) = F(\boldsymbol{y})$ とすると，$F(\boldsymbol{x} - \boldsymbol{y}) = F(\boldsymbol{x}) - F(\boldsymbol{y}) = \mathbf{0}$ であることから，$\boldsymbol{x} - \boldsymbol{y} = \mathbf{0}$，つまり $\boldsymbol{x} = \boldsymbol{y}$ が得られる．これは F が単射であることを意味する．□

上記の定理は，線形写像の単射性を示すときに非常に有効である．次の例題でその有効性を確認しよう．

［例題］ 数ベクトル空間 $\mathbb{R}^4$ の 2 次元部分空間 V と 3 次元部分空間 W を $V = \langle \boldsymbol{v}_1, \boldsymbol{v}_2 \rangle_B$, $W = \langle \boldsymbol{w}_1, \boldsymbol{w}_2, \boldsymbol{w}_3 \rangle_B$ とする．これらの基底に関する $F: V \to W$ の表現行列 $M(F)$ を

$$M(F) = \begin{pmatrix} 2 & 1 \\ 0 & 0 \\ 0 & 3 \end{pmatrix}$$

とすると，F は単射であることを示せ．

［解答］ $\mathrm{Ker}\, F = \{\mathbf{0}\}$ を示す．$A = M(F)$ とする．さらに，$\boldsymbol{x} \in V$ の基底 $\langle \boldsymbol{v}_1, \boldsymbol{v}_2 \rangle$ に関する座標を $\begin{pmatrix} x_1 \\ x_2 \end{pmatrix}$ とし，$\boldsymbol{x} \in \mathrm{Ker}\, F$ とすると

$$A\boldsymbol{x} = \begin{pmatrix} 2x_1 + x_2 \\ 0 \\ x_2 \end{pmatrix} = \begin{pmatrix} 0 \\ 0 \\ 0 \end{pmatrix}$$

より，$2x_1 + 2x_2 = 0$, $x_2 = 0$ を得る．よって，$x_1 = 0$, $x_2 = 0$ であるので，$\mathrm{Ker}\, F = \{\mathbf{0}\}$ である．したがって，F は単射である．

▶**問題**　数ベクトル空間 $\mathbb{R}^4$ の 3 次元部分空間 V と 3 次元部分空間 W を $V = \langle \boldsymbol{v}_1, \boldsymbol{v}_2, \boldsymbol{v}_3 \rangle_B$, $W = \langle \boldsymbol{w}_1, \boldsymbol{w}_2, \boldsymbol{w}_3 \rangle_B$ とする．これらの基底に関する $F: V \to W$ の表現行列 $M(F)$ を

$$M(F) = \begin{pmatrix} 3 & -1 & 2 \\ 0 & 3 & -1 \\ 3 & 2 & 1 \end{pmatrix}$$

とすると，F は単射であることを示せ．

4.6 線形写像の次元定理

これまで，線形写像 $F: V \to W$ に対して，W の部分空間 $\mathrm{Im}\, F$ と，V の部分空間 $\mathrm{Ker}\, F$ について考えてきたが，これらの次元はどのような関係になっているのだろうか．次の次元定理は，$\mathrm{Im}\, F$ と $\mathrm{Ker}\, F$ の重要性をより明確にするものである．

[定理]　線形写像の次元定理

線形写像 $F: V \to W$ について，

$$\dim V = \dim(\mathrm{Ker}\, F) + \dim(\mathrm{Im}\, F)$$

が成り立つ．

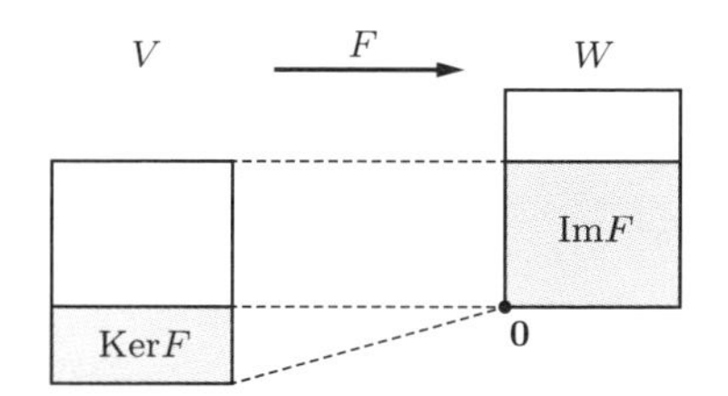

次元定理 $\dim V = \dim(\mathrm{Ker}\, F) + \dim(\mathrm{Im}\, F)$

[解説] 次元定理は，$\dim V = \dim(\mathrm{Ker}\, F) + \mathrm{rank}\, F$ と書かれる場合もあるので注意する．

さて，線形写像の次元定理の意味するところは，上の図をみればほぼ明らかだろう．以下では，連立 1 次方程式を用いてより詳しく説明しよう．

$x_1, \ldots, x_n$ $(n \leqq m)$ に関する連立 1 次方程式

$$\begin{cases} a_{11}x_1 + a_{12}x_2 + \cdots + a_{1n}x_n = 0 \\ \qquad\qquad \vdots \\ a_{m1}x_1 + a_{n2}x_2 + \cdots + a_{mn}x_n = 0 \end{cases}$$

を，第 1 章では，以下のような行列を使って表現した．

$$\left(\begin{array}{ccc|c} a_{11} & \cdots & a_{1n} & 0 \\ \vdots & & \vdots & \vdots \\ a_{m1} & \cdots & a_{mn} & 0 \end{array}\right)$$

左部の (m, n) 行列を A とすると，連立 1 次方程式は，A を表現行列とする $F: \mathbb{R}^n \to \mathbb{R}^m$

という線形写像の $\mathrm{Ker}\,F$ を求めることを意味する．$\dim(\mathrm{Im}\,F) = \mathrm{rank}\,A$ であったので，次元定理より $\dim(\mathrm{Ker}\,F) = n - \mathrm{rank}\,A$ となる．1.8 節の定理では，$n - \mathrm{rank}\,A$ 個の未知数を用いて解を表現したが，この未知数が $\mathrm{Ker}\,F$ の基底の数を与えているのである．□

次の例題で，具体的な次元定理の使い方を示す．

[例題]　$\mathbb{R}^4$ の 2 次元部分空間 $V = \langle \boldsymbol{v}_1, \boldsymbol{v}_2 \rangle_B$ と 3 次元部分空間 $W = \langle \boldsymbol{w}_1, \boldsymbol{w}_2, \boldsymbol{w}_3 \rangle_B$ を考える．これらの基底に関する $F : V \to W$ の表現行列 $M(F)$ を

$$M(F) = \begin{pmatrix} 1 & 2 \\ 0 & 0 \\ 2 & 4 \end{pmatrix}$$

とするとき，$\dim(\mathrm{Im}\,F)$ と $\dim(\mathrm{Ker}\,F)$ を求めよ．

[解答] 表現行列 $M(F)$ の 3 行目が 1 行目の 2 倍となっているので，$\dim(\mathrm{Im}\,F) = \mathrm{rank}\,M(F) = 1$ である．次元定理より，$\dim(\mathrm{Ker}\,F) = 2 - \dim(\mathrm{Im}\,F) = 1$ である．

▶**問題**　$\mathbb{R}^4$ の 3 次元部分空間 $V = \langle \boldsymbol{v}_1, \boldsymbol{v}_2, \boldsymbol{v}_3 \rangle_B$ と $W = \langle \boldsymbol{w}_1, \boldsymbol{w}_2, \boldsymbol{w}_3 \rangle_B$ を考える．これらの基底に関する $F : V \to W$ の表現行列 $M(F)$ を

$$M(F) = \begin{pmatrix} 3 & -1 & 0 \\ 0 & 3 & -1 \\ 1 & 0 & 0 \end{pmatrix}$$

とするとき，$\dim(\mathrm{Im}\,F)$ と $\dim(\mathrm{Ker}\,F)$ を求めよ．

◉ 4.7　逆変換と行列式と逆行列

前節の次元定理を線形変換 $F : \mathbb{R}^n \to \mathbb{R}^n$ に用いれば，逆変換という概念が自然に出てくる．もし $\mathrm{rank}\,F = n$ であれば，次元定理から $\dim(\mathrm{Ker}\,F) = 0$ であり，$\mathbb{R}^n = \mathrm{Im}\,F$ でもあるので，以下の図のように，F は $\mathbb{R}^n$ 上で全単射を与える同型写像ということになる．したがって，変換 F の逆の変換を与える変換 $G : \mathbb{R}^n \to \mathbb{R}^n$ が考えられる．

変換 F を行った後に変換 G を行うことを，$G \circ F$ と書くことにすれば，$G \circ F$ も $\mathbb{R}^n$ 上の変換で，それは恒等変換 I である．F と G は写像として対等であるので，$G \circ F = F \circ G = I$ が成り立つ．

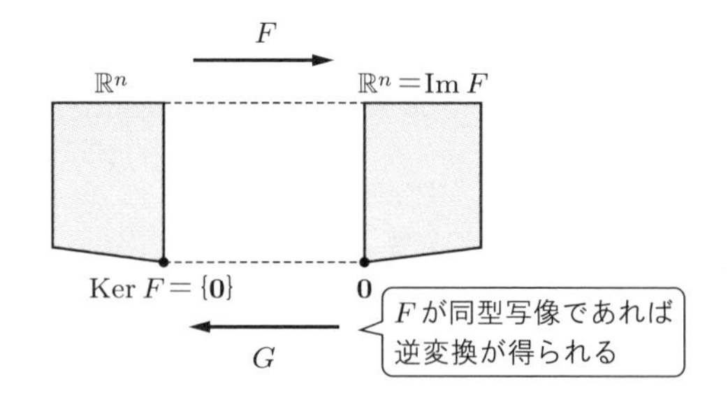

同型写像 F と逆変換 G

[定義] 逆変換

線形変換 $F : \mathbb{R}^n \to \mathbb{R}^n$ と線形変換 $G : \mathbb{R}^n \to \mathbb{R}^n$ が $G \circ F = F \circ G = I$ を満たすとき，G を F の**逆変換**といい，F^{-1} で表す．

$\mathbb{R}^n$ の基底を決めると，それに関する F の表現行列と F^{-1} の表現行列が定まるので，それらをそれぞれ A, B とする．このとき，$AB = BA = E$ が成り立つ．つまり，B は A の逆行列 A^{-1} である．

ところで，一般に n 次正方行列 A の逆行列 A^{-1} は，A がどういった条件を満たすとき存在するのであろうか．この答えを与える道具となるものが，A の**行列式**といわれる概念である．

[定義] 2次と3次の行列式

(1) 2次の正方行列 $A = \begin{pmatrix} a_1 & b_1 \\ a_2 & b_2 \end{pmatrix}$ の行列式を $\det A$，または単に $|A|$ と書き，次の式で定義される．

$$\det A = |A| = \begin{vmatrix} a_1 & b_1 \\ a_2 & b_2 \end{vmatrix} = a_1 b_2 - b_1 a_2$$

(2) 3次の正方行列 $A = \begin{pmatrix} a_1 & b_1 & c_1 \\ a_2 & b_2 & c_2 \\ a_3 & b_3 & c_3 \end{pmatrix}$ に対しても，2次の行列式と同じ記号（$\det A$ または $|A|$）を用いて，次の式で定義される．

$$\det A = |A| = \begin{vmatrix} a_1 & b_1 & c_1 \\ a_2 & b_2 & c_2 \\ a_3 & b_3 & c_3 \end{vmatrix} = a_1 \begin{vmatrix} b_2 & c_2 \\ b_3 & c_3 \end{vmatrix} - b_1 \begin{vmatrix} a_2 & c_2 \\ a_3 & c_3 \end{vmatrix} + c_1 \begin{vmatrix} a_2 & b_2 \\ a_3 & b_3 \end{vmatrix}$$

[解説] 2 次と 3 次の行列式の定義から推測できるように，4 次や 5 次の行列式も，同じ記号 $\det A$ または $|A|$ を用いて，帰納的に行列を定義していくことができる．

帰納的に行列を定義していくうえで押さえておかなければいけない点は，途中式に現れる符号である．このことを，2 次と 3 次の行列式で説明しよう．

2 次の場合は，a_1 の前が $+$，b_1 の前が $-$ となっており，$+, -$ の順である．3 次の場合は，a_1 の前が $+$，b_1 の前が $-$，c_1 の前が $+$ であり，$+, -, +$ の順となる．そして，a_1 に対しては，1 行 1 列を除いてできる行列の行列式 $\begin{vmatrix} b_2 & c_2 \\ b_3 & c_3 \end{vmatrix}$ との積を計算する．ここでポイントとなるのが，符号と i 行 j 列を除いてできる行列の行列式との積である．そこで，一般に i 行 j 列を除いてつくられる行列 A_{ij} の行列式 $|A_{ij}|$ を求め，それに $(-1)^{i+j}$ を掛けたもの $(-1)^{i+j}|A_{ij}|$ を (i, j) **余因子**とよび，$\tilde{A}_{ij}$ と書く．上で扱った 3 次の行列の場合でいえば，$(1, 3)$ 余因子 $\tilde{A}_{13}$ は，$\tilde{A}_{13} = (-1)^{1+3} \begin{vmatrix} a_2 & b_2 \\ a_3 & b_3 \end{vmatrix}$ である．

このことからわかるように，4 次の行列式の定義を考えるうえでは，3 次正方行列でつくられる余因子の理解が，5 次の行列式の定義を考えるうえでは，4 次正方行列でつくられる余因子の理解が大切になる．　□

余因子を使うと，n 次の正方行列

$$A = \begin{pmatrix} a_{11} & \cdots & a_{1n} \\ \vdots & \ddots & \vdots \\ a_{n1} & \cdots & a_{nn} \end{pmatrix}$$

の行列式 $|A|$ が，$n-1$ 次の余因子を使って帰納的に定義できる．

[定義]　n **次行列式**

$$\det A = |A| = \sum_{k=1}^{n} a_{1k} \tilde{A}_{1k}$$

注意 (1) $\det A$ は 1 行目で展開するものとしたが, 実は $\det A$ は j 行目, または k 列目で展開してもよいことが証明されている. すなわち, $\det A = |A| = \sum_{k=1}^{n} a_{jk}\tilde{A}_{jk} = \sum_{j=1}^{n} a_{jk}\tilde{A}_{jk}$ が成り立つ. また, $\det({}^tA) = \det A$ も成り立つ.
(2) 行列式に関しては, それだけでも多くの研究がある. 実際に, 19 世紀においては行列式論に関する論文は 2000 編を超えていた. 興味ある読者は, たとえば参考文献 [6] などを参考にしてほしい. 本書は, ベクトル空間の入門書であるので, これ以上行列式論の詳細に触れることはしない. n 次正方行列 A と B の積については, $\det(AB) = (\det A)(\det B)$ が成り立つ.

A の逆行列 A^{-1} の具体的な形は, A の行列式 $\det A$ と余因子という行列式 $\tilde{A}_{ij}$ が組み合わさってできており, それを示したものが次の定理である.

[定理] 逆行列の存在と公式

n 次正方行列 A が逆行列をもつための必要十分条件は, $\det A \neq 0$ である. このとき, A の逆行列 A^{-1} は以下の式で与えられる.

$$A^{-1} = \frac{1}{\det A}\begin{pmatrix} \tilde{A}_{11} & \cdots & \tilde{A}_{n1} \\ \vdots & \ddots & \vdots \\ \tilde{A}_{1n} & \cdots & \tilde{A}_{nn} \end{pmatrix}$$

[解説] 注意してほしいのは, 余因子 $\tilde{A}_{ij}$ の位置である. たとえば, 2 行 3 列目にある余因子は $\tilde{A}_{32}$ であり, 添字の番号が行数・列数と逆になる. □

具体的な行列の例で逆行列の存在を確かめ, 逆行列を計算してみよう.

[例題] $A = \begin{pmatrix} 2 & 1 & 0 \\ 0 & 1 & 0 \\ 0 & -1 & 3 \end{pmatrix}$ の逆行列 A^{-1} が存在することを示し, A^{-1} を求めよ.

[解答] $\det A = 6$ であるので A^{-1} は存在する. $\tilde{A}_{11} = 3$, $\tilde{A}_{21} = -3$, $\tilde{A}_{31} = 0$, $\tilde{A}_{12} = 0$, $\tilde{A}_{22} = 6$, $\tilde{A}_{32} = 0$, $\tilde{A}_{13} = 0$, $\tilde{A}_{23} = 2$, $\tilde{A}_{33} = 2$ であるので,

$$A^{-1} = \frac{1}{6}\begin{pmatrix} 3 & -3 & 0 \\ 0 & 6 & 0 \\ 0 & 2 & 2 \end{pmatrix}$$

である.

▶**問題**　$A = \begin{pmatrix} 1 & 2 & -1 \\ 2 & 0 & 1 \\ 0 & 3 & 0 \end{pmatrix}$ の逆行列 A^{-1} が存在することを示し，A^{-1} を求めよ．

4.8　基底変換と座標

次節で線形写像と基底の関係を説明するために，この節では基底を変換する行列について説明する．

数ベクトル空間 $\mathbb{R}^n$ の部分空間 $V = \langle \boldsymbol{v}_1, \ldots, \boldsymbol{v}_m \rangle_B$ と，さらに V の別の基底 $\{\boldsymbol{v}'_1, \ldots, \boldsymbol{v}'_m\}$ を考える．このとき，

$$(\boldsymbol{v}'_1 \ \cdots \ \boldsymbol{v}'_m) = (\boldsymbol{v}_1 \ \cdots \ \boldsymbol{v}_m)T$$

となる正則行列 T を**基底変換行列**という．

数ベクトル $\boldsymbol{x} \in V$ の座標に関して，T がどのようなはたらきをするかを示したのが，以下の定理である．

［定理］　基底変換と座標

数ベクトル空間 $\mathbb{R}^n$ の部分空間 V の基底 $\{\boldsymbol{v}_j\}$ と，V の別の基底 $\{\boldsymbol{v}'_k\}$ に対し，$(\boldsymbol{v}'_k) = (\boldsymbol{v}_j)T$ とする基底変換行列 T を考える．さらに，基底 $\{\boldsymbol{v}_j\}$ に関する $\boldsymbol{x}$ の座標を (x_j)，基底 $\{\boldsymbol{v}'_k\}$ に関する $\boldsymbol{x}$ の座標を (x'_k) とする．このとき，座標に関して次の関係式が成り立つ．

$$\begin{pmatrix} x'_1 \\ \vdots \\ x'_m \end{pmatrix} = T^{-1} \begin{pmatrix} x_1 \\ \vdots \\ x_m \end{pmatrix}$$

［解説］ 以下に，定理の証明を述べる．

$$\boldsymbol{x} = \begin{pmatrix} \boldsymbol{v}_1 & \cdots & \boldsymbol{v}_m \end{pmatrix} \begin{pmatrix} x_1 \\ \vdots \\ x_m \end{pmatrix} = \begin{pmatrix} \boldsymbol{v}'_1 & \cdots & \boldsymbol{v}'_m \end{pmatrix} \begin{pmatrix} x'_1 \\ \vdots \\ x'_m \end{pmatrix} = \begin{pmatrix} \boldsymbol{v}_1 & \cdots & \boldsymbol{v}_m \end{pmatrix} T \begin{pmatrix} x'_1 \\ \vdots \\ x'_m \end{pmatrix}$$

であり，$\boldsymbol{v}_1, \ldots, \boldsymbol{v}_m$ は線形独立であるので，

$$\begin{pmatrix} x_1 \\ \vdots \\ x_m \end{pmatrix} = T \begin{pmatrix} x_1' \\ \vdots \\ x_m' \end{pmatrix}$$

となる. □

基底変換行列 T は，第 5 章において重要となってくる．次の例題で，T の座標変換での使い方を練習しておく．

[例題] $\mathbb{R}^4$ の 3 次元部分空間 V の基底を $\{\boldsymbol{v}_1, \boldsymbol{v}_2, \boldsymbol{v}_3\}$ とし，別の基底を $\{\boldsymbol{v}_1', \boldsymbol{v}_2', \boldsymbol{v}_3'\}$ とする．これらが $\boldsymbol{v}_1' = \boldsymbol{v}_1 + 2\boldsymbol{v}_3$，$\boldsymbol{v}_2' = 2\boldsymbol{v}_1 - 5\boldsymbol{v}_2 - \boldsymbol{v}_3$，$\boldsymbol{v}_3' = -3\boldsymbol{v}_3$ という関係をもつとき，基底変換行列 T を求め，さらに V の基底 $\{\boldsymbol{v}_j'\}$ に関する数ベクトル $\boldsymbol{x}$ の座標が $\begin{pmatrix} 2 \\ 0 \\ -1 \end{pmatrix}$ であるとき，基底 $\{\boldsymbol{v}_j\}$ に関する $\boldsymbol{x}$ の座標を求めよ．

[解答] $(\boldsymbol{v}_j') = (\boldsymbol{v}_j)T$ より，

$$(\boldsymbol{v}_1'\ \boldsymbol{v}_2'\ \boldsymbol{v}_3') = (\boldsymbol{v}_1\ \boldsymbol{v}_2\ \boldsymbol{v}_3) \begin{pmatrix} 1 & 2 & 0 \\ 0 & -5 & 0 \\ 2 & -1 & -3 \end{pmatrix}$$

となるから，

$$T = \begin{pmatrix} 1 & 2 & 0 \\ 0 & 5 & 0 \\ 2 & -1 & -3 \end{pmatrix}$$

である．また，$\boldsymbol{x}$ の基底 $\{\boldsymbol{v}_j\}$ に関する座標は，$(x_j) = T(x_j')$ より

$$\begin{pmatrix} 1 & 2 & 0 \\ 0 & -5 & 0 \\ 2 & -1 & -3 \end{pmatrix} \begin{pmatrix} 2 \\ 0 \\ -1 \end{pmatrix} = \begin{pmatrix} 2 \\ 0 \\ 7 \end{pmatrix}$$

である．

▶**問題** $\mathbb{R}^5$ の 4 次元部分空間 V の基底を $\{\boldsymbol{v}_1, \boldsymbol{v}_2, \boldsymbol{v}_3, \boldsymbol{v}_4\}$ とし，別の基底を $\{\boldsymbol{v}_1', \boldsymbol{v}_2', \boldsymbol{v}_3', \boldsymbol{v}_4'\}$ とする．これらが

$$\boldsymbol{v}_1' = \boldsymbol{v}_1 + 2\boldsymbol{v}_4, \quad \boldsymbol{v}_2' = 2\boldsymbol{v}_1 - 3\boldsymbol{v}_2 - \boldsymbol{v}_3 - 2\boldsymbol{v}_4$$

$$\boldsymbol{v}_3' = -3\boldsymbol{v}_3, \quad \boldsymbol{v}_4' = 3\boldsymbol{v}_2 - 3\boldsymbol{v}_3 + \boldsymbol{v}_4$$

という関係をもつとき，基底変換行列 T を求め，さらに V の基底 $\{\boldsymbol{v}'_j\}$ に関する数ベクトル $\boldsymbol{x}$ の座標が $\begin{pmatrix} 1 \\ 1 \\ -1 \\ 2 \end{pmatrix}$ であるとき，基底 $\{\boldsymbol{v}_j\}$ に関する $\boldsymbol{x}$ の座標を求めよ．

4.9　表現行列と基底変換

前節までの準備をもとに，いよいよ基底を変えたときの表現行列の変化について説明する．

数ベクトル空間 $\mathbb{R}^n$ の m 次元部分空間 $V = \langle \boldsymbol{v}_1, \ldots, \boldsymbol{v}_m \rangle_B$ と r 次元部分空間 $W = \langle \boldsymbol{w}_1, \ldots, \boldsymbol{w}_r \rangle_B$ の間の線形写像を $F : V \to W$ とし，その表現行列を $M(F)$ とする．さらに，V と W を別な基底で考えたものをそれぞれ $V = \langle \boldsymbol{v}'_j \rangle_B$，$W = \langle \boldsymbol{w}'_k \rangle_B$ とし，このときの F の表現行列を $M'(F)$ とする．また，$V = \langle \boldsymbol{v}_j \rangle_B$ から $V = \langle \boldsymbol{v}'_j \rangle_B$ への基底変換行列を P，$W = \langle \boldsymbol{w}_k \rangle_B$ から $W = \langle \boldsymbol{w}'_k \rangle_B$ への基底変換行列を Q とする．このとき，四つの行列 $M(F)$, $M(F')$, P, Q の関係について説明する．

[定理]　表現行列と基底変換

上で述べた V の基底変換行列 P と W の基底変換行列 Q，さらに線形写像 $F : V \to W$ について，基底 $\{\boldsymbol{v}_1, \ldots, \boldsymbol{v}_m\}$ と $\{\boldsymbol{w}_1, \ldots, \boldsymbol{w}_r\}$ に関する F の表現行列 $M(F)$ と，基底 $\{\boldsymbol{v}'_1, \ldots, \boldsymbol{v}'_m\}$ と $\{\boldsymbol{w}'_1, \ldots, \boldsymbol{w}'_r\}$ に関する表現行列 $M'(F)$ との間には，

$$M'(F) = Q^{-1} M(F) P$$

という関係式がある．

[解説] この関係式は，座標に関する変換で考えると理解しやすい．以下がその様子を表した図である．

証明の概略を述べておこう．$\boldsymbol{x} \in V$ の基底 $\{\boldsymbol{v}_j\}$ に関する座標を (x_j)，基底 $\{\boldsymbol{v}'_j\}$ に関する座標を (x'_j) とする．同様に，$\boldsymbol{y} \in W$ の基底 $\{\boldsymbol{w}_k\}$ に関する座標を (y_k)，基底 $\{\boldsymbol{w}'_k\}$ に関する座標を (y'_k) とする．4.8 節の定理から

$$(x_j) = P(x'_j), \quad (y'_k) = Q^{-1}(y_k)$$

$$
\begin{array}{ccc}
V = \langle \boldsymbol{v}_j \rangle_B & \xrightarrow{M(F)} & W = \langle \boldsymbol{w}_k \rangle_B \\
\uparrow P & \circlearrowright & \downarrow Q^{-1} \\
V = \langle \boldsymbol{v}'_j \rangle_B & \xrightarrow[M'(F)]{} & W = \langle \boldsymbol{w}'_k \rangle_B
\end{array}
$$

表現行列 $M(F)$ と基底変換 P, Q の関係

であり，4.2 節の定理より

$$(y_k) = M(F)(x_j), \quad (y'_k) = M'(F)(x'_j)$$

である．したがって，

$$QM'(F)(x'_j) = Q(y'_k) = (y_k) = M(F)(x_j) = M(F)P(x'_j)$$

より，関係式 $QM'(F) = M(F)P$，すなわち $M'(F) = Q^{-1}M(F)P$ が得られる（正確な証明をする場合は，基底の線形独立性を用いる）． □

注意 簡単なことではあるが，$\mathrm{rank}\, M(F) = \mathrm{rank}\, M'(F)$ であるので，上記の定理より $\mathrm{rank}\, M(F) = \mathrm{rank}(Q^{-1}M(F)P)$ であることを注意しておく（これは，第 5 章で重要となる）．

上記の定理で示された表現行列と基底変換の関係式を理解し使えるようにしておくことは，第 5 章において重要であり，とくに Q^{-1} と P の関係は正しく理解しておく必要がある．次の例題でそれを確認しておこう．

[例題] 数ベクトル空間 $\mathbb{R}^4$ の 3 次元部分空間 V の基底を $\{\boldsymbol{v}_1, \boldsymbol{v}_2, \boldsymbol{v}_3\}$ とし，別の基底を $\{\boldsymbol{v}'_1, \boldsymbol{v}'_2, \boldsymbol{v}'_3\}$ とする．さらに，2 次元部分空間 W の基底を $\{\boldsymbol{w}_1, \boldsymbol{w}_2\}$ とし，別の基底を $\{\boldsymbol{w}'_1, \boldsymbol{w}'_2\}$ とする．$(\boldsymbol{v}'_k) = (\boldsymbol{v}_j)P$ である V の基底変換行列を $P = \begin{pmatrix} 2 & 0 & 1 \\ 0 & -1 & 1 \\ 1 & 2 & 3 \end{pmatrix}$，$(\boldsymbol{w}'_k) = (\boldsymbol{w}_j)Q$ である W の基底変換行列を $Q = \begin{pmatrix} 0 & 3 \\ 1 & -2 \end{pmatrix}$ とする．そして，線形写像 $F : V \to W$ について，基底 $\{\boldsymbol{v}_j\}$ と $\{\boldsymbol{w}_k\}$ に関する F の表現行列を $M(F) = \begin{pmatrix} -2 & 1 & 1 \\ 0 & 3 & -1 \end{pmatrix}$ とする．このとき，基底 $\{\boldsymbol{v}'_j\}$ と $\{\boldsymbol{w}'_k\}$ に関する F の表現行列 $M'(F)$ を求めよ．

[解答] 以下のようになる．

$$M'(F) = Q^{-1}M(F)P = \frac{1}{3}\begin{pmatrix} 2 & 3 \\ 1 & 0 \end{pmatrix}\begin{pmatrix} -2 & 1 & 1 \\ 0 & 3 & -1 \end{pmatrix}\begin{pmatrix} 2 & 0 & 1 \\ 0 & -1 & 1 \\ 1 & 2 & 3 \end{pmatrix}$$

$$= \frac{1}{3}\begin{pmatrix} 2 & 3 \\ 1 & 0 \end{pmatrix}\begin{pmatrix} -3 & 1 & 2 \\ -1 & -5 & 0 \end{pmatrix} = \frac{1}{3}\begin{pmatrix} -9 & -13 & 4 \\ -3 & 1 & 2 \end{pmatrix}$$

▶**問題**　数ベクトル空間 $\mathbb{R}^4$ の 2 次元部分空間 V の基底を $\{\boldsymbol{v}_1, \boldsymbol{v}_2\}$ とし，別の基底を $\{\boldsymbol{v}'_1, \boldsymbol{v}'_2\}$ とする．さらに，3 次元部分空間 W の基底を $\{\boldsymbol{w}_1, \boldsymbol{w}_2, \boldsymbol{w}_3\}$ とし，別の基底を $\{\boldsymbol{w}'_1, \boldsymbol{w}'_2, \boldsymbol{w}'_3\}$ とする．$(\boldsymbol{v}'_k) = (\boldsymbol{v}_j)P$ である V の基底変換行列を $P = \begin{pmatrix} 1 & 2 \\ 2 & 3 \end{pmatrix}$，$(\boldsymbol{w}'_k) = (\boldsymbol{w}_j)Q$ である W の基底変換行列を $Q = \begin{pmatrix} 0 & 2 & 0 \\ 3 & 0 & 1 \\ 0 & 1 & 1 \end{pmatrix}$ とする．そして，線形写像 $F : W \to V$ について，基底 $\{\boldsymbol{w}'_j\}$ と $\{\boldsymbol{v}'_k\}$ に関する F の表現行列を $M'(F) = \begin{pmatrix} 1 & 3 \\ 1 & 1 \\ 2 & -1 \end{pmatrix}$ とする．このとき，基底 $\{\boldsymbol{w}_j\}$ と $\{\boldsymbol{v}_k\}$ に関する F の表現行列 $M(F)$ を求めよ．

◉ 振り返り問題

n 次元数ベクトル空間 V から m 次元数ベクトル空間 W への線形写像 $F : V \to W$ に関する次の各文には間違いがある．どのような点が間違いであるか説明せよ．

(1) F とは，V の元 $\boldsymbol{x}$ に対して，ある (m, n) 行列 A を使って $A\boldsymbol{x}$ で定義されるものである．

(2) F の表現行列 $M(F)$ が一意的に存在する．

(3) F のある表現行列 $M(F)$ のランクは，W の部分空間 $F(V)$ の次元に一致する場合がある．

(4) F が単射とは，F の表現行列 $M(F)$ のランクが 1 となることである．

(5) F の核 $\mathrm{Ker}\, F$ の次元は，F の表現行列 $M(F)$ のランクに一致する．

(6) V の線形変換 F が逆変換をもつためには，F の表現行列 $M(F)$ の行列式の値が 0 となる必要がある．

(7) V の線形変換 F が全単射であるとき，$\dim F(V) = \dim V - 1$ が成り立つ．

(8) V のある基底 $\{\boldsymbol{v}_j\}$ に関する線形変換 F の表現行列 A と，V の別の基底 $\{\boldsymbol{v}'_j\}$ に関する線形変換 F の表現行列 A' との関係は，$(\boldsymbol{v}'_j) = (\boldsymbol{v}_j)P$ を満たす基底変換行列 P を用いて，$A' = AP$ で表される．

第5章 最適な基底での線形変換

第4章では，基底を変えたときの表現行列がどのように変わるかを考えた．この章では，表現行列がシンプルになるような基底の選び方について考える．

このことを学ぶといろいろなメリットがある．たとえば，以下の図のように，原点を中心とする円を楕円に変形する操作においては，長軸または短軸という方向に対して，長軸方向へ a 倍，短軸方向へ b 倍という変換を行う．しかし，考えている基底が長軸方向と短軸方向とは異なると，この変換の表現行列は複雑なものとなる．そこで，最初からそれらの方向を表す数ベクトルを基底として選んでおけば，表現行列は対角行列 $\begin{pmatrix} a & 0 \\ 0 & b \end{pmatrix}$ となり，計算しやすくなるのである．

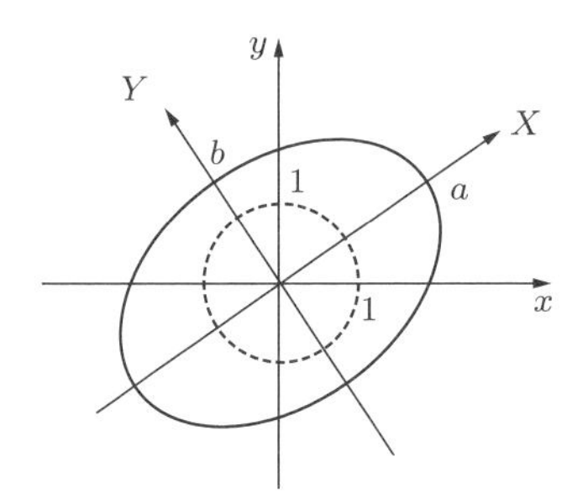

単位円を拡大して得られた楕円

この章では，まず上記の問題が，行列の固有値と固有ベクトルを求める問題になることを説明し，その後に，表現行列が対角化できる場合（5.2節），対角化できない場合（5.3〜5.7節）について説明する．

5.1 固有値と固有ベクトル

原点を中心とする円を楕円に変える変換 F は，円を長軸方向へ a 倍，短軸方向へ b 倍するものとする．このとき，長軸または短軸方向の直線は F によって変化しない．長軸方向の直線上の点の位置ベクトルを $\boldsymbol{p}$ として，このことを式で表すと

$F(\boldsymbol{p}) = a\boldsymbol{p}$ となる．これから述べる固有値や固有ベクトルは，ここでの a や $\boldsymbol{p}$ をより一般的に考えたものだといえる．

以下，数ベクトル空間 $\mathbb{R}^m$ の n 次元部分空間 V は $\mathbb{R}^n = \langle \boldsymbol{e}_j \rangle_B$ と同型であるので，数ベクトル空間は常に $\mathbb{R}^n = \langle \boldsymbol{e}_j \rangle_B$ として扱い，数ベクトルは自然基底 $\{\boldsymbol{e}_j\}$ の座標だけで表し，その線形変換を説明していく．

[定義]　固有値と固有ベクトル

数ベクトル空間 $\mathbb{R}^n = \langle \boldsymbol{e}_j \rangle_B$ 上の線形変換 F に対して，

$$F(\boldsymbol{p}) = \lambda \boldsymbol{p}$$

を満たすスカラー λ を F の**固有値**といい，$\boldsymbol{p}$ を固有値 λ に対する**固有ベクトル**という．そして，λ の固有ベクトル全体を $V(\lambda)$ と書いて，固有値 λ に対する**固有空間**という．さらに，$\mathbb{R}^n$ のある基底に関する F の表現行列を A としたとき，

$$\det(A - \lambda E) = 0$$

を F（または A）の**固有方程式**という．左辺のみを指すときは**固有多項式**という．

注意　実は，F の固有多項式は基底の選び方によらない，すなわち表現行列によらないため

$$\det(F - \lambda I)$$

と書くこともある．ここで，I は V の恒等変換である．つまり，固有方程式の解が固有値となる．実際，P を基底変換行列とし $P^{-1}AP = B$ とすると，

$$\begin{aligned}\det(B - \lambda E) &= \det(P^{-1}AP - \lambda E) = \det(P^{-1}(A - \lambda E)P) \\ &= \det(P^{-1}) \det(A - \lambda E) \det P = \det P \det(P^{-1}) \det(A - \lambda E) \\ &= \det(A - \lambda E)\end{aligned}$$

となる．つまり，固有値や固有ベクトルは，文字どおり F の固有の量なのである．

[解説] まず，4.7 節の注意で触れたように，n 次正方行列 A, B の積について $\det(AB) = (\det A)(\det B)$ であることを改めて注意しておく．

では，固有値や固有ベクトルが幾何学的にどういうものかについて解説しよう．簡単のため，線形変換 $F : \mathbb{R}^2 \to \mathbb{R}^2$ で，自然基底に関する表現行列を $A = \begin{pmatrix} 1 & 1 \\ -2 & 4 \end{pmatrix}$ とした以

下の例で解説する.

$$\begin{pmatrix} x' \\ y' \end{pmatrix} = \begin{pmatrix} 1 & 1 \\ -2 & 4 \end{pmatrix} \begin{pmatrix} x \\ y \end{pmatrix}$$

以下の図は，上の線形変換で格子点の移動の様子を示したものである.

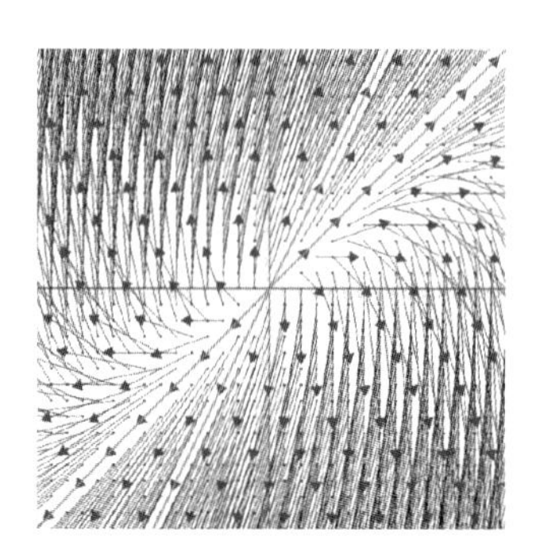

変化しない直線が2本ある変換

変化しない直線が2本見えることに注意しよう．この変化しない直線上にある点の位置ベクトルが，固有ベクトルである．したがって，固有ベクトルを $\boldsymbol{p} = \begin{pmatrix} x \\ y \end{pmatrix}$ と書けば，実数 λ を使って $A\boldsymbol{p} = \lambda\boldsymbol{p}$ と書けるので，

$$\begin{pmatrix} 1 & 1 \\ -2 & 4 \end{pmatrix} \begin{pmatrix} x \\ y \end{pmatrix} = \lambda \begin{pmatrix} x \\ y \end{pmatrix}$$

となる．これは，

$$\begin{pmatrix} 1 & 1 \\ -2 & 4 \end{pmatrix} \begin{pmatrix} x \\ y \end{pmatrix} = \begin{pmatrix} \lambda & 0 \\ 0 & \lambda \end{pmatrix} \begin{pmatrix} x \\ y \end{pmatrix}$$

であることから，連立1次方程式

$$\begin{pmatrix} 1-\lambda & 1 \\ -2 & 4-\lambda \end{pmatrix} \begin{pmatrix} x \\ y \end{pmatrix} = \begin{pmatrix} 0 \\ 0 \end{pmatrix} \qquad (*1)$$

を得る．ここで，

$$A - \lambda E = \begin{pmatrix} 1-\lambda & 1 \\ -2 & 4-\lambda \end{pmatrix}$$

である．このとき，$\det(A - \lambda E) \neq 0$ であることと，連立1次方程式 $(*1)$ の解が $(x, y) = (0, 0)$ のみであることは同値であるので，直線が存在するためには，

$\det(A - \lambda E) = 0$ でなくてはならない．これが固有方程式の意味するところである．そして，固有方程式の解が固有値となる．すなわち，固有値 λ とは，固有ベクトル $\boldsymbol{p}$ 方向の拡大率を表している． □

上の解説で扱った行列 A の固有値と固有ベクトルを具体的な計算で求め，その結果と p.82 の図を比べてみよう．

[例題] $\mathbb{R}^2$ の自然基底に関する線形変換 F の表現行列を $A = \begin{pmatrix} 1 & 1 \\ -2 & 4 \end{pmatrix}$ とする．F の固有値，それに対する固有ベクトルと固有空間の次元を求めよ．

[解答] $A - \lambda E = \begin{vmatrix} 1-\lambda & 1 \\ -2 & 4-\lambda \end{vmatrix} = 0$ より，固有値 $\lambda = 2, 3$ を得る．

次に，それぞれの固有ベクトルを求める．連立 1 次方程式 $(*1)$ を使うと，$\lambda = 2$ のときは

$$\begin{pmatrix} -1 & 1 \\ -2 & 2 \end{pmatrix} \begin{pmatrix} x \\ y \end{pmatrix} = \begin{pmatrix} 0 \\ 0 \end{pmatrix}$$

より，c_1 を任意定数とすれば $(x, y) = (c_1, c_1)$ が解である．すなわち，$\boldsymbol{p}_1 = c_1 \begin{pmatrix} 1 \\ 1 \end{pmatrix}$ が $\lambda = 2$ に対する固有ベクトルである．$\lambda = 3$ のときは

$$\begin{pmatrix} -2 & 1 \\ -2 & 1 \end{pmatrix} \begin{pmatrix} x \\ y \end{pmatrix} = \begin{pmatrix} 0 \\ 0 \end{pmatrix}$$

より，c_2 を任意定数とすれば $(x, y) = (c_2, 2c_2)$ が解である．すなわち，$\boldsymbol{p}_1 = c_2 \begin{pmatrix} 1 \\ 2 \end{pmatrix}$ が $\lambda = 3$ に対する固有ベクトルである．それぞれの固有空間の次元は，パラメータがそれぞれ一つずつしかないので，$\dim V(2) = 1$，$\dim V(3) = 1$ である．

▶**問題**　$\mathbb{R}^3$ の自然基底に関する線形変換 F の表現行列を

$$A = \begin{pmatrix} 3 & 0 & 0 \\ -5 & -7 & -5 \\ 5 & 10 & 8 \end{pmatrix}$$

とする．F の固有値，それに対する固有ベクトルと固有空間の次元を求めよ．

5.2　表現行列の対角化

あるタイプの線形変換 F の表現行列は，基底の選び方で対角行列になる．これが表現行列としては最もシンプルで扱いやすいのだが，このとき基底はどのように選べばよいのだろうか．結論を先にいえば，F の表現行列が対角行列になるときの基底はすべて固有ベクトルである．以下，そのことについて具体例を用いて説明していく．

数ベクトル空間 $\mathbb{R}^3$ の自然基底 $\boldsymbol{e}_1, \boldsymbol{e}_2, \boldsymbol{e}_3$ に関する線形変換 F の表現行列を

$$A = \begin{pmatrix} 0 & -1 & 2 \\ -2 & 1 & 2 \\ -2 & -1 & 4 \end{pmatrix}$$

とする．A の固有値，固有ベクトルを計算しよう．固有多項式を計算すると，

$$|A - \lambda E_3| = \begin{vmatrix} 0-\lambda & -1 & 2 \\ -2 & 1-\lambda & 2 \\ -2 & -1 & 4-\lambda \end{vmatrix} = -(\lambda-1)(\lambda-2)^2$$

であり，これより固有値は $\lambda = 1$，$\lambda = 2$（重根）である．これらの固有ベクトルを $\boldsymbol{p}_\lambda = \begin{pmatrix} x_\lambda \\ y_\lambda \\ z_\lambda \end{pmatrix}$ とする．連立1次方程式 $(A - \lambda E_3)\boldsymbol{p}_\lambda = \boldsymbol{0}$，すなわち

$$\begin{pmatrix} 0-\lambda & -1 & 2 \\ -2 & 1-\lambda & 2 \\ -2 & -1 & 4-\lambda \end{pmatrix} \begin{pmatrix} x_\lambda \\ y_\lambda \\ z_\lambda \end{pmatrix} = \begin{pmatrix} 0 \\ 0 \\ 0 \end{pmatrix}$$

より，$\lambda = 1$ と $\lambda = 2$ に対する固有ベクトル $\boldsymbol{p}_1$，$\boldsymbol{p}_2$ は簡単な計算により，それぞれ

$$\boldsymbol{p}_1 = c \begin{pmatrix} 1 \\ 1 \\ 1 \end{pmatrix}, \quad \boldsymbol{p}_2 = c_1 \begin{pmatrix} 1 \\ 0 \\ 1 \end{pmatrix} + c_2 \begin{pmatrix} -1 \\ 2 \\ 0 \end{pmatrix}$$

となる（c, c_1, c_2 は任意定数）．この意味するところは，$\lambda = 1$ に対する固有空間

$V(1)$ の次元は 1 で，基底の一つは $\boldsymbol{p}_1 = \begin{pmatrix} 1 \\ 1 \\ 1 \end{pmatrix}$，$\lambda = 2$ に対する固有空間 $V(2)$ の次元は 2 で，基底の一つは $\boldsymbol{p}_2 = \begin{pmatrix} 1 \\ 0 \\ 1 \end{pmatrix}$，$\boldsymbol{p}_3 = \begin{pmatrix} -1 \\ 2 \\ 0 \end{pmatrix}$ ということである．そして，

$$A\boldsymbol{p}_1 = \boldsymbol{p}_1, \quad A\boldsymbol{p}_2 = 2\boldsymbol{p}_2, \quad A\boldsymbol{p}_3 = 2\boldsymbol{p}_3$$

を，次のように一つの式で表す．

$$(A\boldsymbol{p}_1\ A\boldsymbol{p}_2\ A\boldsymbol{p}_3) = (\boldsymbol{p}_1\ \boldsymbol{p}_2\ \boldsymbol{p}_3)\begin{pmatrix} 1 & 0 & 0 \\ 0 & 2 & 0 \\ 0 & 0 & 2 \end{pmatrix} \tag{$*2$}$$

3.2 節の定義を思い出すと，対角行列 $J = \begin{pmatrix} 1 & 0 & 0 \\ 0 & 2 & 0 \\ 0 & 0 & 2 \end{pmatrix}$ は，基底 $\{\boldsymbol{p}_1, \boldsymbol{p}_2, \boldsymbol{p}_3\}$ に関する F の表現行列であることがわかる．つまり，$\mathbb{R}^3$ の基底を $\{\boldsymbol{e}_1, \boldsymbol{e}_2, \boldsymbol{e}_3\}$ としたときの表現行列は A であり，$\mathbb{R}^3$ の基底を $\{\boldsymbol{p}_1, \boldsymbol{p}_2, \boldsymbol{p}_3\}$ としたときの表現行列は J である．ここで，

$$P = (\boldsymbol{p}_1\ \boldsymbol{p}_2\ \boldsymbol{p}_3) = \begin{pmatrix} 1 & 1 & -1 \\ 1 & 0 & 2 \\ 1 & 1 & 0 \end{pmatrix}$$

とおくと P は正則であり，式 $(*2)$ は

$$AP = P\begin{pmatrix} 1 & 0 & 0 \\ 0 & 2 & 0 \\ 0 & 0 & 2 \end{pmatrix}$$

と書け，したがって

$$P^{-1}AP = \begin{pmatrix} 1 & 0 & 0 \\ 0 & 2 & 0 \\ 0 & 0 & 2 \end{pmatrix}$$

を得る．4.9 節の定理より，行列 P は $\mathbb{R}^3$ の基底 $\{\boldsymbol{e}_1, \boldsymbol{e}_2, \boldsymbol{e}_3\}$ を $\{\boldsymbol{p}_1, \boldsymbol{p}_2, \boldsymbol{p}_3\}$ に変換する基底変換行列といえる．以上のことを一般化してまとめると，以下のようになる．

[定理]　表現行列の対角化

F を数ベクトル空間 $\mathbb{R}^n$ の線形変換，A を部分空間 V の自然基底 $\{\boldsymbol{e}_j\}$ に関する F の表現行列とする．そして，重複も許して，$\lambda_1, \ldots, \lambda_n$ を A の固有値とする．さらに，n 個の線形独立な数ベクトル $\boldsymbol{p}_1, \ldots, \boldsymbol{p}_n$ は，任意の k について $A\boldsymbol{p}_k = \lambda_k \boldsymbol{p}_k$ を満たすものとする．このとき，基底 $\{\boldsymbol{p}_1, \ldots, \boldsymbol{p}_n\}$ に関する F の表現行列は

$$\begin{pmatrix} \lambda_1 & & 0 \\ & \ddots & \\ 0 & & \lambda_n \end{pmatrix}$$

である．

注意　P を自然基底 $\{\boldsymbol{e}_j\}$ から新しい基底 $\{\boldsymbol{p}_j\}$ への基底変換行列とすると，4.9 節の定理より $P^{-1}AP = J$（J は対角行列）が成り立つ．

次の例題で，固有値，固有ベクトル，行列の対角化の意味を再確認しよう．

[例題]　F を数ベクトル空間 $\mathbb{R}^3$ 上の線形変換とし，

$$A = \begin{pmatrix} 3 & -2 & 4 \\ 1 & 0 & 2 \\ -1 & 1 & -1 \end{pmatrix}$$

を $\mathbb{R}^3$ の自然基底 $\{\boldsymbol{e}_j\}$ に関する F の表現行列とする．A の固有多項式を求めると，

$$\varphi(\lambda) = -\lambda(\lambda - 1)^2$$

であった．A がある行列 P である対角行列 J に変換できることを示し，F の表現行列が J となる部分空間 V の基底を求めよ．

さらに，$\mathbb{R}^3$ の任意の数ベクトル $\boldsymbol{v}$ は F によってどのように変換されるのか，新しい基底を用いて説明せよ．

[解答] 固有多項式から，固有値は $\lambda = 0, 1$ である．固有値 $\lambda = 0$ に対する固有ベクト

ルを $\begin{pmatrix} x \\ y \\ z \end{pmatrix}$ とすると

$$\begin{pmatrix} 3 & -2 & 4 \\ 1 & 0 & 2 \\ -1 & 1 & -1 \end{pmatrix} \begin{pmatrix} x \\ y \\ z \end{pmatrix} = \begin{pmatrix} 0 \\ 0 \\ 0 \end{pmatrix}$$

より，$\begin{pmatrix} x \\ y \\ z \end{pmatrix} = c_1 \begin{pmatrix} -2 \\ -1 \\ 1 \end{pmatrix}$ である（c_1 は任意定数）．同様に，固有値 $\lambda = 1$ に対する固有ベクトル $\begin{pmatrix} x \\ y \\ z \end{pmatrix}$ を求めると，

$$\begin{pmatrix} 2 & -2 & 4 \\ 1 & -1 & 2 \\ -1 & 1 & -2 \end{pmatrix} \begin{pmatrix} x \\ y \\ z \end{pmatrix} = \begin{pmatrix} 0 \\ 0 \\ 0 \end{pmatrix}$$

より，$\begin{pmatrix} x \\ y \\ z \end{pmatrix} = c_2 \begin{pmatrix} 1 \\ 1 \\ 0 \end{pmatrix} + c_3 \begin{pmatrix} 2 \\ 0 \\ -1 \end{pmatrix}$ である（c_2, c_3 は任意定数）．したがって，$P = \begin{pmatrix} -2 & 1 & 2 \\ -1 & 1 & 0 \\ 1 & 0 & -1 \end{pmatrix}$ とおくと，$J = \begin{pmatrix} 0 & 0 & 0 \\ 0 & 1 & 0 \\ 0 & 0 & 1 \end{pmatrix}$ であり，$P^{-1}AP = J$ が成り立つ．また，このときの部分空間 V の基底 $\{\boldsymbol{p}_1, \boldsymbol{p}_2, \boldsymbol{p}_3\}$ は，$\boldsymbol{p}_1 = \begin{pmatrix} -2 \\ -1 \\ 1 \end{pmatrix}, \boldsymbol{p}_2 = \begin{pmatrix} 1 \\ 1 \\ 0 \end{pmatrix}, \boldsymbol{p}_3 = \begin{pmatrix} 2 \\ 0 \\ -1 \end{pmatrix}$ である．

以上のことから，$\mathbb{R}^3$ の任意の数ベクトル $\boldsymbol{v}$ を $\boldsymbol{v} = x_1\boldsymbol{p}_1 + x_2\boldsymbol{p}_2 + x_3\boldsymbol{p}_3$ と表すと，新基底に関する F の表現行列が J であることから，$F(\boldsymbol{v}) = x_2\boldsymbol{p}_2 + x_3\boldsymbol{p}_3$ となる．

▶**問題**　F を数ベクトル空間 $\mathbb{R}^3$ 上の線形変換とし，

$$A = \begin{pmatrix} -2 & 0 & 0 \\ 3 & 4 & 3 \\ -3 & -6 & -5 \end{pmatrix}$$

を $\mathbb{R}^3$ の自然基底 $\{\boldsymbol{e}_j\}$ に関する F の表現行列とする．A の固有多項式を求めると，

$$\varphi(\lambda) = -(\lambda - 1)(\lambda + 2)^2$$

である．A がある行列 P である対角行列 J に変換できることを示し，F の表現行列が J となる V の基底を求めよ．

さらに，$\mathbb{R}^3$ の任意の数ベクトル $\boldsymbol{v}$ は F によってどのように変換されるのか，新しい基底を用いて説明せよ．

5.3　n 次ジョルダン細胞

前節では，とくに表現行列が対角化できるような線形変換 F について説明した．しかし，一般にある基底に関する線形変換 F の表現行列は対角化できるとは限らない．その場合でも，対角行列に近いシンプルな行列で表現できたほうが都合がよい．そのため，ジョルダン細胞という対角行列に近い行列を学んでいく．

以下に表される数ベクトル空間 $\mathbb{R}^2$ の線形変換 F を考えると，xy 平面での変換の様子は，以下の図のように，変換で動かない直線が $y = x$ だけとなっている．

$$\begin{pmatrix} x' \\ y' \end{pmatrix} = \begin{pmatrix} 4 & 1 \\ -1 & 6 \end{pmatrix} \begin{pmatrix} x \\ y \end{pmatrix}$$

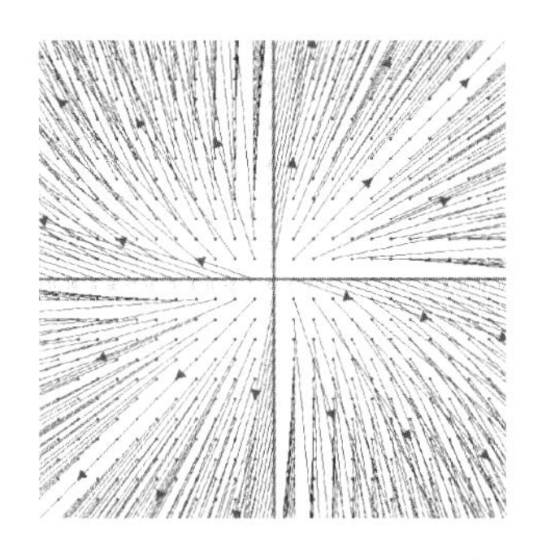

変化しない直線が 1 本だけの変換

自然基底 $\{\boldsymbol{e}_j\}$ に関する F の表現行列を $A=\begin{pmatrix}4 & 1\\ -1 & 6\end{pmatrix}$ とおくと，固有多項式

$$\begin{vmatrix}4-\lambda & 1\\ -1 & 6-\lambda\end{vmatrix}=(\lambda-5)^2$$

より，F の固有値は 5 のみである．そして，固有値 5 に対する固有ベクトル $\boldsymbol{p}=\begin{pmatrix}x\\ y\end{pmatrix}$ は，連立 1 次方程式

$$\begin{pmatrix}-1 & 1\\ -1 & 1\end{pmatrix}\begin{pmatrix}x\\ y\end{pmatrix}=\begin{pmatrix}0\\ 0\end{pmatrix}$$

より，$\boldsymbol{p}=c\begin{pmatrix}1\\ 1\end{pmatrix}$ となり（c は任意定数），これは固有値 5 に対する固有空間 $V(5)$ の次元が 1 であることを示している．これでは A を対角化することができない．そこで，行列 $(A-\lambda E)^2=(A-5E)^2$ を求めてみると，

$$(A-5E)^2=\begin{pmatrix}-1 & 1\\ -1 & 1\end{pmatrix}^2=\begin{pmatrix}0 & 0\\ 0 & 0\end{pmatrix}=O$$

である．このことから，変換 $F-5I$ の様子を図で表すと以下のようになる．

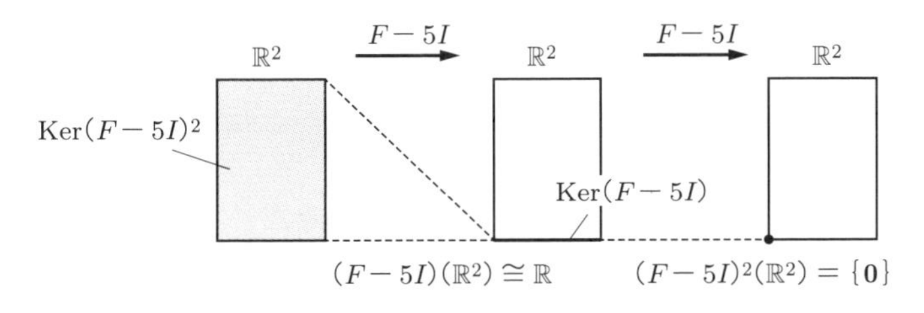

変換 $F-5I$ の様子

ここで，$V(5)=\mathrm{Ker}(F-5I)\cong\mathbb{R}$ と $\mathrm{Ker}(F-5I)^2=\mathbb{R}^2$ であることから，

$$(A-5E)\boldsymbol{p}'=\boldsymbol{p}$$

を満たす数ベクトル $\boldsymbol{p}'$ は $\boldsymbol{p}$ と線形独立であることがわかる．なぜなら，$c_1\boldsymbol{p}+c_2\boldsymbol{p}'=\mathbf{0}$ とすると，両辺に左から $A-5E$ を掛けることで $c_2\boldsymbol{p}=\mathbf{0}$ が

得られ，$c_2 = 0$ そして $c_1 = 0$ となるからである．実際に，$\boldsymbol{p} = \begin{pmatrix} 1 \\ 1 \end{pmatrix}$，$\boldsymbol{p}' = \begin{pmatrix} x \\ y \end{pmatrix}$ とおいて，連立 1 次方程式

$$\begin{pmatrix} -1 & 1 \\ -1 & 1 \end{pmatrix} \begin{pmatrix} x \\ y \end{pmatrix} = \begin{pmatrix} 1 \\ 1 \end{pmatrix}$$

を解くと，$\boldsymbol{p}'$ は t を任意定数として $\boldsymbol{p}' = \begin{pmatrix} t \\ 1+t \end{pmatrix}$ となり，これは $\boldsymbol{p}$ と線形独立である．$\boldsymbol{p}'$ を固有値 5 に対する弱固有ベクトルという．

改めて，$\boldsymbol{p} = \begin{pmatrix} 1 \\ 1 \end{pmatrix}$，$\boldsymbol{p}' = \begin{pmatrix} 0 \\ 1 \end{pmatrix}$ （$t = 0$ とした）とおくと，

$$((A-5E)\boldsymbol{p} \ \ (A-5E)\boldsymbol{p}') = (\boldsymbol{0} \ \boldsymbol{p}) = (\boldsymbol{p} \ \ \boldsymbol{p}') \begin{pmatrix} 0 & 1 \\ 0 & 0 \end{pmatrix} \qquad (*3)$$

となる．$P = (\boldsymbol{p} \ \boldsymbol{p}')$ とすると式 $(*3)$ は，

$$AP = PJ, \quad J = \begin{pmatrix} 5 & 1 \\ 0 & 5 \end{pmatrix}$$

すなわち，$J = P^{-1}AP$ を意味する．行列 J を固有値 5 をもつ **2 次ジョルダン細胞**という．そして，P は自然基底 $\{\boldsymbol{e}_1, \boldsymbol{e}_2\}$ から新しい基底 $\{\boldsymbol{p}, \boldsymbol{p}'\}$ への基底変換行列である．

以上をまとめると，F は固有値 5 に対する固有ベクトル $\boldsymbol{p}$ と弱固有ベクトル $\boldsymbol{p}'$ から基底を $\{\boldsymbol{p}, \boldsymbol{p}'\}$ として，それに関する表現行列を固有値 5 をもつ 2 次ジョルダン細胞にすることができる，ということになる．

一般に，固有値 λ をもつ n **次ジョルダン細胞**は $J_n(\lambda)$ と書かれ，

$$J_n(\lambda) = \begin{pmatrix} \lambda & 1 & & 0 \\ & \lambda & \ddots & \\ & & \ddots & 1 \\ 0 & & & \lambda \end{pmatrix}$$

と定義される．n 次ジョルダン細胞を表現行列にもつ線形変換に関する定理は，以下である．

[定理] n 次ジョルダン細胞
数ベクトル空間 $\mathbb{R}^n$ の線形変換 F の固有値は λ の一つだけで，それに対する固有空間 $V(\lambda)$ の次元は 1 とする．このとき，V の基底 $\{\boldsymbol{p}_j\}$ をうまく選ぶと，基底 $\{\boldsymbol{p}_j\}$ に関する F の表現行列は，固有値 λ をもつ n 次ジョルダン細胞 $J_n(\lambda)$ にできる．

[解説] 定理が主張する重要な基底 $\{\boldsymbol{p}_j\}$ について，より詳しく説明する．変換 $F-\lambda I$ の基底 $\{\boldsymbol{p}_j\}$ の表現行列は $J_n(\lambda)-\lambda E$ であり，これより

$$\mathrm{rank}(F-\lambda I)=n-1,\ \ldots,\ \mathrm{rank}(F-\lambda I)^n=0$$

であることがわかる．そして，これは次元定理より，

$$\dim(\mathrm{Ker}(F-\lambda I))=1,\ \ldots,\ \dim(\mathrm{Ker}(F-\lambda I)^n)=n$$

であることを意味する．つまり，変換 $F-\lambda I,\ldots,(F-\lambda I)^n$ を行うたびに，1 個ずつ潰れて消えていく数ベクトルたちが $\{\boldsymbol{p}_j\}$ なのである．そして，最後に消える数ベクトル，つまり $\mathrm{Ker}(F-\lambda I)$ に対する数ベクトルは λ に対する固有ベクトルである．このことから，$\boldsymbol{p}_j$ は固有値 λ に対する**弱固有ベクトル**とよばれている．

では次に，どうやって $\{\boldsymbol{p}_j\}$ を見つけていくかを説明する．結論からいえば，固有空間 $V(\lambda)$ の基底を $\boldsymbol{p}_1$，つまり $(F-\lambda I)\boldsymbol{p}_1=\mathbf{0}$ を満たすものとし，そして，残りの $\boldsymbol{p}_2,\ldots,\boldsymbol{p}_n$ は

$$(F-\lambda I)\boldsymbol{p}_2=\boldsymbol{p}_1,\ \ldots,\ (F-\lambda I)^{n-1}\boldsymbol{p}_n=\boldsymbol{p}_1$$

を満たすように順に選んでいけばよい．このとき $\{\boldsymbol{p}_1,\ldots,\boldsymbol{p}_n\}$ は線形独立であり（読者自身で確かめよ），明らかに変換 $(F-\lambda I)^j$ で $(F-\lambda I)^j\boldsymbol{p}_j=\mathbf{0}$ となっている．このことから，$\mathrm{Ker}(F-\lambda I)^j=\langle\boldsymbol{p}_1,\ldots,\boldsymbol{p}_j\rangle_B$ となっている．$F-\lambda I$ の変換の様子を図にすると，以下のようになる．

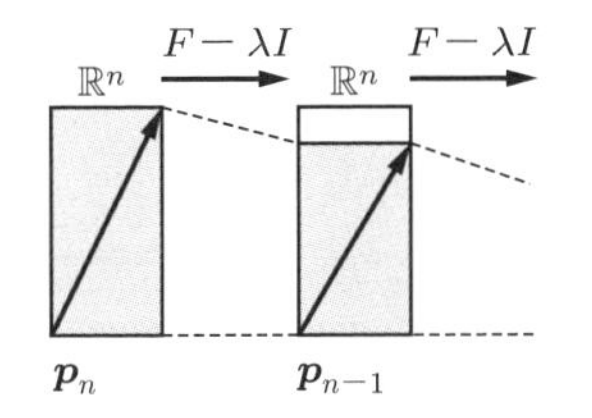

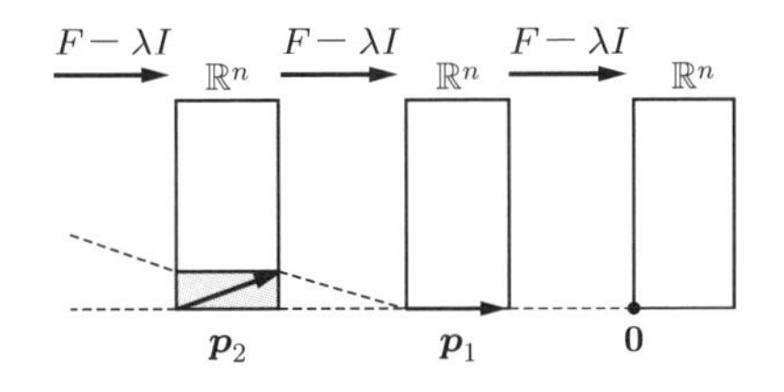

変換 $F-\lambda I$ の様子

さて，正則行列

$$P = (\boldsymbol{p}_1 \ \cdots \ \boldsymbol{p}_n)$$

を考えると，P が自然基底 $\{\boldsymbol{e}_j\}$ から新基底 $\{\boldsymbol{p}_j\}$ への基底変換行列となっており，4.9 節の定理から $P^{-1}AP = J_n(\lambda)$ となる．これは，F の基底 $\{\boldsymbol{p}_j\}$ に関する表現行列が $J_n(\lambda)$ であることを意味している． □

注意　5.6 節で正確に述べるが，上の解説で得られた数ベクトル空間 $\langle \boldsymbol{p}_1, \ldots, \boldsymbol{p}_n \rangle_B$ を，固有値 λ に対する**弱固有空間**といい，$\langle \boldsymbol{p}_j \rangle_B$ の元は弱固有ベクトルである．

次の例題で，弱固有ベクトルの求め方を練習しよう．

［例題］　数ベクトル空間 $\mathbb{R}^3$ の自然基底 $\{\boldsymbol{e}_j\}$ に関する線形変換 F の表現行列を

$$A = \begin{pmatrix} 1 & 1 & 0 \\ -3 & 5 & 1 \\ 4 & -4 & 0 \end{pmatrix}$$

とすると，A の固有値は 2 だけであり，ある基底 $\{\boldsymbol{p}_1, \boldsymbol{p}_2, \boldsymbol{p}_3\}$ に関する F の表現行列は $J_3(2)$ となる．このとき，$\boldsymbol{p}_1, \boldsymbol{p}_2, \boldsymbol{p}_3$ を求めよ．

［解答］　まず，$(A-2E)\boldsymbol{p}_1 = \boldsymbol{0}$ となる $\boldsymbol{p}_1$ を求める．すなわち，$\boldsymbol{p}_1 = \begin{pmatrix} x \\ y \\ z \end{pmatrix}$ として，

$$\begin{pmatrix} -1 & 1 & 0 \\ -3 & 3 & 1 \\ 4 & -4 & -2 \end{pmatrix} \begin{pmatrix} x \\ y \\ z \end{pmatrix} = \begin{pmatrix} 0 \\ 0 \\ 0 \end{pmatrix}$$

より，$\boldsymbol{p}_1 = \begin{pmatrix} 1 \\ 1 \\ 0 \end{pmatrix}$ となる．次に，$(A-2E)\boldsymbol{p}_2 = \boldsymbol{p}_1$ となる $\boldsymbol{p}_2$ を求める．すなわち，$\boldsymbol{p}_2 = \begin{pmatrix} x_2 \\ y_2 \\ z_2 \end{pmatrix}$ として，

$$\begin{pmatrix} -1 & 1 & 0 \\ -3 & 3 & 1 \\ 4 & -4 & -2 \end{pmatrix} \begin{pmatrix} x_2 \\ y_2 \\ z_2 \end{pmatrix} = \begin{pmatrix} 1 \\ 1 \\ 0 \end{pmatrix}$$

より，$\boldsymbol{p}_2 = \begin{pmatrix} 0 \\ 1 \\ -2 \end{pmatrix}$ となる．最後に，$(A-2E)^2\boldsymbol{p}_3 = \boldsymbol{p}_1$ となる $\boldsymbol{p}_3$ を求める．これは，$(A-2E)\boldsymbol{p}_3 = \boldsymbol{p}_2$ でもあることに注意すると，$\boldsymbol{p}_3 = \begin{pmatrix} x_3 \\ y_3 \\ z_3 \end{pmatrix}$ として

$$\begin{pmatrix} -1 & 1 & 0 \\ -3 & 3 & 1 \\ 4 & -4 & -2 \end{pmatrix}\begin{pmatrix} x_3 \\ y_3 \\ z_3 \end{pmatrix} = \begin{pmatrix} 0 \\ 1 \\ -2 \end{pmatrix}$$

より，$\boldsymbol{p}_3 = \begin{pmatrix} 0 \\ 0 \\ 1 \end{pmatrix}$ となる．したがって，$\boldsymbol{p}_1 = \begin{pmatrix} 1 \\ 1 \\ 0 \end{pmatrix}$，$\boldsymbol{p}_2 = \begin{pmatrix} 0 \\ 1 \\ -2 \end{pmatrix}$，$\boldsymbol{p}_3 = \begin{pmatrix} 0 \\ 0 \\ 1 \end{pmatrix}$ である．

▶**問題**　数ベクトル空間 $\mathbb{R}^3$ の自然基底 $\{\boldsymbol{e}_j\}$ に関する線形変換 F の表現行列を

$$A = \begin{pmatrix} 1 & 0 & 1 \\ 3 & 3 & -1 \\ -4 & 0 & 5 \end{pmatrix}$$

とすると，A の固有値はただ一つだけで 3 であり，ある基底 $\{\boldsymbol{p}_1, \boldsymbol{p}_2, \boldsymbol{p}_3\}$ に関する F の表現行列は $J_3(3)$ となる．このとき，$\boldsymbol{p}_1, \boldsymbol{p}_2, \boldsymbol{p}_3$ を求めよ．

◉ 5.4　べき零行列による変換

実際には，対角化できる行列よりも対角化できない行列のほうが圧倒的に多い．そこで，5.4〜5.7 節では，ジョルダン細胞を一般化したジョルダン行列を理解することにする．この節では，その前段階として線形変換 F を n 回繰り返したとき，すべての数ベクトル $\boldsymbol{v}$ が $F^n(\boldsymbol{v}) = \boldsymbol{0}$ となってしまうような F の表現行列 A について考える．

まず，準備のために，行列のブロックという概念を定義する．r 個の正方行列 $A_1, \ldots, A_r$ の**直和**（$A_1, \ldots, A_r$ の行列の次数は必ずしも同じでなくてもよい）を，

$$A_1 \oplus \cdots \oplus A_r = \begin{pmatrix} A_1 & & 0 \\ & \ddots & \\ 0 & & A_r \end{pmatrix}$$

と定義する．そして，各 A_k を $A_1 \oplus \cdots \oplus A_r$ の**ブロック**という．

次に，ジョルダン細胞をブロックとするジョルダン行列を定義する．

[定義]　ジョルダン行列

固有値 λ をもつ i_k 次ジョルダン細胞 $J_{i_k}(\lambda)$ をブロックにもつ n 次正方行列を $J(\lambda)$ と書いて，固有値 λ をもつ n 次**ジョルダン行列**という．すなわち，$J(\lambda)$ とは

$$J(\lambda) = J_{i_1}(\lambda) \oplus \cdots \oplus J_{i_r}(\lambda)$$

のことである．

[定義]　べき零行列とべき零変換

$A^n = O$ となるような行列 A を**べき零行列**という．さらに，べき零行列を表現行列にもつ線形変換を，**べき零変換**という．

べき零行列の代表的なものである固有値 0 をもつ n 次ジョルダン行列について説明していく．たとえば，$J(0) = J_3(0) \oplus J_2(0) \oplus J_1(0)$ を考えよう．すなわち，$J(0)$ は 6 次正方行列で，

$$J(0) = \begin{pmatrix} 0 & 1 & 0 & 0 & 0 & 0 \\ 0 & 0 & 1 & 0 & 0 & 0 \\ 0 & 0 & 0 & 0 & 0 & 0 \\ 0 & 0 & 0 & 0 & 1 & 0 \\ 0 & 0 & 0 & 0 & 0 & 0 \\ 0 & 0 & 0 & 0 & 0 & 0 \end{pmatrix}$$

である．ここで，$\operatorname{rank} J(0) = 3$ であることに注意しておこう．そして，$J(0)$ の k 乗である $J(0)^k$ を考えよう．$J(0)$ の各ブロック $J_j(0)$ は $J_j(0)^r$ から $J_j(0)^{r+1}$ に移るとき，1 の個数が一つだけ減少するという特徴がある．たとえば

$$J_3(0) = \begin{pmatrix} 0 & 1 & 0 \\ 0 & 0 & 1 \\ 0 & 0 & 0 \end{pmatrix}, \quad J_3(0)^2 = \begin{pmatrix} 0 & 0 & 1 \\ 0 & 0 & 0 \\ 0 & 0 & 0 \end{pmatrix}, \quad J_3(0)^3 = \begin{pmatrix} 0 & 0 & 0 \\ 0 & 0 & 0 \\ 0 & 0 & 0 \end{pmatrix}$$

であり，$\operatorname{rank} J_3(0) = 2$, $\operatorname{rank} J_3(0)^2 = 1$, $\operatorname{rank} J_3(0)^3 = 0$ となる．さらに，上のことから，

$$J(0)^2 = \begin{pmatrix} 0 & 0 & 1 & 0 & 0 & 0 \\ 0 & 0 & 0 & 0 & 0 & 0 \\ 0 & 0 & 0 & 0 & 0 & 0 \\ 0 & 0 & 0 & 0 & 0 & 0 \\ 0 & 0 & 0 & 0 & 0 & 0 \\ 0 & 0 & 0 & 0 & 0 & 0 \end{pmatrix}, \quad J(0)^3 = \begin{pmatrix} 0 & 0 & 0 & 0 & 0 & 0 \\ 0 & 0 & 0 & 0 & 0 & 0 \\ 0 & 0 & 0 & 0 & 0 & 0 \\ 0 & 0 & 0 & 0 & 0 & 0 \\ 0 & 0 & 0 & 0 & 0 & 0 \\ 0 & 0 & 0 & 0 & 0 & 0 \end{pmatrix}$$

となる．このことから，$\operatorname{rank} J(0) = 3$, $\operatorname{rank} J(0)^2 = 1$, $\operatorname{rank} J(0)^3 = 0$ がわかる．

4.4 節の定理より，線形変換 F のランクは基底のとり方にはよらないので，もし線形変換 F の表現行列がジョルダン行列であるような基底が存在するならば，F のランクを見ることで，F の構造，すなわちジョルダン行列がどんなタイプであるかがわかることになる．このことについては，以下の定理が知られている．

[定理] べき零変換

数ベクトル空間 $\mathbb{R}^n$ の線形変換 F で，$F^{s-1} \neq O$, $F^s = O$ $(1 \leqq s \leqq n)$ とする．このとき，$\mathbb{R}^n$ の基底 $\{\boldsymbol{p}_j\}$ をうまく選ぶと，基底 $\{\boldsymbol{p}_j\}$ に関する F の表現行列を

$$J(0) = J_{i_1}(0) \oplus \cdots \oplus J_{i_r}(0)$$

とすることができる．とくに $r = \dim V(0)$，つまり r は $V(0)$ の中の線形独立な固有ベクトルの個数である．また，$J(0)$ の最大次数のブロックは $J_s(0)$ である．ジョルダン行列 $J(0)$ を F の**ジョルダン行列**とよぶ．

[解説] この定理を用いて，ある基底に関する F の表現行列 A が $A \neq J(0)$ であったとき，F の表現行列が $J(0)$ となる基底をどのようにして見つけていくか，その手順について大まかに説明する．より具体的な方法は次の例題で示す．

（手順 1） $F^s = O$ であることから，F の固有値は 0 のみである．このことから，ジョルダン行列は $J(0)$ である．

（手順 2）次に，固有ベクトルとジョルダン細胞の個数を決める．$\dim V(0) = \dim \operatorname{Ker} F = r$ とすると，$J(0) = J_{i_1}(0) \oplus \cdots \oplus J_{i_r}(0)$，つまり $J(0)$ は r 個のジョルダン細胞の直和となっていることを把握しておく．そして $\operatorname{rank} F^s = 0$ より，最大次数のブロックは $J_s(0)$ であることも確認しておく．

（手順 3）各固有ベクトル $\boldsymbol{p}_j$ から 5.3 節の定理の解説で述べた方法で i_j 個の線形独立な弱固有ベクトルの個数をそれぞれ求め，基底を決定していく．ここで重要な情報は，$\dim(\operatorname{Ker} F)$，…，$\dim(\operatorname{Ker} F^s)$ である．すなわち，$u = \dim(\operatorname{Ker} F^k) - \dim(\operatorname{Ker} F^{k-1})$ とすると，u 個の弱固有ベクトル $\boldsymbol{p}_1^k, \ldots, \boldsymbol{p}_u^k$ が得られる．このことから基底を決定していく．

（手順 4）以上のことをまとめると，$\mathbb{R}^n$ の基底を

$$\{\boldsymbol{p}_1, \boldsymbol{p}_1^2, \ldots, \boldsymbol{p}_1^{i_1}, \boldsymbol{p}_2, \ldots, \boldsymbol{p}_2^2, \ldots, \boldsymbol{p}_2^{i_2}, \ldots, \boldsymbol{p}_r, \boldsymbol{p}_r^2, \ldots, \boldsymbol{p}_r^{i_r}\}$$

とすると，F の表現行列は，

$$J(0) = J_{i_1}(0) \oplus \cdots \oplus J_{i_r}(0)$$

となる．$J(0)$ に関する上式は，$F|_j$ を F を部分空間 $\langle \boldsymbol{p}_j, \ldots, \boldsymbol{p}_j^{i_j} \rangle_B$ に制限したものとするとき，この基底に関する $F|_j$ の表現行列が $J_{i_j}(0)$ となっていることを意味する．　□

次の例題で，べき零変換の表現行列であるジョルダン行列の具体的な求め方を確認しよう．

［例題］　次の問いに答えよ．

(1) F は数ベクトル空間 $\mathbb{R}^7$ の線形変換で，$\operatorname{rank} F = 4$, $\operatorname{rank} F^2 = 2$, $\operatorname{rank} F^3 = 1$, $\operatorname{rank} F^4 = 0$ とする．このとき，F のジョルダン行列を求めよ．

(2) F は数ベクトル空間 $\mathbb{R}^4$ の線形変換で，F の自然基底 $\{\boldsymbol{e}_j\}$ に関する表現行列を

$$A = \begin{pmatrix} 1 & 2 & -3 & -1 \\ 0 & 1 & -1 & 0 \\ 1 & 2 & -3 & -1 \\ -1 & -1 & 2 & 1 \end{pmatrix}$$

とすると，

$$A^2 = \begin{pmatrix} 1 & -1 & 2 & 1 \\ 1 & -1 & 2 & 1 \\ 1 & -1 & 2 & 1 \\ 0 & 0 & 0 & 0 \end{pmatrix}, \quad A^3 = O$$

を満たす．このとき，基底 $\{\boldsymbol{p}_j\}$ を適当に選び，$\{\boldsymbol{e}_j\}$ から $\{\boldsymbol{p}_j\}$ への基底変換行列 P に

より $P^{-1}AP = J(0)$ とすることができる．$J(0)$ と P を求めよ．

[解答] (1) $\mathrm{rank}\, F^4 = 0$ より $F^4 = O$ であるので，固有値は 0 のみである．したがって，ある基底に関する F の表現行列は $J(0)$ である．また，$\mathrm{rank}\, F = 4$ と次元定理 $\dim V(0) = 7 - 4 = 3$ より，線形独立な固有ベクトルが $\boldsymbol{p}_1$，$\boldsymbol{p}_2$，$\boldsymbol{p}_3$ の三つになり，$J(0)$ のブロック数は 3 となる．さらに，$\mathrm{rank}\, F^4 = 0$ より，$J(0)$ の最大ブロックは $J_4(0)$ である．

以下，表現行列が $J(0)$ となる基底を決めていく．次元定理を使うと，$\dim(\mathrm{Ker}\, F^k)$ がわかる．その様子を図にすると，以下のようになる．

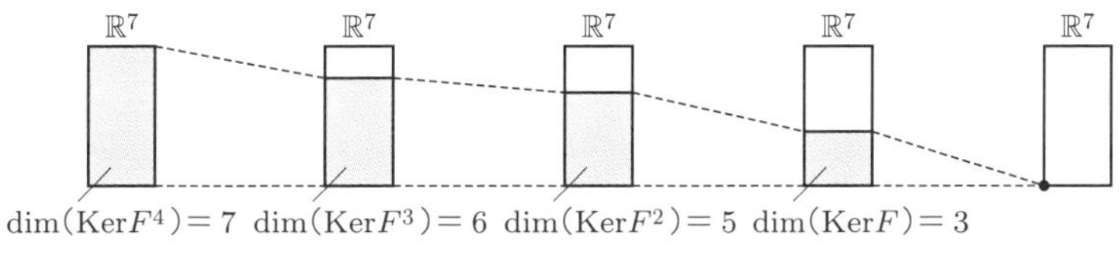

$\dim(\mathrm{Ker}\, F^k)$ **の様子**

$\dim(\mathrm{Ker}\, F) = 3$，$\dim(\mathrm{Ker}\, F^2) = 7 - 2 = 5$ は，$\boldsymbol{p}_1$，$\boldsymbol{p}_2$ から基底を構成する弱固有ベクトルがそれぞれ 1 個ずつ得られていることを意味する．それらは，

$$F(\boldsymbol{p}_1') = \boldsymbol{p}_1, \quad F(\boldsymbol{p}_2') = \boldsymbol{p}_2$$

である弱固有ベクトル $\boldsymbol{p}_1'$，$\boldsymbol{p}_2'$ である．同時に，$J(0)$ にジョルダン細胞 $J_1(0)$ が 1 個あることがわかる．

$\dim(\mathrm{Ker}\, F^2) = 5$，$\dim(\mathrm{Ker}\, F^3) = 6$，$\dim(\mathrm{Ker}\, F^4) = 7$ は，$\boldsymbol{p}_1'$ から基底を構成する弱固有ベクトルが続けて得られていることを意味する．それらは，

$$F(\boldsymbol{p}_1'') = \boldsymbol{p}_1', \quad F(\boldsymbol{p}_1''') = \boldsymbol{p}_1''$$

である弱固有ベクトル $\boldsymbol{p}_1''$，$\boldsymbol{p}_1'''$ である．そして，$J(0)$ にジョルダン細胞 $J_4(0)$ が 1 個と $J_2(0)$ が 1 個あることがわかる．

したがって，基底を $\{\boldsymbol{p}_1, \boldsymbol{p}_1', \boldsymbol{p}_1'', \boldsymbol{p}_1''', \boldsymbol{p}_2, \boldsymbol{p}_2', \boldsymbol{p}_3\}$ とすると，この基底に関する F の表現行列は $J_4(0) \oplus J_2(0) \oplus J_1(0)$ となる．つまり，A のジョルダン行列は $J(0) = J_4(0) \oplus J_2(0) \oplus J_1(0)$ である．

(2) まず，$A^3 = O$ より $J(0)$ の最大ブロックは $J_3(0)$ であるので，$J = J_3(0) \oplus J_1(0)$ となる．次に，$A\boldsymbol{p} = \boldsymbol{0}$，すなわち $\boldsymbol{p} = \begin{pmatrix} x \\ y \\ z \\ w \end{pmatrix}$ とおいた連立 1 次方程式

$$\begin{pmatrix} 1 & 2 & -3 & -1 \\ 0 & 1 & -1 & 0 \\ 1 & 2 & -3 & -1 \\ -1 & -1 & 2 & 1 \end{pmatrix} \begin{pmatrix} x \\ y \\ z \\ w \end{pmatrix} = \begin{pmatrix} 0 \\ 0 \\ 0 \\ 0 \end{pmatrix}$$

より，線形独立な二つの固有ベクトル $\boldsymbol{p}_1 = \begin{pmatrix} 1 \\ 1 \\ 1 \\ 0 \end{pmatrix}$，$\boldsymbol{p}_2 = \begin{pmatrix} 1 \\ 0 \\ 0 \\ 1 \end{pmatrix}$ が得られる．さらに，

$A\boldsymbol{p}_1' = \boldsymbol{p}_1$，$A\boldsymbol{p}_1'' = \boldsymbol{p}_1'$ より，すなわち $\boldsymbol{p}_1' = \begin{pmatrix} x' \\ y' \\ z' \\ w' \end{pmatrix}$，$\boldsymbol{p}_1'' = \begin{pmatrix} x'' \\ y'' \\ z'' \\ w'' \end{pmatrix}$ とおいた連立1次方程式

$$\begin{pmatrix} 1 & 2 & -3 & -1 \\ 0 & 1 & -1 & 0 \\ 1 & 2 & -3 & -1 \\ -1 & -1 & 2 & 1 \end{pmatrix} \begin{pmatrix} x' \\ y' \\ z' \\ w' \end{pmatrix} = \begin{pmatrix} 1 \\ 1 \\ 1 \\ 0 \end{pmatrix}, \quad \begin{pmatrix} 1 & -1 & 2 & 1 \\ 1 & -1 & 2 & 1 \\ 1 & -1 & 2 & 1 \\ 0 & 0 & 0 & 0 \end{pmatrix} \begin{pmatrix} x'' \\ y'' \\ z'' \\ w'' \end{pmatrix} = \begin{pmatrix} 1 \\ 1 \\ 1 \\ 0 \end{pmatrix}$$

より，$\boldsymbol{p}_1' = \begin{pmatrix} 0 \\ 1 \\ 0 \\ 1 \end{pmatrix}$，$\boldsymbol{p}_1'' = \begin{pmatrix} -1 \\ 0 \\ -1 \\ 2 \end{pmatrix}$ を得る．したがって，$P = \begin{pmatrix} 1 & 0 & -1 & 1 \\ 1 & 1 & 0 & 0 \\ 1 & 0 & -1 & 0 \\ 0 & 1 & 2 & 1 \end{pmatrix}$ とおくと，$P^{-1}AP = J_3(0) \oplus J_1(0)$ となる．

▶**問題**　次の問いに答えよ．

(1) F は数ベクトル空間 $\mathbb{R}^8$ の線形変換で，$\operatorname{rank} F = 5$，$\operatorname{rank} F^2 = 2$，$\operatorname{rank} F^3 = 0$ とする．このとき，F のジョルダン行列を求めよ．

(2) F は数ベクトル空間 $\mathbb{R}^4$ の線形変換で，F の自然基底 $\{\boldsymbol{e}_j\}$ に関する表現行列を

$$A = \begin{pmatrix} 2 & -1 & 1 & -2 \\ 1 & -1 & 1 & -1 \\ 1 & -1 & 1 & -1 \\ 2 & -1 & 1 & -2 \end{pmatrix}$$

とすると，$A^2 = O$ を満たす．このとき，基底 $\{\boldsymbol{p}_j\}$ を適当に選び，$\{\boldsymbol{e}_j\}$ から $\{\boldsymbol{p}_j\}$ への基底変換行列 P により，$P^{-1}AP = J(0)$ とすることができる．$J(0)$ と P を求めよ．

5.5 ただ一つの固有値をもつ線形変換のジョルダン行列

前節までにおいて，ジョルダン行列について理解する準備が整った．以下は，ただ一つの固有値をもつ線形変換という特殊な場合であるが，ある基底によりその表現行列がジョルダン行列になることについて説明する．

線形変換 F がただ一つの固有値 λ をもつ場合，$F-\lambda I$ はべき零変換となる．したがって，F は固有値 λ のみをもち，そして適当な基底 $\{\boldsymbol{p}_j\}$ に関する F の表現行列はジョルダン行列 $J(\lambda)$ となる．さらに，以下の定理のように，$J(\lambda)$ をジョルダン細胞で分解することができる．

[定理]　ただ一つの固有値をもつ線形変換のジョルダン行列
数ベクトル空間 $\mathbb{R}^n$ の線形変換 F で，F はただ一つの固有値 λ をもち，$(F-\lambda I)^{s-1} \neq O$, $(F-\lambda I)^s = O$ $(1 \leqq s \leqq n)$ を仮定する．このとき，$\mathbb{R}^n$ の基底 $\{\boldsymbol{p}_j\}$ をうまく選ぶと，基底 $\{\boldsymbol{p}_j\}$ に関する F の表現行列は

$$J(\lambda) = J_{i_1}(\lambda) \oplus \cdots \oplus J_{i_r}(\lambda)$$

と，ジョルダン行列になる．とくに $r = \dim V(\lambda)$ であり，$J(\lambda)$ の最大ブロックは $J_s(\lambda)$ である．

[解説] F の固有値は一つだけなので，行列 $F-\lambda I$ の固有値は 0 だけである．したがって，$F-\lambda I$ はべき零変換である．5.4 節の定理の解説で説明したような手順で，$\{\boldsymbol{p}_j\}$ を線形独立な弱固有ベクトルとして順次選んでいくと，基底 $\{\boldsymbol{p}_j\}$ に関する F の表現行列は

$$J(\lambda) = J_{i_1}(\lambda) \oplus \cdots \oplus J_{i_r}(\lambda)$$

となる． □

[例題]　次の問いに答えよ．
(1) F は数ベクトル空間 $\mathbb{R}^{10}$ の線形変換で，$\operatorname{rank}(F-2I) = 6$, $\operatorname{rank}(F-2I)^2 = 3$, $\operatorname{rank}(F-2I)^3 = 0$ とする．F のジョルダン行列 $J(2)$ を求めよ．
(2) F は数ベクトル空間 $\mathbb{R}^4$ の線形変換で，F の自然基底 $\{\boldsymbol{e}_j\}$ に関する表現行列を

$$A = \begin{pmatrix} 1 & 1 & 1 & -2 \\ 0 & 3 & 0 & 0 \\ 8 & -2 & -1 & 8 \\ 6 & -2 & -3 & 9 \end{pmatrix}$$

とすると，$(A-3E)^2=O$ を満たす．このとき，基底 $\{\boldsymbol{p}_j\}$ を適当に選び，$\{\boldsymbol{e}_j\}$ から $\{\boldsymbol{p}_j\}$ への基底変換行列 P により，$P^{-1}AP=J(3)$ とすることができる．$J(3)$ と P を求めよ．

[解答] (1) $\mathrm{rank}(F-2I)^3=0$ より $(F-2I)^3=O$ であるので，固有値は 2 のみである．したがって，ある基底に関する F のジョルダン行列は $J(2)$ である．また，$\mathrm{rank}(F-2I)=6$ と次元定理 $\dim V(2)=10-6=4$ より，線形独立な固有ベクトルが $\boldsymbol{p}_1$，$\boldsymbol{p}_2$，$\boldsymbol{p}_3$，$\boldsymbol{p}_4$ の四つになり，$J(2)$ のブロック数は 4 となる．さらに，$\mathrm{rank}(F-2I)^3=0$ より，$J(2)$ の最大なブロックは $J_3(2)$ である．

$\dim(\mathrm{Ker}(F-2I))=4$，$\dim(\mathrm{Ker}(F-2I)^2)=10-3=7$ より，

$$F(\boldsymbol{p}_1')=\boldsymbol{p}_1,\ F(\boldsymbol{p}_2')=\boldsymbol{p}_2,\ F(\boldsymbol{p}_3')=\boldsymbol{p}_3$$

という線形独立な弱固有ベクトル $\boldsymbol{p}_1'$，$\boldsymbol{p}_2'$，$\boldsymbol{p}_3'$ が得られる．同時に，$J(0)$ にジョルダン細胞 $J_1(2)$ が 1 個あることがわかる．

$\dim(\mathrm{Ker}(F-2I)^2)=7$，$\dim(\mathrm{Ker}(F-2I)^3)=10$ より，

$$F(\boldsymbol{p}_1'')=\boldsymbol{p}_1',\ F(\boldsymbol{p}_2'')=\boldsymbol{p}_2',\ F(\boldsymbol{p}_3'')=\boldsymbol{p}_3'$$

という線形独立な弱固有ベクトル $\boldsymbol{p}_1''$，$\boldsymbol{p}_2''$，$\boldsymbol{p}_3''$ が得られる．同時に，$J(0)$ にジョルダン細胞 $J_3(2)$ が 3 個あることがわかる．

したがって，基底 $\{\boldsymbol{p}_1,\boldsymbol{p}_1',\boldsymbol{p}_1'',\boldsymbol{p}_2,\boldsymbol{p}_2',\boldsymbol{p}_2'',\boldsymbol{p}_3,\boldsymbol{p}_3',\boldsymbol{p}_3'',\boldsymbol{p}_4\}$ に関する F の表現行列が $J(2)=J_3(2)\oplus J_3(2)\oplus J_3(2)\oplus J_1(2)$ となる．

(2) まず，$(A-3E)^2=O$ から $J(3)$ の最大ブロックは $J_2(3)$ であり，$\mathrm{rank}(A-3E)=2$ より固有空間 $V(3)$ の次元は $2\ (=4-2)$ である．したがって，$J(3)=J_2(3)\oplus J_2(3)$ である．つまり，線形独立な固有ベクトルは二つあり，$(A-3E)\boldsymbol{p}=\boldsymbol{0}$，すなわち $\boldsymbol{p}=\begin{pmatrix}x\\y\\z\\w\end{pmatrix}$ とおいた連立 1 次方程式

$$\begin{pmatrix}-2&1&1&-2\\0&0&0&0\\8&-2&-4&8\\6&-2&-3&6\end{pmatrix}\begin{pmatrix}x\\y\\z\\w\end{pmatrix}=\begin{pmatrix}0\\0\\0\\0\end{pmatrix}$$

より，固有ベクトル $\boldsymbol{p}_1 = \begin{pmatrix} 1 \\ 0 \\ 0 \\ -1 \end{pmatrix}$，$\boldsymbol{p}_2 = \begin{pmatrix} 0 \\ 0 \\ 2 \\ 1 \end{pmatrix}$ を得る．次に，$A\boldsymbol{p}_1' = \boldsymbol{p}_1$，$A\boldsymbol{p}_2' = \boldsymbol{p}_2$，

すなわち $\boldsymbol{p}_1' = \begin{pmatrix} x_1 \\ y_1 \\ z_1 \\ w_1 \end{pmatrix}$，$\boldsymbol{p}_2' = \begin{pmatrix} x_2 \\ y_2 \\ z_2 \\ w_2 \end{pmatrix}$ とすると，連立 1 次方程式

$$\begin{pmatrix} -2 & 1 & 1 & -2 \\ 0 & 0 & 0 & 0 \\ 8 & -2 & -4 & 8 \\ 6 & -2 & -3 & 6 \end{pmatrix} \begin{pmatrix} x_1 \\ y_1 \\ z_1 \\ w_1 \end{pmatrix} = \begin{pmatrix} 1 \\ 0 \\ 0 \\ -1 \end{pmatrix}, \quad \begin{pmatrix} -2 & 1 & 1 & -2 \\ 0 & 0 & 0 & 0 \\ 8 & -2 & -4 & 8 \\ 6 & -2 & -3 & 6 \end{pmatrix} \begin{pmatrix} x_2 \\ y_2 \\ z_2 \\ w_2 \end{pmatrix} = \begin{pmatrix} 0 \\ 0 \\ 2 \\ 1 \end{pmatrix}$$

より，線形独立な二つの弱固有ベクトル $\boldsymbol{p}_1' = \begin{pmatrix} 1 \\ 2 \\ -1 \\ -1 \end{pmatrix}$，$\boldsymbol{p}_2' = \begin{pmatrix} 0 \\ 1 \\ -1 \\ 0 \end{pmatrix}$ を得る．した

がって，

$$P = \begin{pmatrix} 1 & 1 & 0 & 0 \\ 0 & 2 & 0 & 1 \\ 0 & -1 & 2 & -1 \\ -1 & -1 & 1 & 0 \end{pmatrix}$$

である．

▶**問題** 次の問いに答えよ．

(1) F は数ベクトル空間 $\mathbb{R}^{12}$ の線形変換で，$\operatorname{rank}(F+3I) = 8$，$\operatorname{rank}(F+3I)^2 = 4$，$\operatorname{rank}(F+3I)^3 = 1$，$\operatorname{rank}(F+3I)^4 = 0$ とする．F のジョルダン行列 $J(-3)$ を求めよ．

(2) F は数ベクトル空間 $\mathbb{R}^4$ の線形変換で，F の自然基底 $\{\boldsymbol{e}_j\}$ に関する表現行列を

$$A = \begin{pmatrix} -1 & 2 & -1 & 2 \\ -1 & -4 & 1 & -2 \\ -1 & -2 & -1 & -2 \\ 0 & 0 & 0 & -2 \end{pmatrix}$$

とすると，$(A+2E)^2 = O$ を満たす．このとき，基底 $\{\boldsymbol{p}_j\}$ を適当に選び，$\{\boldsymbol{e}_j\}$ から

$\{\boldsymbol{p}_j\}$ への基底変換行列 P により，$P^{-1}AP = J(-2)$ とすることができる．$J(-2)$ と P を求めよ．

5.6 弱固有空間と分解定理

前節では，線形変換 F の固有値が一つしかない場合に限り，F はどのようなジョルダン行列をもつかを見た．この結果を，弱固有空間とよばれる不変部分空間を用いて，F に異なる固有値がある場合に拡張してみよう．

> **[定義]　不変部分空間**
> F を数ベクトル空間 $\mathbb{R}^n$ の線形変換とし，W を $\mathbb{R}^n$ の部分空間とする．W が $F(W) \subset W$，すなわち
> $$\boldsymbol{x} \in W \ \Rightarrow \ F(\boldsymbol{x}) \in W$$
> を満たすとき，W は F **不変**，または F の**不変部分空間**であるという．このとき，F を W 上に制限したものもまた線形変換であり，これを $F|_W$ と書いて，F の W への制限という．

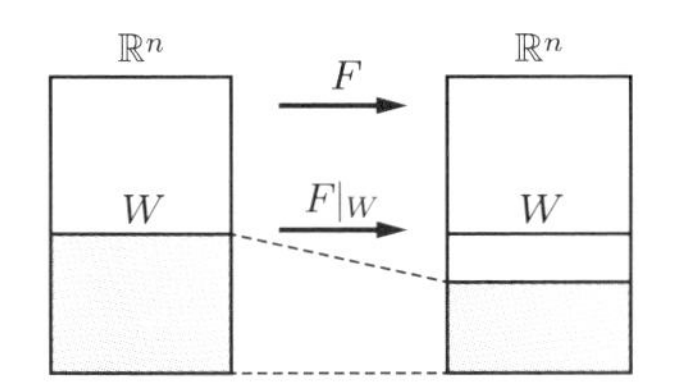

線形変換 F の不変部分空間 W

以下，$\mathbb{R}^n$ の中の F の不変部分空間を，F の表現行列のジョルダン分解に対応付けて見ていく．

F を $\mathbb{R}^n$ の線形変換とし，F の固有値 λ が存在したとする．そこで，I を恒等変換として，固有空間 $V(\lambda) = \mathrm{Ker}(F - \lambda I)$ を考える．すなわち，

$$V(\lambda) = \{\boldsymbol{x} \mid (F - \lambda I)(\boldsymbol{x}) = \boldsymbol{0}\}$$

である．

$V(\lambda)$ が r 次元（$1 \leqq r \leqq n$）であったとする．もし，固有値 λ の線形独立な固有ベクトルが r 個存在したならば，線形独立な固有ベクトル $\boldsymbol{p}_1, \ldots, \boldsymbol{p}_r$ があり

$$V(\lambda) = \langle \boldsymbol{p}_1, \ldots, \boldsymbol{p}_r \rangle_B$$

となる．そして，$V(\lambda)$ は F 不変となる．なぜなら，$V(\lambda)$ のベクトル $\boldsymbol{x}$ は $\boldsymbol{x} = \sum_{j=1}^{r} a_j \boldsymbol{p}_j$ と書けていて，$F(\boldsymbol{x}) = \sum_{j=1}^{r} \lambda a_j \boldsymbol{p}_j \in V(\lambda)$ であるからである．そして，このとき F の表現行列 $J(\lambda)$ は，$V(\lambda)$ 上では λ を対角成分にもつ対角行列 $J(\lambda) = \overbrace{J_1(\lambda) \oplus \cdots \oplus J_1(\lambda)}^{r}$ である．

では，$V(\lambda)$ が r 次元で，固有値 λ の線形独立な固有ベクトルが $r-1$ 個であったとしたらどう考えればよいのだろう．この場合は，

$$V^2(\lambda) = \mathrm{Ker}(F - \lambda I)^2$$

を考える．このとき，5.4 節と 5.5 節で説明したように，$(F - \lambda I)\boldsymbol{p}'_1 = \boldsymbol{p}_1$ を満たす弱固有ベクトル $\boldsymbol{p}'_1$ を考えると，$\boldsymbol{p}'_1$ はどの $\boldsymbol{p}_j$ $(1 \leqq j \leqq r-1)$ とも線形独立なベクトルであり，そして $\boldsymbol{p}'_1 \in V^2(\lambda)$ である．したがって，$V^2(\lambda)$ の基底を $\{\boldsymbol{p}_1, \boldsymbol{p}'_1, \boldsymbol{p}_2, \ldots, \boldsymbol{p}_{r-1}\}$ とすることができる．明らかに $V^2(\lambda)$ は F 不変であり，このとき F の表現行列は，$V^2(\lambda)$ 上では $J(\lambda) = J_2(\lambda) \oplus \overbrace{J_1(\lambda) \oplus \cdots \oplus J_1(\lambda)}^{r-2}$ である．なお，$V^2(\lambda)$ の任意のベクトル $\boldsymbol{x}$ に対して，$(F - \lambda I)^2 \boldsymbol{x} = \boldsymbol{0}$ が成り立つことには注意してほしい．

［定義］　弱固有空間

F を数ベクトル空間 $\mathbb{R}^n$ の線形変換とする．F の固有値 λ について，ある自然数 r が存在して $\mathrm{Ker}(F - \lambda I)^{r-1} \subsetneq \mathrm{Ker}(F - \lambda I)^r = \mathrm{Ker}(F - \lambda I)^{r+1}$ となるとき，$\mathrm{Ker}(F - \lambda I)^r$ を λ に対する**弱固有空間**といい，$V^r(\lambda)$ で表す．また，弱固有空間の元を**弱固有ベクトル**という．

［定理］　分解定理

F を数ベクトル空間 $\mathbb{R}^n$ の線形変換とし，F の固有多項式を $\gamma(\lambda)$ とする．さらに，$\gamma(\lambda) = (\lambda - \lambda_1)^{i_1} \cdots (\lambda - \lambda_r)^{i_r}$ と分解し，各固有値 λ_k に対する弱固有空間を $V^{s_k}(\lambda_k)$ とする．このとき，$V^{s_k}(\lambda_k)$ は F 不変で $\dim V^{s_k}(\lambda_k) = i_k$ であり，V は

$$V = V^{s_1}(\lambda_1) \oplus \cdots \oplus V^{s_r}(\lambda_r)$$

と直和分解される．さらに，各 $V^{s_j}(\lambda_j)$ の基底 $\{\boldsymbol{p}_{j_k}\}$ をうまく選び，これらを集めて得られた $\mathbb{R}^n$ の基底 $\{\boldsymbol{p}_{1_1}, \ldots, \boldsymbol{p}_n\}$ に関する F の表現行列を

$$J(\lambda_1) \oplus \cdots \oplus J(\lambda_r)$$

と，ジョルダン行列にすることができる．

[解説] λ_k に対する弱固有空間 $\dim V^{s_k}(\lambda_k)$ について説明する．定理で述べたように $V^{s_k}(\lambda_k)$ は F 不変，つまり $F(V^{i_k}(\lambda_k)) \subset V^{i_k}(\lambda_k)$ となっている．さらに，F を $V^{s_k}(\lambda_k)$ に制限した写像を F_k とすると，$F_k - \lambda_k I$ はべき零変換であり $(F_k - \lambda_k I)^{s_k} = O$ となっている．そして，指数 s_k は $V^{s_k}(\lambda_k)$ の構造のより詳細な情報を与えている．すなわち，$V^{s_k}(\lambda_k)$ の基底をうまく選ぶと F_k の表現行列をジョルダン行列 $J(\lambda_k)$ にでき，その中にジョルダン細胞 $J_{s_k}(\lambda_k)$ が必ず含まれるようにできることがわかる．

とくに，$s_1 = \cdots = s_r = 1$ のとき，V は固有空間に直和分解される．そして，このとき適当な基底をとると，F の表現行列であるジョルダン行列は対角行列となっている．つまり 5.2 節の定理は，この定理の特別な場合といえる．　□

次の例題で，分解定理を用いて，異なる固有値を 2 個以上もつ線形変換 F のジョルダン行列 J を求めてみよう．

[例題]　数ベクトル空間 $\mathbb{R}^5$ の線形変換 F の固有多項式を $\varphi(\lambda) = -(\lambda-4)^3(\lambda-2)^2$ とする．さらに，$\mathrm{rank}(F-4I) = 3$，$\mathrm{rank}(F-4I)^2 = \mathrm{rank}(F-4I)^3 = 2$，$\mathrm{rank}(F-2I) = 4$，$\mathrm{rank}(F-2I)^2 = \mathrm{rank}(F-2I)^3 = 3$ とする．このとき，$\mathbb{R}^5$ を弱固有空間で直和分解し，各弱固有空間の次元を求めよ．さらに，F のジョルダン行列 J を求めよ．

[解答] 固有値 $\lambda = 4$ に関しては

$$\dim(\mathrm{Ker}(F-4I)) = 5-3 = 2$$
$$\dim(\mathrm{Ker}(F-4I)^2) = \dim(\mathrm{Ker}(F-4I)^3) = 5-2 = 3$$

であり，固有値 $\lambda = 2$ に関しては

$$\dim(\mathrm{Ker}(F-2I)) = 5-4 = 1$$
$$\dim(\mathrm{Ker}(F-2I)^2) = \dim(\mathrm{Ker}(F-2I)^3) = 5-3 = 2$$

である．したがって，分解定理より $\mathbb{R}^5 = V^2(4) \oplus V^2(2)$ と分解される．このとき，$\dim V^2(4) = 3$，$\dim V^2(2) = 2$ である．

また，5.6 節の定理より $\mathbb{R}^5$ の基底 $\{\boldsymbol{b}_j\}$ をうまく選ぶと，$\{\boldsymbol{b}_j\}$ に関する F の表現

行列を $J(4) \oplus J(2)$ とできる．$\dim V^2(4) = 3$，$\dim V^2(2) = 2$ より $J(4)$ の次数は 3，$J(2)$ の次数は 2 である．そして，$\mathbb{R}^5 = V^2(4) \oplus V^2(2)$ より $J(4)$ には 2 次のジョルダン細胞 $J_2(4)$ が，$J(2)$ にも 2 次のジョルダン細胞 $J_2(2)$ が含まれる．したがって，ある基底に関する F のジョルダン行列 J を $J_2(4) \oplus J_1(4) \oplus J_2(2)$ にできる．

▶**問題**　数ベクトル空間 $\mathbb{R}^6$ の線形変換 F の固有多項式を $\varphi(\lambda) = -(\lambda+1)^3(\lambda-3)^3$ とする．さらに，$\mathrm{rank}(F+I) = 4$, $\mathrm{rank}(F+I)^2 = 3$, $\mathrm{rank}(F-3I) = 5$, $\mathrm{rank}(F-3I)^2 = 4$, $\mathrm{rank}(F-3I)^3 = 3$ とする．このとき，$\mathbb{R}^6$ を弱固有空間で直和分解し，各弱固有空間の次元を求めよ．さらに，F のジョルダン行列 J を求めよ．

5.7 固有方程式の解が虚数の線形変換

$n \geqq 2$ とし，数ベクトル空間 $\mathbb{R}^n$ と $\mathbb{R}^n$ の線形変換 F を考える．もし F の固有方程式の解に虚数が現れたら，F は一体どのような変換といえるのだろうか．次の定理がその答えである．

［定理］　固有方程式の解が虚数の線形変換

$n \geqq 2$ とし，数ベクトル空間 $\mathbb{R}^n$ と $\mathbb{R}^n$ の線形変換 F を考える．もし，F の固有方程式の解が虚数をもつならば，F は $\mathbb{R}^n$ のある 2 次元 $\mathbb{R}$ ベクトル空間 W 上の回転になる．

とくに $n = 2$ の場合，F の固有方程式の解を $a \pm bi$ $(b \neq 0, i$ は虚数単位$)$ として，$\boldsymbol{q}_1 = \begin{pmatrix} 1 \\ a \end{pmatrix}$, $\boldsymbol{q}_2 = \begin{pmatrix} 0 \\ b \end{pmatrix}$ を考え，$\mathbb{R}^2$ の基底を $\{\boldsymbol{q}_1, \boldsymbol{q}_2\}$ とすると，F の表現行列は

$$\sqrt{a^2+b^2}\begin{pmatrix} \cos\theta & -\sin\theta \\ \sin\theta & \cos\theta \end{pmatrix}$$

となる．ここで，角 θ は基底 $\{\boldsymbol{q}_1, \boldsymbol{q}_2\}$ が定める自然な内積から得られた角であり，$\cos\theta = \dfrac{a}{\sqrt{a^2+b^2}}$，$\sin\theta = \dfrac{b}{\sqrt{a^2+b^2}}$ である．

［解説］ 数ベクトル空間 $\mathbb{R}^n$ の線形変換 F において，その固有方程式は実数を係数とする λ に関する n 次の代数方程式

$$\lambda^n + a_1\lambda^{n-1} + \cdots + a_{n-1}\lambda + a_n = 0$$

となる．一方，n 次方程式の解については，代数学の基本定理とよばれる定理より重複を込めて n 個の複素数解をもつことが知られており，さらに，もし虚数解をもつならばその複素共役も解となることがわかっている．したがって，部分空間 V の線形変換 F の固有方程式の解が虚数 $a+bi$ をもてば，その複素共役 $a-bi$ も固有方程式の解となる．

以下，数ベクトル空間 $\mathbb{R}^2$ に限定して考える．まず，$\mathbb{R}^2$ を $\mathbb{C}$ ベクトル空間 $\mathbb{C}^2$ に置き換えて考えると，$a+bi$ と $a-bi$ は F の固有値となる．そこで，$a+bi$ と $a-bi$ に対する一つの固有ベクトルをそれぞれ $\boldsymbol{p}$ と $\bar{\boldsymbol{p}}$ とする．次に，$\mathbb{C}^n$ の部分空間である $\boldsymbol{p}$ と $\bar{\boldsymbol{p}}$ で張られる 2 次元 $\mathbb{C}$ ベクトル空間 $W_{\mathbb{C}}$ を考えると，F は $W_{\mathbb{C}}$ 上ではその表現行列が複素対角行列となる．つまり，4.9 節の定理を複素数上のベクトル空間の定理と読みかえることで，F の $W_{\mathbb{C}}$ に制限した $F|_{W_{\mathbb{C}}}$ の表現行列を A とし，$P=(\boldsymbol{p}\ \ \bar{\boldsymbol{p}})$ とおくことで

$$P^{-1}AP=\begin{pmatrix} a-bi & 0 \\ 0 & a+bi \end{pmatrix}$$

となる．

ここで，少し天下り的ではあるが，複素行列

$$Q=\begin{pmatrix} 1 & 1 \\ i & -i \end{pmatrix},\quad Q^{-1}=\frac{1}{2}\begin{pmatrix} 1 & -i \\ 1 & i \end{pmatrix}$$

を考える．そして，$Q(P^{-1}AP)Q^{-1}$ を計算すると，

$$\begin{aligned} Q(P^{-1}AP)Q^{-1} &= \frac{1}{2}\begin{pmatrix} 1 & 1 \\ i & -i \end{pmatrix}\begin{pmatrix} a-bi & 0 \\ 0 & a+bi \end{pmatrix}\begin{pmatrix} 1 & -i \\ 1 & i \end{pmatrix} \\ &= \begin{pmatrix} a & -b \\ b & a \end{pmatrix} \end{aligned}$$

が得られる．Q は $P^{-1}AP$ を実行列に変換する行列であり，さらに PQ^{-1} も A を実行列に変換する行列である．しかも

$$T=PQ^{-1}=\frac{1}{2}\begin{pmatrix} 1 & 1 \\ a+bi & a-bi \end{pmatrix}\begin{pmatrix} 1 & -i \\ 1 & i \end{pmatrix}=\begin{pmatrix} 1 & 0 \\ a & b \end{pmatrix}$$

より，T も実行列である．このことは，$\boldsymbol{q}_1=\begin{pmatrix} 1 \\ a \end{pmatrix}$，$\boldsymbol{q}_2=\begin{pmatrix} 0 \\ b \end{pmatrix}$ とおいて $W_{\mathbb{C}}$ の基底を $\{\boldsymbol{q}_1,\boldsymbol{q}_2\}$ とすると，F の表現行列が $\begin{pmatrix} a & -b \\ b & a \end{pmatrix}$ となることを意味する．

そこで，$\begin{pmatrix} a & -b \\ b & a \end{pmatrix}$ はどのような変換なのかを考えたい．そのために，基底を $\{\boldsymbol{q}_1, \boldsymbol{q}_2\}$ とする 2 次元 $\mathbb{R}$ ベクトル空間 $W_{\mathbb{R}}$ に，$\{\boldsymbol{q}_1, \boldsymbol{q}_2\}$ に関する自然な内積を入れておく．そうすると 2.4 節で説明したように，$W_{\mathbb{R}}$ にはこの基底に関する角 θ が定義できるので，$\cos\theta = \dfrac{a}{\sqrt{a^2+b^2}}$，$\sin\theta = \dfrac{b}{\sqrt{a^2+b^2}}$ とおく．すると，

$$\begin{pmatrix} a & -b \\ b & a \end{pmatrix} = \sqrt{a^2+b^2}\begin{pmatrix} \cos\theta & -\sin\theta \\ \sin\theta & \cos\theta \end{pmatrix}$$

となる．これより，$\begin{pmatrix} a & -b \\ b & a \end{pmatrix}$ による $W_{\mathbb{R}}$ 上の線形変換は，基底 $\{\boldsymbol{q}_1, \boldsymbol{q}_2\}$ が定める角 θ による回転と，$\sqrt{a^2+b^2}$ 倍放射の合成変換であることがわかる．　□

具体的な問題で，固有値が複素数である場合の線形変換 F が回転を含むことを確認しよう．

[例題]　F を数ベクトル空間 $\mathbb{R}^2$ の線形変換，A を $\mathbb{R}^2$ の自然基底 $\{\boldsymbol{e}_j\}$ に関する F の表現行列とし，

$$A = \begin{pmatrix} 1+\sqrt{3} & -\sqrt{3} \\ 2\sqrt{3} & 1-\sqrt{3} \end{pmatrix}$$

とする．F を回転と放射という観点から説明せよ．

[解答] A の固有値は虚数 $1 \pm \sqrt{3}\,i$ である．そして，$1-\sqrt{3}\,i$ と $1+\sqrt{3}\,i$ の固有ベクトルは，それぞれ c_1，c_2 を任意定数として，

$$c_1\begin{pmatrix} 1 \\ 1+i \end{pmatrix}, \quad c_2\begin{pmatrix} 1 \\ 1-i \end{pmatrix}$$

と書ける．そこで，

$$P = \begin{pmatrix} 1 & 1 \\ 1+i & 1-i \end{pmatrix}, \quad Q = \begin{pmatrix} 1 & 1 \\ i & -i \end{pmatrix}$$

を用いて $T = PQ^{-1}$ を求めると，

$$T = \begin{pmatrix} 1 & 0 \\ 1 & 1 \end{pmatrix}$$

を得る．したがって，

$$T^{-1}AT = \begin{pmatrix} 1 & -\sqrt{3} \\ \sqrt{3} & 1 \end{pmatrix}$$

となる．これは，$\boldsymbol{p}_1 = \begin{pmatrix} 1 \\ 1 \end{pmatrix}$，$\boldsymbol{p}_2 = \begin{pmatrix} 0 \\ 1 \end{pmatrix}$ として $\mathbb{R}^2$ の基底を $\{\boldsymbol{p}_1, \boldsymbol{p}_2\}$ とおくと，F の表現行列が

$$B = \begin{pmatrix} 1 & -\sqrt{3} \\ \sqrt{3} & 1 \end{pmatrix}$$

であることを意味する．さらに，$\mathbb{R}^2$ に基底 $\{\boldsymbol{p}_1, \boldsymbol{p}_2\}$ に関する自然な内積を入れることで角 θ が定まる．この θ を用いると，B は

$$B = 2\begin{pmatrix} 1/2 & -\sqrt{3}/2 \\ \sqrt{3}/2 & 1/2 \end{pmatrix} = 2\begin{pmatrix} \cos\pi/3 & -\sin\pi/3 \\ \sin\pi/3 & \cos\pi/3 \end{pmatrix}$$

と表される．したがって，変換 F は部分空間 V の基底を $\{\boldsymbol{p}_1, \boldsymbol{p}_2\}$ とし，そしてその自然な内積から得られる角 θ を用いると，$\theta = \dfrac{\pi}{3}$ 回転した後に 2 倍放射する変換であるといえる．

▶**問題**　F を数ベクトル空間 $\mathbb{R}^2$ の線形変換，A を $\mathbb{R}^2$ の自然基底 $\{\boldsymbol{e}_j\}$ に関する F の表現行列とし，

$$A = \begin{pmatrix} -2-\sqrt{3} & -1 \\ 5 & 2-\sqrt{3} \end{pmatrix}$$

とする．F を回転と放射という観点から説明せよ．

振り返り問題

数ベクトル空間 $\mathbb{R}^n$ の部分空間 V の線形変換 $F: V \to V$ に関する次の各文には間違いがある．どのような点が間違いであるか説明せよ．

(1) F の固有値が r 個存在したとき，それらに対応した固有ベクトルが合計 r 個存在する．

(2) F の表現行列の固有値が n 個あり，それらがすべて異なる値の場合に限りそのジョルダン行列は対角行列である．

(3) F の固有値が λ だけの場合，そのジョルダン行列の最大ブロックのジョルダン細胞が一つだけ決まる．

(4) F の表現行列がべき零行列であった場合，その固有値はすべて 0 であるので，固有ベクトルは存在しない．

(5) F の固有多項式を見れば V の弱固有ベクトル空間がわかり，それにより V を直和分解できる．さらに，F のジョルダン行列もわかる．

COLUMN　虚数から生まれたベクトル

$\sqrt{-1}$ を考え，これを 2 乗すると -1 になる．しかし，記号 $\sqrt{-1}$ に数学的に意味を与えることは困難を極めた．$\sqrt{-1}$ は 16 世紀には登場するが，数学的には不可解なものであるとして，300 年にわたって忌避されてきた．

そこで天才ハミルトン（William Rowan Hamilton，1805〜1865 年）が登場し，実数の対 (a, b) に対し，次のように相等と演算を定義した．

(1) 相等：$(a, b) = (c, d) \Leftrightarrow a = c, b = d$
(2) 加法，減法：$(a, b) \pm (c, d) = (a \pm c, b \pm d)$
(3) スカラー倍：$k(a, b) = (ka, kb)$
(4) 乗法：$(a, b) \cdot (c, d) = (ac - bd, ad + bc)$

これらについて通常の計算法則，すなわち加法・乗法結合法則や交換法則，そして分配法則が成り立つことが証明された．実際，$(0, 0)$ はゼロ元になり，$(1, 0)$ は乗法の単位元，すなわち 1 になる．そして，$i = (0, 1)$ とおくと，$i \cdot i = (-1, 0) = -1$，すなわち $i^2 = -1$ となる．したがって，$(a, b) = (a, 0) + (0, b) = a(1, 0) + b(0, 1) = a + bi$ となる．

つまり，対 (a, b) はまさに複素数そのものである．実際，虚数単位 i とは $(0, 1)$ のことである．このように複素数を考えると，それは実数から構成されているので，その実在性は疑いようがない．

こうして虚数が導入されたのだが，乗法の規則はやや難しいので，加法，減法，スカラー倍のみを考える．すると数の対ではなく，(a, b, c, d) のように 4 個の数の組でも扱える．そこで一般に加法，減法，スカラー倍のみを考え，これらをベクトルとよんだのである．

ベクトルは現代数学で広く使われる重要な概念だが，このように複素数の合理的な導入の研究の中からハミルトンが定義したものである．

第 II 部

群と体の幾何学

第 II 部は，群と体の幾何学をベクトル空間論の立場から説明する．群や体を学ぶことはベクトル空間と同様に，今日の数学のどの分野を学ぶにも必要なものとして位置づけられ，現代数学のスタンダードになっている．どちらも抽象的でわかりにくいが，群は対称性という観点から図形を用いて，体は複素数や四元数の回転を用いて説明することで，ここまで学んできたベクトル空間をベースに理解することができる．

第6章 群と行列

「群」とは，簡単にいえば，物体の対称性を表す数学的な方法のことである．しかし，群の定義をいきなり見せられても，それが対称性とどのように関係しているのか想像しづらい．

この章では，まず，正三角形（6.1 節）の群（対称性）を頂点の番号の移動から説明していく．そして，改めて群の定義を述べ，群の一般的な性質（6.2〜6.6 節）を述べた後，対称性をもつ物体を数ベクトル空間の中の図形と考えて，群を数ベクトル空間の変換である行列と結びつけていく（6.7〜6.10 節）．

6.1 群と部分群

最も簡単な正三角形の対称性について説明することで，群の定義が自然に現れる．以下で，そのことについて説明しよう．

正三角形の対称性は，回転によるものとある軸に関する鏡映によるものがある．このような対称性を引き起こす変換を，ここでは**対称変換**とよぶことにする．そしてこの対称変換を詳しく説明するために，以下のように正三角形の頂点に $1, 2, 3$ という番号を反時計回りに振り，正三角形の重心を O とする．

ある対称変換により，最初の頂点 $1, 2, 3$ が動いて，たとえば頂点の番号が順に $2, 3, 1$ に入れ代わったことを $\begin{pmatrix} 1 & 2 & 3 \\ 2 & 3 & 1 \end{pmatrix}$ と表すことにする．

まず，重心 O を中心として $\dfrac{2\pi}{3}$ 回転（反時計回り）を考える．この対称変換を

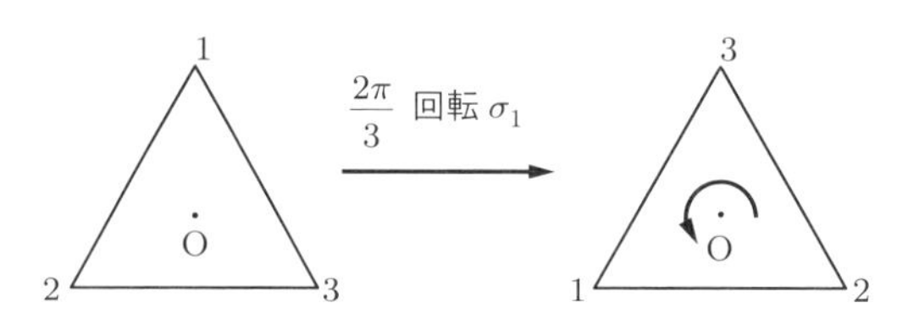

回転 σ_1 の様子

σ_1 とすると，$\sigma_1 = \begin{pmatrix} 1 & 2 & 3 \\ 3 & 1 & 2 \end{pmatrix}$ となる．

次に，最初の状態の三角形に重心 O を中心として $\dfrac{4\pi}{3}$ 回転する対称変換 σ_2 を行う．$\sigma_2 = \begin{pmatrix} 1 & 2 & 3 \\ 2 & 3 & 1 \end{pmatrix}$ である．すると，図形的に考えると，σ_2 は σ_1 を 2 回行ったことに等しい．これを $\sigma_2 = \sigma_1 \cdot \sigma_1$ で表す．

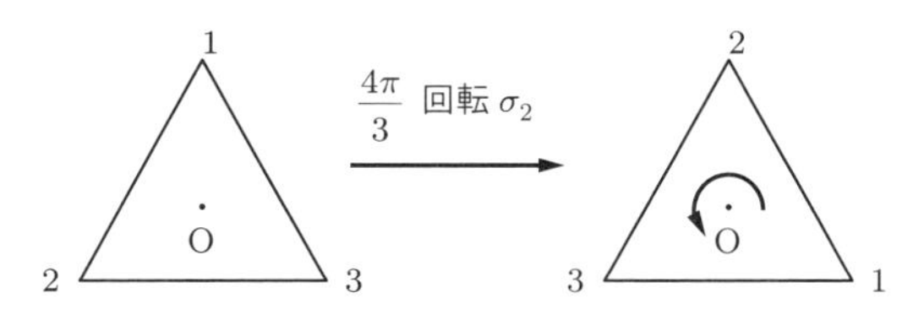

回転 σ_2 の様子

最初の状態の三角形に重心 O を中心として 2π 回転する対称変換は，何もしないことと同じ変換である．これを**恒等変換**とよび e で表す．図形的に考えると，$e = \sigma_1 \cdot \sigma_1 \cdot \sigma_1$，$e = \sigma_2 \cdot \sigma_1$，$e = \sigma_1 \cdot \sigma_2$ などが成り立つ．これは，σ_1 と σ_2 は互いに逆変換になっていることを示している．

続いて，頂点 1 と重心 O を結ぶ直線を軸にした対称変換を τ_1 とする．このとき，頂点の番号は 2 と 3 が入れ替わるだけである．つまり，$\tau_1 = \begin{pmatrix} 1 & 2 & 3 \\ 1 & 3 & 2 \end{pmatrix}$ である．そして，明らかに $\tau_1 \cdot \tau_1 = e$ がいえ，これは τ_1 の逆変換が τ_1 自身であることを示している．同様に，頂点 2 と重心 O を結ぶ直線を軸にした対称変換 τ_2 は，頂点 1 と 3 の入れ替えであり，頂点 3 と重心 O を結ぶ直線を軸にした対称変換 τ_3 は頂点 1 と 2 の入れ替えである．そして，$\tau_2 \cdot \tau_2 = e$，$\tau_3 \cdot \tau_3 = e$ が成り立つ．

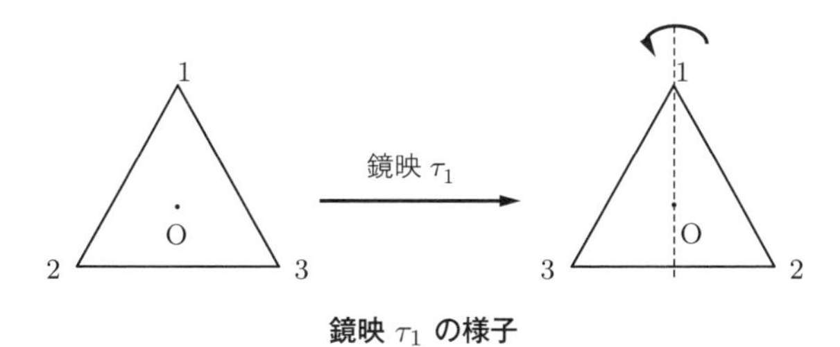

鏡映 τ_1 の様子

それでは，回転と鏡映を組み合わせるとどうなるか考えてみよう．

たとえば，σ_1 の後に τ_1 を行う対称変換の合成を $\tau_1 \cdot \sigma_1$ と書くと，$\tau_1 \cdot \sigma_1 = \begin{pmatrix} 1 & 2 & 3 \\ 3 & 1 & 2 \\ 2 & 1 & 3 \end{pmatrix}$ となる．つまり，$\tau_1 \cdot \sigma_1$ により，頂点の番号は $1 \to 2$，$2 \to 1$，$3 \to 3$ となる．一方，この対称変換は，頂点 1 と 2 の入れ替えなので τ_3 でもある．したがって，$\tau_1 \cdot \sigma_1 = \tau_3$ が成り立つ．

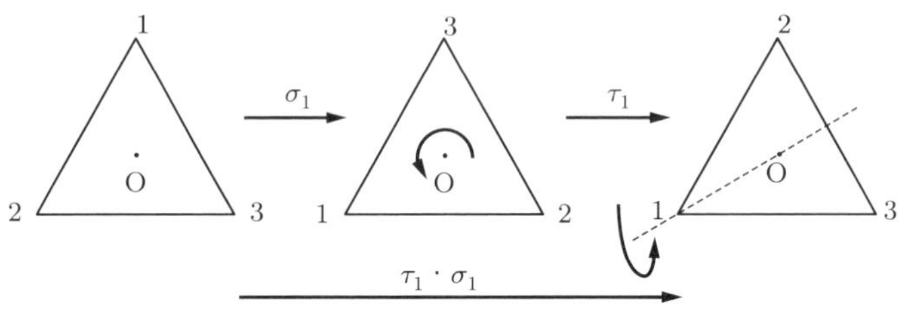

合成 $\tau_1 \cdot \sigma_1$ の様子

さらに，対称変換 $\sigma_2 \cdot \tau_3$ を考えてみよう．この場合は，$\sigma_2 \cdot \tau_3 = \tau_1$ が成り立つ．そして，$\tau_3 = \tau_1 \cdot \sigma_1$ より，$\sigma_2 \cdot (\tau_1 \cdot \sigma_1) = \tau_1$ もいえる．

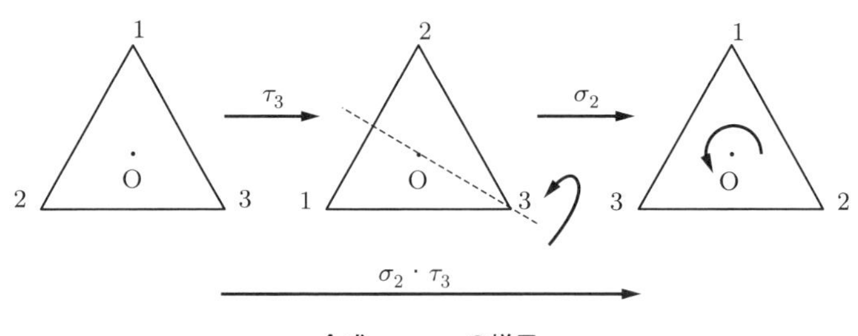

合成 $\sigma_2 \cdot \tau_3$ の様子

一方，$\sigma_2 \cdot \tau_1$ を見てみると，$\sigma_2 \cdot \tau_1 = \tau_2$ であることがわかる．

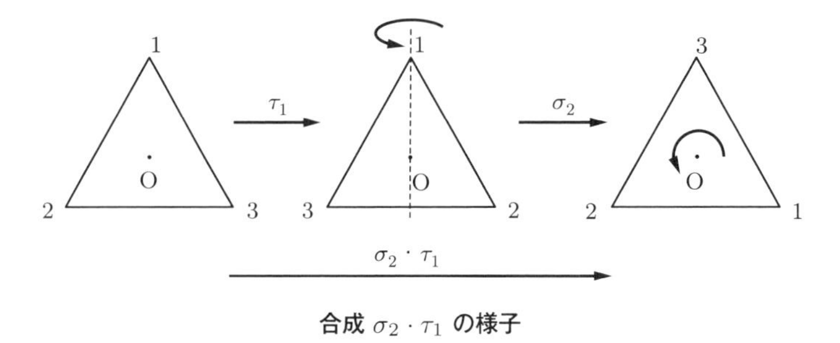

合成 $\sigma_2 \cdot \tau_1$ の様子

さらに，$\tau_2 \cdot \sigma_1 = \tau_1$ である．そして，$(\sigma_2 \cdot \tau_1) \cdot \sigma_1 = \tau_1$ がいえる．

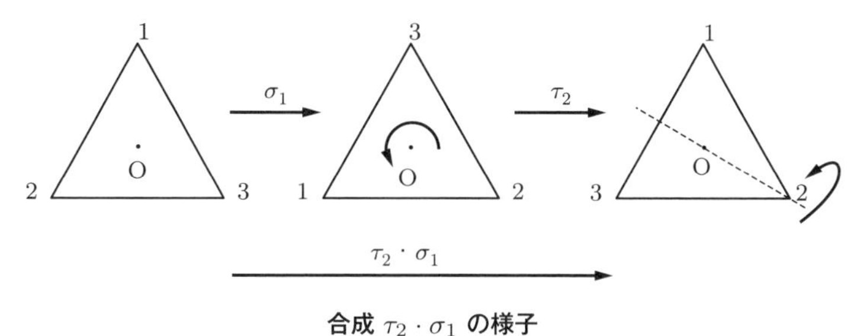

合成 $\tau_2 \cdot \sigma_1$ の様子

以上のことから，結合法則

$$\sigma_2 \cdot (\tau_1 \cdot \sigma_1) = (\sigma_2 \cdot \tau_1) \cdot \sigma_1$$

が成立していることがわかる．また，簡単にわかるように，結合法則はどんな σ_j と τ_k の合成でも成り立つ．

以上のことをまとめると，正三角形の対称変換全体 G は 6 個の対称変換から構成され，それらは

$$G = \{e,\ \sigma_1,\ \sigma_2,\ \tau_1,\ \tau_2,\ \tau_3\}$$

であるということがわかる．そして，対称変換の合成 $\cdot$ を G の中での演算と考えることができ，(1) 演算に関して結合法則が成り立ち，(2) 恒等変換 e が存在し，さらに，(3) どんな対称変換にも必ずその逆変換が存在する，という三つの性質をもつ集合であるということもわかる．このような集合 G の上の三つの性質をより一般的に扱った集合が，群とよばれるものである．以下に，群の定義を述べる．

[定義]　群と部分群

集合 G に演算 $\cdot$ が定義されて，任意の $a, b, c \in G$ が，以下の条件 (1)〜(3) を満たすとき，G は**群**であるという．

(1) **結合法則**：$(a \cdot b) \cdot c = a \cdot (b \cdot c)$

(2) 単位元の存在：$a \cdot e = e \cdot a = a$ となる $e \in G$ が存在する．e を**単位元**という．

(3) 逆元の存在：a に対して，$a \cdot a' = a' \cdot a = e$ となる $a' \in G$ が存在する．a' を a の**逆元**といい a^{-1} で表す．

さらに，G の部分集合 H が同じ演算 $\cdot$ について群であるとき，H を G の**部**

分群という．また，交換法則 $a \cdot b = b \cdot a$ が成り立つ群は，**可換群**または**アーベル群**とよばれる．

注意　以下において，群 G における演算 $\cdot$ の意味が文脈から明白な場合は省略する．また，演算 $\cdot$ を**積**とよぶ．さらに，$a \in G$ に対して $a \cdot a$ を a^2，$a \cdot a \cdot a$ を a^3 と書く．一般に，n 個の a の積を a^n と書く．G が可換群であるときに限り，G の演算を**加法**とよび，演算記号を $+$ と書き，演算 $+$ を**和**とよぶこともある．この場合の n 個の a の和は，na と書かれる．

簡単なことではあるが，群の定義は重要であるので，次の例題と問題でその確認を行う．また，次の例題は群論において基本的なものでもあり，以下の節でも取り上げる．

[例題]　M を n 個の元からなる集合とし，M から M への全単射な写像を**置換**という．$S(M)$ を置換全体とする．$\sigma, \tau \in S(M)$ とし，$i \in M$ に対して $(\sigma\tau)(i) = \sigma(\tau(i))$ と定義すると，$S(M)$ は群となることを示せ．

[解答]　$\tau\sigma(i)$ が置換であることは明らかである．ここで，$\sigma, \tau, \rho \in S(M)$ とする．

(1) 結合法則：$((\sigma\tau)\rho)(i) = (\sigma\tau)(\rho(i)) = \sigma(\tau(\rho(i))) = \sigma((\tau\rho)(i)) = (\sigma(\tau\rho))(i)$ より，結合法則が成り立つ．

(2) 単位元の存在：$e(i) = i$ とおけば，$(e\sigma)(i) = e(\sigma(i)) = \sigma(i)$ であり，$(\sigma e)(i) = \sigma(e(i)) = \sigma(i)$ となるので，$e \in S(M)$ は単位元である．

(3) 逆元の存在：σ に対して，その逆置換 σ^{-1} を考える．すなわち，$\sigma(i) = j$ とすると $\sigma^{-1}(j) = i$ である．$(\sigma\sigma^{-1})(j) = \sigma(\sigma^{-1}(j)) = \sigma(i) = j$ より，$\sigma\sigma^{-1} = e$ がいえ，$(\sigma^{-1}\sigma)(i) = \sigma^{-1}(\sigma(i)) = \sigma^{-1}(j) = i$ より，$\sigma^{-1}\sigma = e$ がいえる．したがって，σ^{-1} は σ の逆元となる．

注意　$S(M)$ は n 次**対称群**とよばれ，S_n で表す．

▶**問題**　次の問いに答えよ．

(1) 自然数 n に対して，$\mathbb{Z}/n\mathbb{Z}$ を自然数を n で割った余りの集合とする．このとき，$\mathbb{Z}/n\mathbb{Z}$ の加法は $\mathbb{Z}$ の加法を使い，そのうえで余りを計算するものとする．$\mathbb{Z}/n\mathbb{Z}$ は加法に関して群となることを示せ．

(2) $(\mathbb{Z}/5\mathbb{Z})^{\times}$ は，$\mathbb{Z}/5\mathbb{Z}$ から 0 を除いた集合とする．このとき，$(\mathbb{Z}/5\mathbb{Z})^{\times}$ の乗法は $\mathbb{Z}$ の乗法を使い，そのうえで余りを計算するものとする．$(\mathbb{Z}/5\mathbb{Z})^{\times}$ は乗法に関して群となることを示せ．

6.2 対称群と置換

この節では，対称群について少し詳しく見ていく．一般に，群 G が有限集合であるとき，G を**有限群**とよぶ．このとき，G の元の個数を**位数**といい $\sharp G$ と書く．とくに，対称群 S_n については $\sharp S_n = n!$ である．

置換 σ を

$$\sigma = \begin{pmatrix} 1 & \cdots & n \\ \sigma(1) & \cdots & \sigma(n) \end{pmatrix}$$

または，略して $\sigma = \begin{pmatrix} i \\ \sigma(i) \end{pmatrix}$ で表す．置換 σ の逆置換 σ^{-1} は $\sigma^{-1} = \begin{pmatrix} \sigma(i) \\ i \end{pmatrix}$ で表される．置換 σ に対して，$i_1, \ldots, i_p$ が異なる文字

$$i_2 = \sigma(i_1),\ i_3 = \sigma(i_2), \ldots, i_p = \sigma(i_{p-1}),\ i_1 = \sigma(i_p)$$

で表され，$i_1, \ldots, i_p$ 以外の文字 q に対しては $\sigma(q) = q$ となるとき，σ を長さ p の**サイクル**といい $(i_1\ \cdots\ i_p)$ で表す．とくに，長さ 2 のサイクル $(i\ j)$ を**互換**という．

[定理]　対称群における互換

任意の置換は互換の積で表される．したがって，対称群 S_n の任意の元は互換の積に分解できる．

[解説] 任意の置換をサイクルで表すことにすると，たとえば

$$\begin{pmatrix} 1 & 2 & 3 & 4 & 5 & 6 & 7 \\ 2 & 1 & 4 & 5 & 7 & 6 & 3 \end{pmatrix} = (1\ 2)(3\ 4\ 5\ 7)$$

というように，いくつかのサイクルに分解できる．そして，それぞれのサイクルは，

$$(i_1\ \cdots\ i_r) = (i_1\ i_2) \cdots (i_{r-1}\ i_r)$$

と，互換の積に分解される．したがって，任意の置換は互換の積で表される．　□

[定義]　偶置換と奇置換

置換 σ が偶数個の互換の積に分解されるとき σ を**偶置換**，奇数個の互換の積に分解されるとき σ を**奇置換**という．

偶置換全体 A_n はまた群となる．すなわち，対称群 S_n の部分群である．A_n を n 次**交代群**という．とくに，$\sharp A_n = \dfrac{n!}{2}$ である．

次の例題で，与えられた置換を互換の積で書き直す練習を行う．

[例題]　S_6 の元である次の置換を互換の積で書け．

(1) $\sigma = \begin{pmatrix} 1 & 2 & 3 & 4 & 5 & 6 \\ 1 & 3 & 2 & 5 & 6 & 4 \end{pmatrix}$　　(2) $\tau = \begin{pmatrix} 1 & 2 & 3 & 4 & 5 & 6 \\ 5 & 3 & 6 & 1 & 4 & 2 \end{pmatrix}$

[解答] (1) $\sigma = (2\ 3)(4\ 5\ 6) = (2\ 3)(4\ 5)(5\ 6)$

(2) $\tau = (1\ 5\ 4)(2\ 3\ 6) = (1\ 5)(5\ 4)(2\ 3)(3\ 6)$

▶**問題**　S_7 の元である次の置換を互換の積で書け．

(1) $\sigma = \begin{pmatrix} 1 & 2 & 3 & 4 & 5 & 6 & 7 \\ 1 & 2 & 4 & 7 & 6 & 5 & 3 \end{pmatrix}$　　(2) $\tau = \begin{pmatrix} 1 & 2 & 3 & 4 & 5 & 6 & 7 \\ 7 & 4 & 1 & 5 & 6 & 2 & 3 \end{pmatrix}$

6.3　群の生成系

1.10 節で，数ベクトル空間には，それを生成する数ベクトルたちが存在することを説明した．同様に，群においても，考えている群を生成する元たちが存在する．

[定義]　群の生成系

G を群，S を G の空でない部分集合とする．そして，H を S を含む最小の部分群とする．H を S で**生成される部分群**といい，$H = \langle S \rangle$ と書く．また，S を H の**生成系**という．S が有限集合 $S = \{a_1, \ldots, a_n\}$ のとき，

$$\langle S \rangle = \langle a_1, \ldots, a_n \rangle$$

と書く．とくに，G が一個の元 a で生成される群，すなわち $G = \langle a \rangle = \{a^n \mid n \in \mathbb{Z}\}$ であるとき，G を**巡回群**という．

[解説] 簡単のため，3 次対称群 S_3 で解説しよう．まず，$\sharp S_3 = 3! = 6$ である．次に，以下のように 6 個の置換 $e, \sigma_1, \sigma_2, \tau_1, \tau_2, \tau_3$ を定義する．

$$e = \begin{pmatrix} 1 & 2 & 3 \\ 1 & 2 & 3 \end{pmatrix},\quad \sigma_1 = \begin{pmatrix} 1 & 2 & 3 \\ 2 & 3 & 1 \end{pmatrix} = (1\ 2\ 3) = (1\ 2)(2\ 3)$$

$$\sigma_2 = \begin{pmatrix} 1 & 2 & 3 \\ 3 & 1 & 2 \end{pmatrix} = (1\ 3\ 2) = (1\ 3)(3\ 2), \quad \tau_1 = \begin{pmatrix} 1 & 2 & 3 \\ 1 & 3 & 2 \end{pmatrix} = (2\ 3)$$

$$\tau_2 = \begin{pmatrix} 1 & 2 & 3 \\ 3 & 2 & 1 \end{pmatrix} = (1\ 3), \quad \tau_3 = \begin{pmatrix} 1 & 2 & 3 \\ 2 & 1 & 3 \end{pmatrix} = (1\ 2)$$

S_3 の演算表を $\begin{array}{c|c} & a \\ \hline b & ba \end{array}$ という形でつくると，以下のようになる.

	e	σ_1	σ_2	τ_1	τ_2	τ_3
e	e	σ_1	σ_2	τ_1	τ_2	τ_3
σ_1	σ_1	σ_2	e	τ_3	τ_1	τ_2
σ_2	σ_2	e	σ_1	τ_2	τ_3	τ_1
τ_1	τ_1	τ_2	τ_3	e	σ_1	σ_2
τ_2	τ_2	τ_3	τ_1	σ_2	e	σ_1
τ_3	τ_3	τ_1	τ_2	σ_1	σ_2	e

たとえば，S_3 の部分集合 $\{\sigma_1\}$ を生成系とする群 $\langle\sigma_1\rangle$ を考えると，$\sigma_1^2 = \sigma_2, \sigma_1\sigma_2 = e$, $\sigma_2^2 = \sigma_1$ であり，$A_3 = \{e, \sigma_1, \sigma_2\}$ であるので，$\langle\sigma_1\rangle$ は 3 次交代群 A_3 である．これより，A_3 は巡回群であることがわかる．また，S_3 の部分集合 $\{\sigma_1, \tau_1\}$ を生成系とする群 $\langle\sigma_1, \tau_1\rangle$ は，$S_3 = \langle\sigma_1, \tau_1\rangle$ である． □

生成系を見つけることで，その群の性質が把握できる．次の例題では，4 次対称群 S_4 の部分群の生成系について考える．

[例題] S_4 の部分群

$$H = \{e, (1\ 2\ 3\ 4), (1\ 3)(2\ 4), (1\ 4\ 3\ 2), (1\ 3), (1\ 4)(2\ 3), (2\ 4), (1\ 2)(3\ 4)\}$$

の生成系 S を求めよ．

[解答] たとえば，$S = \{(1\ 2\ 3\ 4), (1\ 3)\}$ を考えると，

$$(1\ 3)^2 = e, \quad (1\ 2\ 3\ 4)(1\ 3) = (1\ 4)(2\ 3), \quad (1\ 3)(1\ 2\ 3\ 4) = (1\ 2)(3\ 4)$$
$$(1\ 2\ 3\ 4)^2(1\ 3) = (1\ 4\ 3\ 2), \quad (1\ 3)(1\ 2\ 3\ 4)^2 = (2\ 4)$$

より，$H = \langle S\rangle$ である．

▶**問題** S_4 の部分群 $H = \{e, (1\ 2), (1\ 3), (2\ 3), (1\ 2\ 3), (1\ 3\ 2)\}$ の生成系 S を求めよ．

6.4　対称群と交代群の生成系

前節で説明した，対称群 S_n とその偶置換全体である交代群 A_n の生成系については，ある特別な関係がある．この節では，この関係について簡単に説明しておく．

[定理]　対称群と交代群の生成系

$n \geqq 3$ のとき，

$$S_n = \langle (1\ 2), \ldots, (1\ n) \rangle$$

$$A_n = \langle (1\ 2\ 3), \ldots, (1\ 2\ n) \rangle$$

である．

[解説] 上に示した S_n と A_n の生成系は，規則的で覚えやすいものになっている．ここでは上記の定理を証明しておく．まず，S_n の生成系を考えるために，$H = \langle (1\ 2), \ldots, (1\ n) \rangle$ とおく．$(1\ i)(1\ j)(1\ i) = (i\ j)$ であるので，$(i\ j) \in H$ である．一方，任意の置換は互換の積で書けるので $S_n \subset H$ である．したがって，$S_n = H$ が示された．次に，A_n の生成系を考えるために，$K = \langle (1\ 2\ 3), \ldots, (1\ 2\ n) \rangle$ とおく．$(1\ 2\ k) = (1\ 2)(2\ k)$ であるので，$K \subset A_n$ である．また $A_n \subset S_n$ であり，そして S_n は上で示したように $(1\ j)$ の形の互換の全体であるので，偶置換全体である A_n の任意の元は $(1\ i)(1\ j)$ という形の積で表される．$i, j \geqq 3$ ならば $(1\ i)(1\ j) = (1\ 2\ i)(1\ 2\ j)(1\ 2\ j)$ より $(1\ i)(1\ j) \in K$ であり，$(1\ 2)(1\ 3)$, $(1\ 3)(1\ 2) \in K$ を示すことは簡単であるので，$A_n \subset K$ となる．したがって，$A_n = K$ が示された．　□

上記の定理を基準にして，対称群や交代群の生成系を調べることができる．次の例題でそのことを確認しよう．

[例題]　$A_4 = \langle (2\ 3\ 4), (1\ 2)(3\ 4) \rangle$ であることを示せ．

[解答] $H = \langle (2\ 3\ 4), (1\ 2)(3\ 4) \rangle$ とおく．$(2\ 3\ 4) = (2\ 3)(3\ 4) \in A_4$ より $H \subset A_4$ であるので，$A_4 \subset H$ を示せばよい．$A_4 = \langle (1\ 2\ 3), (1\ 2\ 4) \rangle$ より，$(1\ 2\ 3) \in H$, $(1\ 2\ 4) \in H$ を示せばよい．$(1\ 2\ 3) = (1\ 2)(3\ 4)(2\ 3\ 4)(2\ 3\ 4) \in H$ であり，$(1\ 2\ 4) = (1\ 2)(3\ 4)(2\ 3\ 4) \in H$ である．したがって，$A_4 \subset H$ となり，$A_4 = H$ が示された．

▶**問題**　$S_4 = \langle (1\ 2), (2\ 3\ 4) \rangle$ であることを示せ．

6.5 準同型写像

4.1 節で，数ベクトル空間 $\mathbb{R}^n$ の部分空間 V と W の間の線形写像 $F: V \to W$ は，V と W の構造が自然に比較できるように，任意の $\boldsymbol{x}$, $\boldsymbol{y} \in V$ と任意の $\lambda \in \mathbb{R}$ に対して，$F(\boldsymbol{x}+\boldsymbol{y}) = F(\boldsymbol{x}) + F(\boldsymbol{y})$, $F(\lambda \boldsymbol{x}) = \lambda F(\boldsymbol{x})$ を満たすものと定義された．群 G と G' においても，二つの群の構造が自然に比較できるように，線形写像 F と類似な準同型写像とよばれる写像が定義される．

[定義]　準同型写像

G と G' を群とし，G から G' への写像 f が，任意の $\sigma, \tau \in G$ に対して，

$$f(\sigma\tau) = f(\sigma)f(\tau)$$

を満たすとき，f を**準同型写像**という．準同型写像 f が全射かつ単射であるとき，f を**同型写像**といい，このとき G と G' は**同型**であるという．G と G' が同型であることを，記号 $G \cong G'$ で表す．

[解説] 準同型写像の定義式である $f(\sigma\tau) = f(\sigma)f(\tau)$ は，f によって群 G の演算を群 G' の演算に自然に移し，G と G' の関係性を考えるものである．したがって，同型 $G \cong G'$ が得られるような f が見つかったなら，それによって G と G' は群の構造が同じであるといえるのである．

さて，準同型写像 $f: G \to G'$ で $e \in G$, $e' \in G'$ をそれぞれの単位元とし，$\sigma \in G$ とすると，

$$f(e) = e', \quad f(\sigma^{-1}) = f(\sigma)^{-1}$$

が成り立つことを注意しておく．これは，$f(e) = f(ee) = f(e)f(e)$ より $f(e)^{-1}f(e) = f(e)^{-1}f(e)f(e)$ となり $e' = f(e)$ であること，そして，$f(\sigma^{-1})f(\sigma) = f(\sigma^{-1}\sigma) = f(e) = e'$ と $f(\sigma)f(\sigma^{-1}) = f(\sigma\sigma^{-1}) = f(e) = e'$ より $f(\sigma^{-1}) = f(\sigma)^{-1}$ となるためである．□

次の例題で，準同型写像の具体例を見てみる．

[例題] $\mathbb{R}$ 上の n 次正則行列全体を $GL(n, \mathbb{R})$ とすると，これは積について群である．もちろん，$\mathbb{R}$ から 0 を除いた集合 $\mathbb{R}^\times$ も，積について群である．そこで，$f: GL(n, \mathbb{R}) \to \mathbb{R}^\times$ を $A \in GL(n, \mathbb{R})$ に対して，$f(A) = \det(A)$ とすると，f は準同型写像であることを示せ．

[解答] 4.7 節の注意より，$f(AB) = \det(AB) = \det(A)\det(B) = f(A)f(B)$ であるので，f は準同型写像である．

▶**問題**　次の写像 f が準同型であることを証明せよ.

(1) G を群とし, $f: G \to G$ を $\sigma \in G$ に対して, $f(\sigma) = \sigma$ とする.

(2) 集合 $\{1, -1\}$ は積について群である. そこで, n 次対称群 S_n について, $f: S_n \to \{1, -1\}$ を $\sigma \in S_n$ に対して, σ が偶置換なら 1 を, 奇置換なら -1 を対応させる写像とする.

(3) $\mathbb{R}$ 上の n 次行列全体を $M(n, \mathbb{R})$ とすると, これは加法群である. もちろん, $\mathbb{R}$ も加法群である. そこで, $f: M(n, \mathbb{R}) \to \mathbb{R}$ を $A \in M(n, \mathbb{R})$ に対して $f(A) = \mathrm{Tr}(A)$ という写像とする. ここで, $\mathrm{Tr}(A)$ は A の対角成分の総和（**トレース**という）を表す.

6.6　行列群

n 次正方行列全体 $M(n, \mathbb{R})$ の中で, 積に関して群となる部分集合を**行列群**という. 行列群の重要性は, 任意の有限群はある行列群と同型になるという点にある. このことから, 抽象的な群を行列で表現して研究する分野（線形表現）に発展した. 以下は, よく知られた行列群である.

[定義]　行列群

(1) **一般線形群**：$GL(n, \mathbb{R}) = \{\ A \in M(n, \mathbb{R}) \mid \det A \neq 0\ \}$

(2) **特殊線形群**：$SL(n, \mathbb{R}) = \{\ A \in M(n, \mathbb{R}) \mid \det A = \pm 1\ \}$

(3) **直交群**：$O(n, \mathbb{R}) = \{\ A \in M(n, \mathbb{R}) \mid {}^t\!AA = E_n\ \}$

(4) **特殊直交群（回転群）**：$SO(n, \mathbb{R}) = O(n, \mathbb{R}) \cap SL(n, \mathbb{R})$

次の例題で扱う行列群は, 6.8 節で扱う二面体群に関係がある.

[例題]　n と t は自然数で, $1 \leqq t \leqq n$ とする. このとき,

$$G(n) = \left\{ R_t = \begin{pmatrix} \cos\theta_t & -\sin\theta_t \\ \sin\theta_t & \cos\theta_t \end{pmatrix} \;\middle|\; \theta_t = \frac{2\pi t}{n} \right\}$$

は巡回群であり, $G(n) = \langle R_1 \rangle$ であることを証明せよ.

[解答] $G(n)$ が回転群 $SO(2, \mathbb{R})$ の部分集合かつ群であるためには, $R_t R_s \in G(n)$ であることを確かめればよい.

$$R_t R_s = \begin{pmatrix} \cos\theta_t & -\sin\theta_t \\ \sin\theta_t & \cos\theta_t \end{pmatrix} \begin{pmatrix} \cos\theta_s & -\sin\theta_s \\ \sin\theta_s & \cos\theta_s \end{pmatrix}$$

$$= \begin{pmatrix} \cos(\theta_t + \theta_s) & -\sin(\theta_t + \theta_s) \\ \sin(\theta_t + \theta_s) & \cos(\theta_t + \theta_s) \end{pmatrix}$$

$$= \begin{pmatrix} \cos\theta_{t+s} & -\sin\theta_{t+s} \\ \sin\theta_{t+s} & \cos\theta_{t+s} \end{pmatrix} \in G(n)$$

である．また，$R_t = {R_1}^t$，${R_1}^n = E_2$ も成り立つ．よって，$G(n) = \langle R_1 \rangle$ である．

次の問題で扱う行列群は，6.9 節と 6.10 節で扱う正四面体群に関係がある．

▶問題　群 $G = \{E_3, U_j\ (1 \leqq j \leqq 5)\}$ を考える．ただし，

$$U_1 = \begin{pmatrix} 1 & 0 & 0 \\ 0 & 0 & 1 \\ 0 & 1 & 0 \end{pmatrix}, \quad U_2 = \begin{pmatrix} 0 & 1 & 0 \\ 1 & 0 & 0 \\ 0 & 0 & 1 \end{pmatrix}, \quad U_3 = \begin{pmatrix} 0 & 1 & 0 \\ 0 & 0 & 1 \\ 1 & 0 & 0 \end{pmatrix}$$

$$U_4 = \begin{pmatrix} 0 & 0 & 1 \\ 1 & 0 & 0 \\ 0 & 1 & 0 \end{pmatrix}, \quad U_5 = \begin{pmatrix} 0 & 0 & 1 \\ 0 & 1 & 0 \\ 1 & 0 & 0 \end{pmatrix}$$

とする．このとき，$G = \langle U_2, U_5 \rangle$ となることを示し，3 次の対称群 S_3 と同じ群構造をもつことを示せ．

6.7 有限群の線形表現

n を自然数とする．**有限巡回群** G_n とは，G_n が一つの元 a だけで生成されており，n 個の a の積 a^n が単位元 e となるものである．すなわち，

$$G_n = \langle a \rangle, \quad a^n = e$$

であり，位数は n である．たとえば，6.1 節の問題で考えた，5 で割った余りから 0 を除いた集合 $(\mathbb{Z}/5\mathbb{Z})^\times = \{1, 2, 3, 4\}$ は，$3^1 = 3$, $3^2 = 4$, $3^3 = 2$, $3^4 = 1$ であることから生成元は 3 である．すなわち，これは有限巡回群であり，$(\mathbb{Z}/5\mathbb{Z})^\times = \langle 3 \rangle$ となる．

さて，群 G を幾何学的に考えるために，群の線形表現というものを考えたい．これは，抽象的な群 G の元 a が，ベクトル空間にどのようなはたらきをするか，つまり a はどのような行列と関係があるかを考えることである．

[定義]　有限群の線形表現

有限群 G に対し，数ベクトル空間 $\mathbb{R}^n$ と G から $GL(n,\mathbb{R})$ への群の準同型写像 $\rho: G \to GL(n,\mathbb{R})$ の組 $(\rho, \mathbb{R}^n)$ を，G の $\mathbb{R}^n$ 上の**線形表現**または単に**表現**という．そして，$\mathbb{R}^n$ の次元 n をこの線形表現の**次数**という．とくに，ρ が単射であるとき，この線形表現は**忠実**であるという．

[解説] $\mathbb{R}^n$ の基底は自然基底 $\{\boldsymbol{e}_j\}$ とする．そうすると，n 次正則行列の群 $GL(n,\mathbb{R})$ の元は $\mathbb{R}^n$ の変換を与えるものである．そして，ある群の元を $GL(n,\mathbb{R})$ の元と対応付けることが，その群の線形表現ということである．より詳しくいえば，群の準同型写像 $\rho: G \to GL(n,\mathbb{R})$ により，$g \in G$ に対して正則行列 $\rho(g)$ が対応する．つまりこれは，G の元をいっせいに正則行列に表現し直すことを意味している．このことから，g は $\mathbb{R}^n$ の変換を与えるものと見ることができる．$\mathbb{R}^n$ の次元 n によっては，G の線形表現が忠実となることもある．□

次の例題と問題で，線形表現の簡単な例を紹介しよう．

[例題]　数ベクトル空間 $\mathbb{R}^2 = \langle \boldsymbol{e}_1, \boldsymbol{e}_2 \rangle_B$ を考える．このとき，有限巡回群 $G_n = \langle a \rangle$ から $GL(2,\mathbb{R})$ への写像を，$a^t \in G_n$ $(1 \leqq t \leqq n)$ に対して，$\rho(a^t) = \begin{pmatrix} \cos\theta_t & -\sin\theta_t \\ \sin\theta_t & \cos\theta_t \end{pmatrix}$ $\left(ただし, \theta_t = \dfrac{2\pi t}{n}\right)$ とすると，$(\rho, \mathbb{R}^2)$ は G_n の $\mathbb{R}^2$ 上の忠実な線形表現となることを示せ．

[解答] a^s, $a^t \in G$ に対して $a^s a^t = a^{s+t}$ であるので，$\rho(a^s a^t)$ に対しては θ_{s+t} が対応する．$\theta_{s+t} = \dfrac{2\pi(s+t)}{n} = \dfrac{2\pi s}{n} + \dfrac{2\pi t}{n} = \theta_s + \theta_t$ であることから，

$$\begin{aligned}
\rho(a^s a^t) &= \begin{pmatrix} \cos\theta_{s+t} & -\sin\theta_{s+t} \\ \sin\theta_{s+t} & \cos\theta_{s+t} \end{pmatrix} = \begin{pmatrix} \cos(\theta_s+\theta_t) & -\sin(\theta_s+\theta_t) \\ \sin(\theta_s+\theta_t) & \cos(\theta_s+\theta_t) \end{pmatrix} \\
&= \begin{pmatrix} \cos\theta_s\cos\theta_t - \sin\theta_s\sin\theta_t & -(\sin\theta_s\cos\theta_t + \cos\theta_s\sin\theta_t) \\ \sin\theta_s\cos\theta_t + \cos\theta_s\sin\theta_t & \cos\theta_s\cos\theta_t - \sin\theta_s\sin\theta_t \end{pmatrix} \\
&= \begin{pmatrix} \cos\theta_s & -\sin\theta_s \\ \sin\theta_s & \cos\theta_s \end{pmatrix} \begin{pmatrix} \cos\theta_t & -\sin\theta_t \\ \sin\theta_t & \cos\theta_t \end{pmatrix} = \rho(a^s)\rho(a^t)
\end{aligned}$$

である．よって，$(\rho, \mathbb{R}^2)$ は G_n の $\mathbb{R}^2$ 上の線形表現である．

次に，ρ が単射であることを示す．そのためには，$\rho(a^s) = \rho(a^t)$ としたとき $a^s = a^t$ であることを示せばよい．$\rho(a^s) = \rho(a^t)$ より，

$$\begin{pmatrix} \cos\theta_s & -\sin\theta_s \\ \sin\theta_s & \cos\theta_s \end{pmatrix} = \begin{pmatrix} \cos\theta_t & -\sin\theta_t \\ \sin\theta_t & \cos\theta_t \end{pmatrix}$$

であり，したがって $\theta_s = \theta_t$ であるため，$a^s = a^t$ が成り立つ．

以上により，$(\rho, \mathbb{R}^2)$ は G_n の $\mathbb{R}^2$ 上の忠実な線形表現となる．

上記の例題により，有限巡回群 G_n は，$\mathbb{R}^2$ の $\theta_t \left(= \dfrac{2\pi t}{n}\right)$ 回転を与える変換に対応することがわかった．つまり，以下の図のように，原点を中心とした正 n 角形を考えたとき，それを回転させて自分自身に移す変換全体が有限巡回群 G_n と同じ構造であることを示しているのである．

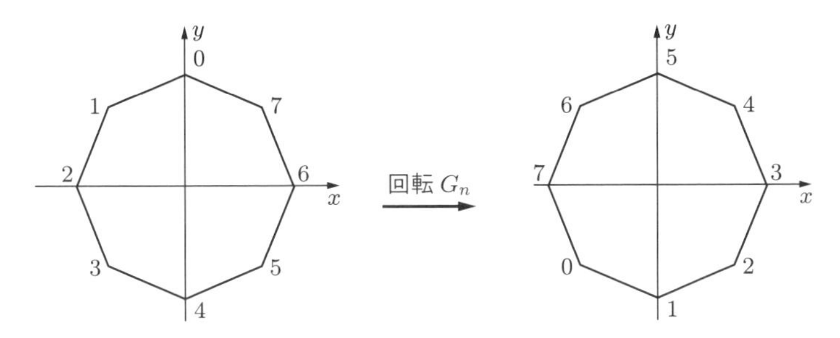

回転 G_n の様子（$n = 8$ の場合）

▶**問題**　加法群 $G = \mathbb{R}$ から $GL(2, \mathbb{R})$ への写像を，$x \in G$ に対して $\rho(x) = \begin{pmatrix} 1 & x \\ 0 & 1 \end{pmatrix}$ とすると，$(\rho, \mathbb{R}^2)$ は G の $\mathbb{R}^2$ 上の忠実な線形表現となることを示せ．

6.8 二面体群の線形表現

6.8, 6.10 節では，具体的な群に対して，その線形表現を見ていく．二つの生成元 a, b をもつ群の基本的なものとして，二面体群とよばれるものがある．定義は抽象的であるが，線形表現を見ると名前の由来がわかる．

[定義]　二面体群

条件 $a^n = e$, $b^2 = e$, $bab = a^{-1}$ を満たす a と b で生成される群

$$D_n = \langle a, b \rangle$$

を，**二面体群**という．

二面体群 D_n の元は $ba = babb = a^{-1}b = a^{n-1}b$ を使うと，$a^j b^k$ ($1 \leqq j \leqq n$, $1 \leqq k \leqq 2$) という形になるので，D_n の位数は $2n$ である．ここでは，二面体群 D_n の $\mathbb{R}^2$ への線形表現を考える．生成元 a に関する条件だけ見れば，それは $\mathbb{R}^2$ の回転 $\dfrac{2\pi}{n}$ を表す．したがって，生成元 b に関する表現がわかれば，二面体群の線形表現が決まる．

[定理]　二面体群の線形表現

二面体群 $D_n = \langle a, b \rangle$ から $GL(2, \mathbb{R})$ への写像を，$a^t \in G$ ($1 \leqq t \leqq n-1$) に対して，$\rho(a^t) = \begin{pmatrix} \cos\theta_t & -\sin\theta_t \\ \sin\theta_t & \cos\theta_t \end{pmatrix}$ $\left(\text{ただし，} \theta_t = \dfrac{2\pi t}{n}\right)$，$\rho(b) = \begin{pmatrix} -1 & 0 \\ 0 & 1 \end{pmatrix}$ とし，そして $g, h \in D_n$ に対して $\rho(gh) = \rho(g)\rho(h)$ とすると，$(\rho, \mathbb{R}^2)$ は D_n の $\mathbb{R}^2$ 上の忠実な線形表現となる．

[解説] 6.6 節の例題から，$\rho(a^n) = E_2$ であることは示されており，行列の計算を行うことで，$\rho(b^2) = E_2$ と $\rho(b)\rho(a)\rho(b) = \rho(a)^{-1}$ がわかる．したがって，

$$\rho(D_n) = \langle \rho(a), \rho(b) \rangle$$

であり，$(\rho, \mathbb{R}^2)$ は D_n の忠実な線形表現となる．すなわち，D_n と $\rho(D_n)$ は同じ群構造をもつといえる．

次に，$n \geqq 3$ の場合において，D_n の表現を幾何学的に見ていこう．D_n の群構造において，$\rho(a^t)$ については 6.6 節の例題で扱った．つまり，$\rho(a^t)$ は正 n 角形を回転させてそれ自身に移す変換と同じものとして見ることができた．さて，$\rho(b) = \begin{pmatrix} -1 & 0 \\ 0 & 1 \end{pmatrix}$ は，y 軸に関する鏡映を表している．この操作を正 n 角形について考えるために，以下の図のように，正 n 角形の頂点に番号 $0, 1, 2, \ldots, n-1$ を振っておき，頂点 0 が y 軸上になるよう

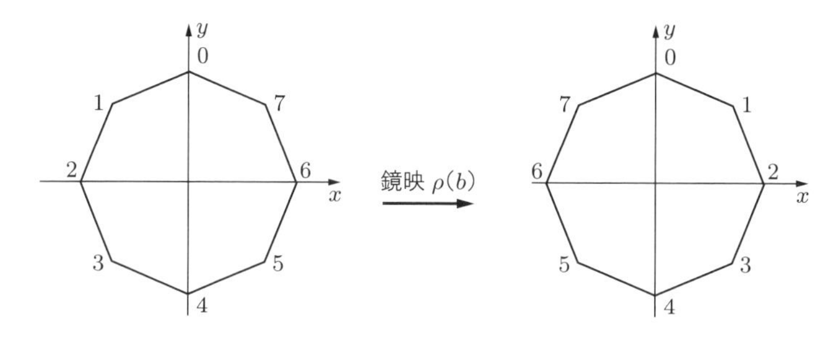

鏡映 $\rho(b)$ の様子（$n = 8$ の場合）

に，正 n 角形の中心を原点におく．すると $\rho(b)$ は，正 n 角形を y 軸に関する鏡映によってそれ自身に移す変換と見ることができる．

二面体群の性質 $bab = a^{-1}$ は，線形表現で見ると $\rho(b)\rho(a)\rho(b) = \rho(a)^{-1}$ であるが，これは，「y 軸に関する鏡映の後に $\dfrac{2\pi}{n}$ 回転させ，その後 y 軸に関する鏡映を行うこと」が，「$-\dfrac{2\pi}{n}$ 回転すること」と同じであることを示している．

以上により，$(\rho, \mathbb{R}^2)$ は D_n の線形表現となることがいえただけでなく，正 n 角形自身への同型写像を表現しているということがわかった． □

上記の定理は，図形の対称性を図だけで考えるのではなく，群に置き換えることで，代数的な計算から二面体群の対称性を理解することができる，ということを主張している．次の例題では，二面体群の具体的な計算方法を扱う．

[例題] xy 平面上に正 n 角形を考え，頂点 0 を y 軸上に置き，その他の頂点には反時計回りに $0, 1, \ldots, n-1$ と番号を振る．以下，回転や鏡映の変換において，頂点番号も頂点と同時に動くものとする．上記の定理で扱った二面体群 $D_n = \langle a, b \rangle$ の線形表現をもとに，次の問いに答えよ．

(1) 頂点 k と正 n 角形の中心を通る直線に関する鏡映を S_k とすると，S_k は正 n 角形を反時計回りに $\dfrac{2\pi}{n}$ 回転する $\rho(a)$ と y 軸に関する鏡映 $\rho(b)$ を用いて，$S_k = \rho(a)^{2k}\rho(b)$ と表されることを示せ．

(2) 最初に正 n 角形を反時計回りに $\dfrac{2\pi t}{n}$ 回転させ，その後に頂点 j と正 n 角形の中心を通る直線に関する鏡映を行う合成操作は，$\rho(a)^{t+2j}\rho(b)$ と表されることを示せ．

[解答] 頂点の番号は，$\mathbb{Z}/n\mathbb{Z}$ で表されていることに注意する．

(1) S_k は，番号 k を頂点 0 の位置にくるように回転させ，鏡映 $\rho(b)$ を行った後，y 軸上の番号 k を動かす前の頂点 k の位置に戻るように回転させる操作である．このことから，$S_k = \rho(a)^k\rho(b)\rho(a)^{-k}$ となる．したがって，二面体群の定義 $\rho(a)\rho(b) = \rho(b)\rho(a)^{-1}$ より，

$$
\begin{aligned}
S_k &= \rho(a)^k\rho(b)\rho(a)^{-k} = \rho(a)^k\rho(b)\rho(a)^{-1}\rho(a)^{-k+1} \\
&= \rho(a)^{k+1}\rho(b)\rho(a)^{-k+1} = \cdots = \rho(a)^{2k}\rho(b)
\end{aligned}
$$

となる．

(2) 正 n 角形の $\dfrac{2\pi t}{n}$ 回転を R とすると，$R = \rho(a)^t$ であり，頂点 j の位置は $t+j$ の位置にある．さらに，その後の頂点 j と正 n 角形の中心を通る直線に関する鏡映を S とすると，(1) の解答より $S = S_{t+j} = \rho(a)^{2(t+j)}\rho(b)$ である．したがって，R と S の合

成操作 SR は，$SR = \rho(a)^{2(t+j)}\rho(b)\rho(a)^t$ と表される．さらに，$\rho(a)\rho(b) = \rho(b)\rho(a)^{-1}$ より，

$$SR = S_{t+j}R = \rho(a)^{2(t+j)}\rho(b)\rho(a)^t = \rho(a)^{2(t+j)-t}\rho(b) = \rho(a)^{t+2j}\rho(b)$$

となる．

▶**問題**　xy 平面上に正 n 角形を考え，頂点 0 を y 軸上に置き，その他の頂点には反時計回りに $0, 1, \ldots, n-1$ と番号を振る．以下，回転や鏡映の変換において，頂点番号も頂点と同時に動くものとする．このとき，正 n 角形を反時計回りに $\dfrac{2\pi t}{n}$ 回転させる操作を R とし，R を行った後の頂点 j と正 n 角形の中心を通る直線に関する鏡映を S とする．n が奇数のとき，合成操作 SR の後に最初と同じ位置に戻る頂点がただ一つ存在することを示せ．ただし，$0 \leqq t \leqq n-1$ とする．

6.9　4次交代群と正四面体群

4 次交代群 A_4 の幾何学的な側面について説明しよう．A_4 とは，4 次対称群 S_4 の中の偶置換全体からなる集合であり，6.4 節の例題より $A_4 = \langle(2\ 3\ 4), (1\ 2)(3\ 4)\rangle$ であった．つまり，A_4 は 4 点を頂点にもつ物体の対称性に関係すると考えられる．

正方形の対称性は二面体群で扱ったので，正四面体 P_4 を考えてみる．以下の図のように，P_4 の頂点に番号 $1, 2, 3, 4$ を振り，頂点の置換 $(2\ 3\ 4)$ を考えてみると，これは頂点 1 と正三角形 234 の中心を通る直線 L_1 を軸とし，$\dfrac{2\pi}{3}$ 回転させる操作

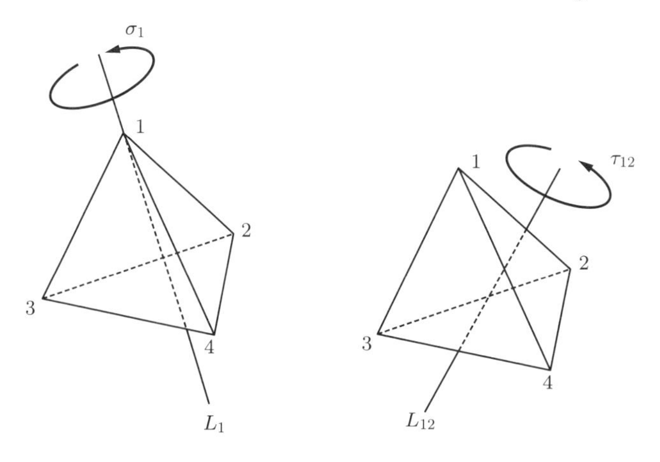

正四面体 P_4 の 2 種類の回転 σ_1, τ_{12}

と見ることができる．同様にして頂点の置換 $(1\ 2)(3\ 4)$ を考えてみると，これは線分 12 の中点と線分 34 の中点を通る直線 L_{12} を軸とし，π 回転させる操作と見ることができる．

そこで，P_4 を球に内接させて，球の中心に対する回転 σ を考える．このとき，P_4 の頂点をまた頂点に移す回転 σ 全体の集合は群となり，これを**正四面体群**といい，$G(P_4)$ と書く．

$G(P_4)$ について考える．このとき，$G(P_4)$ の基本的な元（回転）として，次の二つのタイプが考えられる．

（タイプ 1）頂点 1 と正三角形 234 の中心を通る直線 L_1 を軸とし，$\dfrac{2\pi}{3}$ 回転させる操作を σ_1 とする．同様に，頂点 2 と正三角形 134 の中心を通る直線 L_2 を軸とし $\dfrac{2\pi}{3}$ 回転させる操作を σ_2，頂点 3 と正三角形 124 の中心を通る直線 L_3 を軸とし $\dfrac{2\pi}{3}$ 回転させる操作を σ_3，頂点 4 と正三角形 123 の中心を通る直線 L_4 を軸とし $\dfrac{2\pi}{3}$ 回転させる操作を σ_4 とする．

（タイプ 2）線分 12 の中点と線分 34 の中点を通る直線 L_{12} を軸とし，π 回転させる操作を τ_{12} とする．同様に，線分 13 の中点と線分 24 の中点を通る直線 L_{13} を軸とし π 回転させる操作を τ_{13}，線分 14 の中点と線分 23 の中点を通る直線 L_{14} を軸とし π 回転させる操作を τ_{14} とする．

すると，これらの回転 σ_j，τ_{ij} は，以下のように置換で表すことができる（**置換表現**という）．つまり，準同型写像 $\varphi : G(P_4) \to S_4$ を頂点 $1, 2, 3, 4$ の動きに応じて，たとえば以下のように定める．

$$\varphi(\sigma_1) = \begin{pmatrix} 1 & 2 & 3 & 4 \\ 1 & 3 & 4 & 2 \end{pmatrix} = (2\ 3\ 4)$$

$$\varphi(\tau_{12}) = \begin{pmatrix} 1 & 2 & 3 & 4 \\ 2 & 1 & 4 & 3 \end{pmatrix} = (1\ 2)(3\ 4)$$

明らかに，σ_1 を 2 回続けた操作 σ_1^2 も $G(P_4)$ の元であり，$\varphi(\sigma_1^2) = \varphi(\sigma_1)^2 = (2\ 4\ 3)$ である．3 回続けた操作 σ_1^3 は恒等変換 e であり，$\varphi(\sigma_1^3) = e$ である．さらに，回転 σ_3 を置換で表すと

$$\varphi(\sigma_3) = \begin{pmatrix} 1 & 2 & 3 & 4 \\ 2 & 4 & 3 & 1 \end{pmatrix} = (1\ 2\ 4)$$

であるが，σ_1 を行った後 τ_{12} を行う操作を考えてみると，

$$\varphi(\tau_{12}\sigma_1) = \varphi(\tau_{12})\varphi(\sigma_1) = \begin{pmatrix} 1 & 2 & 3 & 4 \\ 1 & 3 & 4 & 2 \\ 2 & 4 & 3 & 1 \end{pmatrix} = (1\ 2\ 4) = \sigma_3$$

である．同様にして，回転 σ_2 も σ_4 も σ_1 と τ_{12} の組み合わせで表される．また，タイプ2における回転 τ_{13} も τ_{14} もいずれも σ_1 と τ_{12} の組み合わせで表される．

以上のことから，

$$\varphi(G(P_4)) = \langle \sigma_1, \tau_{12} \rangle = \langle (2\ 3\ 4), (1\ 2)(3\ 4) \rangle = A_4$$

であることがわかった．

［定理］　4次交代群と正四面体群の関係
A_4 は $G(P_4)$ と同型であり，さらに $G(P_4) = \langle \sigma_1, \tau_{12} \rangle$ である．

次の例題で，A_4 の元は正四面体群 $G(P_4)$ のどの元に対応しているのか考えてみよう．

［例題］　$(1\ 3\ 4) \in A_4$ に対応する正四面体群 $G(P_4)$ の元を求め，さらにこの元を σ_1 と τ_{12} の積で表せ．

［解答］ $(1\ 3\ 4) = \begin{pmatrix} 1 & 2 & 3 & 4 \\ 3 & 2 & 4 & 1 \end{pmatrix}$ より，これに対応する $G(P_4)$ の元は，L_2 を軸にした回転 σ_2 であることがわかる．また，

$$\varphi(\sigma_1\tau_{12}\sigma_1) = \begin{pmatrix} 1 & 2 & 3 & 4 \\ 1 & 3 & 4 & 2 \\ 2 & 4 & 3 & 1 \\ 3 & 2 & 4 & 1 \end{pmatrix} = (1\ 3\ 4)$$

であるので，$\sigma_2 = \sigma_1\tau_{12}\sigma_1$ である．

▶**問題**　$(1\ 3)(2\ 4) \in A_4$ に対応する正四面体群 $G(P_4)$ の元を求め，さらにこの元を σ_1 と τ_{12} の積で表せ．

6.10　正四面体群の線形表現

前節で A_4 は正四面体群 $G(P_4)$ と見ることができたので，今度は $G(P_4)$ の線形表現について考える．

P_4 において，タイプ 2 の回転軸 L_{12}, L_{13}, L_{14} を考える．このとき，L_{12}, L_{13}, L_{14} は互いに直交している（証明は省略）．そこで，L_{12}, L_{13}, L_{14} に平行な単位ベクトル（**方向ベクトル**という）を，それぞれ $\boldsymbol{b}_1$, $\boldsymbol{b}_2$, $\boldsymbol{b}_3$ とする．そして，数ベクトル空間 $\mathbb{R}^3 = \langle \boldsymbol{b}_1, \boldsymbol{b}_2, \boldsymbol{b}_3 \rangle_B$ を考え，$G(P_4)$ から $\mathbb{R}^3$ への線形表現 $(\rho, \mathbb{R}^3)$ を見ていく．

［定理］　正四面体群の線形表現

数ベクトル空間 $\mathbb{R}^3 = \langle \boldsymbol{b}_1, \boldsymbol{b}_2, \boldsymbol{b}_3 \rangle_B$ とする．このとき，$G(P_4)$ から $GL(3, \mathbb{R})$ への写像 ρ を，σ_1, $\tau_{12} \in G(P_4)$ に対して

$$\rho(\sigma_1) = \begin{pmatrix} 0 & 1 & 0 \\ 0 & 0 & -1 \\ -1 & 0 & 0 \end{pmatrix}, \quad \rho(\tau_{12}) = \begin{pmatrix} 1 & 0 & 0 \\ 0 & -1 & 0 \\ 0 & 0 & -1 \end{pmatrix}$$

とおき，さらに $g, h \in G(P_4)$ に対し $\rho(gh) = \rho(g)\rho(h)$ とすると，$(\rho, \mathbb{R}^3)$ は $G(P_4)$ の $\mathbb{R}^3$ 上の忠実な線形表現となる．

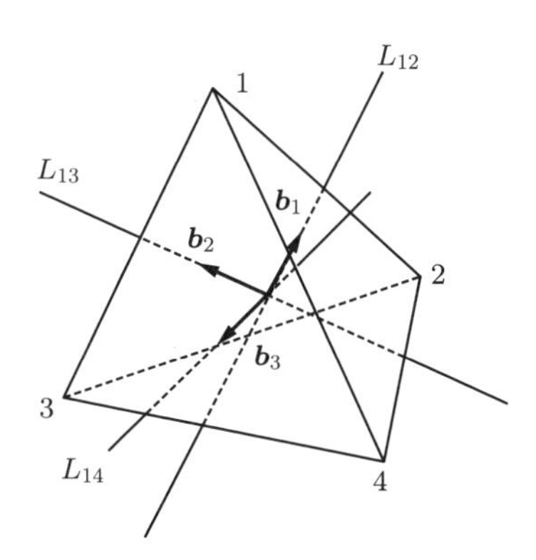

正四面体群の線形表現のための $\mathbb{R}^3$ の基底 $\{\boldsymbol{b}_1, \boldsymbol{b}_2, \boldsymbol{b}_3\}$

［解説］ 行列 $\rho(\sigma_1)$ は，σ_1 により，$\boldsymbol{b}_1 \to \boldsymbol{b}_2$, $\boldsymbol{b}_2 \to -\boldsymbol{b}_3$, $\boldsymbol{b}_3 \to \boldsymbol{b}_2$ と移すことから定まる．行列 $\rho(\tau_{12})$ は，τ_{12} により，$\boldsymbol{b}_1 \to \boldsymbol{b}_2$, $\boldsymbol{b}_2 \to -\boldsymbol{b}_2$, $\boldsymbol{b}_3 \to -\boldsymbol{b}_1$ と移すことから定まる．そして，二面体群 D_n のときと同様な議論で，$\rho(G(P_4)) = \langle \rho(\sigma_1), \rho(\tau_{12}) \rangle$ となることから，$(\rho, \mathbb{R}^3)$ は $G(P_4)$ の忠実な線形表現となることがわかる．　□

次の例題で，正四面体群 $G(P_4)$ の各元がどのような線形表現をもつのか，具体的に調べてみよう．

[例題]　$G(P_4)$ の元 σ_2 の基底 $\boldsymbol{b}_1$，$\boldsymbol{b}_2$，$\boldsymbol{b}_3$ に関する線形表現 $\rho(\sigma_2)$ を求めよ．

[解答] 6.9 節の例題より，$\rho(\sigma_2) = \rho(\sigma_1\tau_{12}\sigma_1) = \rho(\sigma_1)\rho(\tau_{12})\rho(\sigma_1)$ であるので，

$$\rho(\sigma_2) = \begin{pmatrix} 0 & 1 & 0 \\ 0 & 0 & -1 \\ -1 & 0 & 0 \end{pmatrix} \begin{pmatrix} 1 & 0 & 0 \\ 0 & -1 & 0 \\ 0 & 0 & -1 \end{pmatrix} \begin{pmatrix} 0 & 1 & 0 \\ 0 & 0 & -1 \\ -1 & 0 & 0 \end{pmatrix} = \begin{pmatrix} 0 & 0 & 1 \\ -1 & 0 & 0 \\ 0 & -1 & 0 \end{pmatrix}$$

となる．

▶**問題**　$G(P_4)$ の元 τ_{13} の基底 $\boldsymbol{b}_1$，$\boldsymbol{b}_2$，$\boldsymbol{b}_3$ に関する線形表現 $\rho(\tau_{13})$ を求めよ．

6.11　群の準同型定理

この章の最後の節として，群論の基本定理である（群の）準同型定理とよばれるものを説明する．これは，8.8 節の定理で扱う商空間とその次元に関係する．まず，準同型定理を説明するのに必要となる概念を列挙する．

群 G の部分群 H を考える．$\sigma \in G$ に対して，集合 $\sigma H, H\sigma$ をそれぞれ

$$\sigma H = \{\sigma h \mid h \in H\}, \quad H\sigma = \{h\sigma \mid h \in H\}$$

とする．もし任意の $\sigma \in G$ に対して

$$\sigma H = H\sigma$$

が成り立つとき，H を**正規部分群**，または**不変部分群**といい，$H \triangleleft G$，または $G \triangleright H$ と書く．

たとえば，6.9 節の定理で A_4 は正四面体群 $G(P_4)$ と同型であることを述べたが，A_4 の部分群

$$V_4 = \{e, (1\ 2)(3\ 4), (1\ 3)(2\ 4), (1\ 4)(2\ 3)\}$$

は A_4 の正規部分群であり，そして可換群である（読者自身で確かめよ）．さらに，V_4 は $G(P_4)$ の部分群 $\{e, \tau_{12}, \tau_{13}, \tau_{14}\}$ と同型であり，**クラインの四元群**とよばれている．

また，$f : G \to G'$ を準同型写像とするとき，

$$\mathrm{Ker}\, f = \{\sigma \in G \mid f(\sigma) = e'\}$$

は G の正規部分群である．ここで，e' は G' の単位元である．

さらに $H \triangleleft G$ のとき，$\sigma \in G$ に対して集合 σH を考え，σH 全体を G/H とする．そして，任意の $\sigma H,\ \tau H \in G/H$ に対して G/H の演算を

$$(\sigma H)(\tau H) = \sigma\tau H$$

と定めると，G/H は群となる．このようにして得られた群 G/H を**剰余群**または**商群**とよぶ．

ここで注意すべきことは，剰余群の中の演算が代表元 σ, τ の選び方に関係なく，きちんと定義されているかどうかということである（これを **well-defined** という）．いまの場合，$\sigma H = \sigma' H,\ \tau H = \tau' H$ とすると，

$$(\sigma' H)(\tau' H) = \sigma'\tau' H = \sigma'\tau H = \sigma' H\tau = \sigma H\tau = \sigma\tau H = (\sigma H)(\tau H)$$

となっているので，この演算はきちんと定義されている（well-defined である）といえる．以下の図は，群 G と剰余群 G/H の関係を示したものである．これより，G/H の元が σH などであることが理解できるだろう．

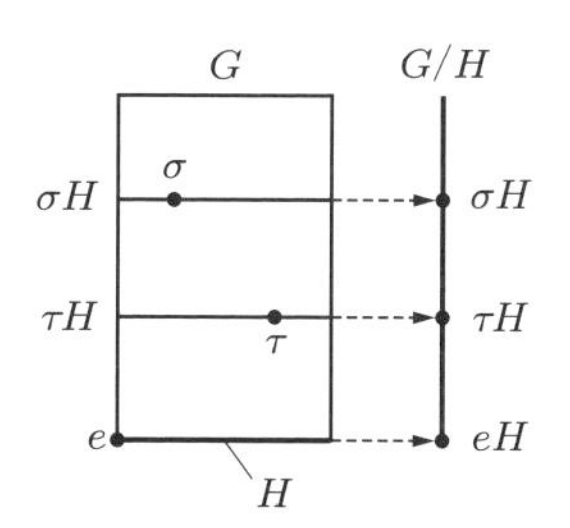

群 G と剰余群 G/H の関係

注意　アーベルやガロアが示した定理「$n \geqq 5$ の代数方程式に解の公式が存在しない」は，A_n の正規部分群 N の存在性がカギを握っている．まず，n 次対称群 S_n の部分群 A_n は正規部分群である．そして，剰余群 S_n/A_n は位数が 2 であるために可換群である．$n = 3$ のとき，A_3 自体は可換群である．$n \geqq 4$ なら A_n は非可換群である．しかし，A_4 に関してはクラインの四元群 V_4 を正規部分群にもっており，簡単な計算により $A_4/V_4 = \langle (2\ 3\ 4)V_4 \rangle$ が得られ，A_4/V_4 が可換群であることがわかる．そして，V_4 は可換群である．ところが，$n \geqq 5$ のとき A_n の正規部分群 N で A_n/N が可換群となる N は存在しない．このことが，$n \geqq 5$ の代数方程式の解の構造に関係しているのである．

さて，G と G' を群，$f : G \to G'$ を準同型写像とするとき，$\operatorname{Ker} f$ は G の正規部分群であった．これに関連して，次の重要な定理を紹介する．

[定理] 群の準同型定理

G と G' を群，f を G から G' への準同型写像とするとき，

$$G/\operatorname{Ker} f \cong \operatorname{Im} f$$

が成り立つ．

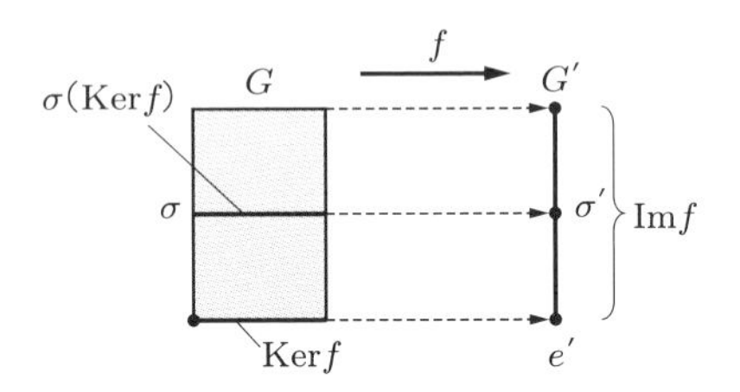

$G/\operatorname{Ker} f$ と $\operatorname{Im} f$ の関係

[解説] 上記の定理を証明しよう．$H = \operatorname{Ker} f$, $G' = \operatorname{Im} f$ とおく．そして，全射準同型写像 $\bar{f} : G/H \to G'$ を

$$\bar{f}(\sigma H) = f(\sigma)$$

で定める．$\bar{f}$ が well-defined であることは，$\sigma H = \tau H$ ならば $\tau^{-1}\sigma \in \operatorname{Ker} f$ であり，$f(\tau)^{-1} f(\sigma) = f(\tau^{-1}\sigma) = e'$ より，$f(\sigma) = f(\tau)$ となることからわかる．そして，

$$\bar{f}(\sigma H \tau H) = \bar{f}(\sigma\tau H) = f(\sigma\tau) = f(\sigma)f(\tau) = \bar{f}(\sigma H)\bar{f}(\tau H)$$

から，$\bar{f}$ は準同型写像である．

$\bar{f}$ が単射であることを示す．$\bar{f}(\sigma H) = \bar{f}(\tau H)$ とすると $f(\sigma) = f(\tau)$ であり，$f(\tau^{-1}\sigma) = e'$ であることから，$\tau^{-1}\sigma \in H$ である．したがって，$\sigma H = \tau H$ である．$\bar{f}$ は全射かつ単射であるので，同型写像である．ゆえに，$G/H \cong G'$ である． □

次の例題は準同型定理を用いて考えるもので，トポロジーという分野に関連している．

[例題] 加法群 $\mathbb{R}$ とその部分群 $\mathbb{Z}$，乗法群 $\mathbb{C}^{\times}$ について，次の問いに答えよ．

(1) 写像 $f : \mathbb{R} \to \mathbb{C}^{\times}$ を，$f(t) = \cos(2\pi t) + i\sin(2\pi t)$ と定義する．このとき，f は準同型写像であることを示せ．

(2) $\operatorname{Ker} f = \mathbb{Z}$ を示せ．

(3) $\mathbb{R}/\mathbb{Z} \cong T$ を示せ．ここで，T は $\mathbb{C}^{\times}$ の部分群 $T = \{z \in \mathbb{C}^{\times} \mid |z| = 1\}$ である．

[解答] (1) $f(t+s) = f(t)f(s)$ を示せばよい．

$$f(t+s) = \cos\{2\pi(t+s)\} + i\sin\{2\pi(t+s)\} = e^{i2\pi(t+s)} = e^{i2\pi t}e^{i2\pi s}$$
$$= \{\cos(2\pi t) + i\sin(2\pi t)\}\{\cos(2\pi s) + i\sin(2\pi s)\} = f(t)f(s)$$

よって，f は準同型写像である．

(2) $f(t) = 1$ となる t の集合が $\operatorname{Ker} f$ であるので，明らかに $\operatorname{Ker} f = \mathbb{Z}$ である．

(3) $\operatorname{Im} f = T$ であることと準同型定理より，$\mathbb{R}/\mathbb{Z} \cong T$ である．

注意　T は複素平面上の円周を表し，**1 次元トーラス**とよばれる（トーラスとはドーナツ型の図形のことである）．また，$\mathbb{R}/\mathbb{Z}$ は区間 $[0,1)$ を表しているが，これは幾何学的には 0 と 1 を同一視して円（1 次元トーラス）と考えることもできる．上の (3) は，そのことを示している．このため，$\mathbb{R}/\mathbb{Z}$ を **1 次元トーラス群**ともいう．

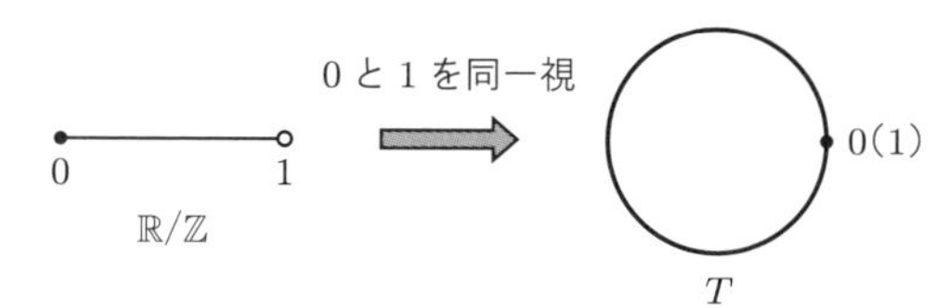

区間 $[0,1)$ と 1 次元トーラス T の関係

▶**問題**　一般線形群 $GL(n,\mathbb{R})$ から乗法群 $\mathbb{R}^\times$ への写像 f を準同型写像 $f(A) = \det A$ とする．このとき，$GL(n,\mathbb{R})/SL(n,\mathbb{R}) \cong \mathbb{R}^\times$ を証明せよ．

◉ 振り返り問題

群 G に関する次の各文には間違いがある．どのような点が間違いであるか説明せよ．

(1) 群 G とは，一つの演算だけで閉じている集合で，結合法則があり，単位元 e をもち，ある元に対しては逆元が存在するという条件を満たすものである．

(2) 対称群の中の偶置換全体は部分群であり，さらに奇置換全体も部分群である．

(3) 二つの群の間の準同型写像は，単射または全射のどちらかである．

(4) 二つの群が同型であるとき，二つの群の間の準同型写像は単射である．

(5) 二面体群 D_n は正多角形の対称性を表したもので，巡回群である．

(6) 正四面体群 $G(P_4)$ は正四面体の対称性を表したもので，対称群 S_4 に同型である．

(7) H が群 G の部分群であるとき，剰余群 G/H を構成することができる．

(8) G と G' に対して，準同型写像 $f: G \to G'$ を考えると，G の正規部分群 $G/\operatorname{Ker} f$ に対して同型 $G/\operatorname{Ker} f \cong \operatorname{Im} f$ が成り立つ．

第 7 章 複素数と四元数と回転

この章で扱う複素数と四元数は，どちらも四則演算ができる数の集合のことである．しかし，複素数と四元数の単なる計算方法だけを説明することは本書の目的ではない．まず，複素数については，それに対応する実 2 次正方行列を用いて，2 次元数ベクトル空間の回転が表せることを説明する（7.2, 7.3 節）．四元数に関しては，それに対応する複素 2 次正方行列を用いて，3 次元数ベクトル空間の任意の軸を中心とする回転の方法について説明する（7.6～7.10 節）．とくに，コンピュータグラフィックスなどで 3D を扱うプログラミングを行ううえでは，四元数の理解は重要なものとなる．

7.1 体

体とは，簡単にいえば，四則演算，すなわち加減乗除が定義された集合のことである．たとえば，実数全体の集合 $\mathbb{R}$ や有理数全体の集合 $\mathbb{Q}$ がそうである（整数全体の集合 $\mathbb{Z}$ は，除算したものが必ずしも整数になるとは限らないので体ではない）．このように，四則演算ができる数の集合である体について，以下に正確な定義を述べる．

[定義] 体

加法 $+$ と乗法 $\cdot$ という演算が定義された集合 F において，F の任意の元 a, b, c が，以下の三つの条件を満たすとき，F は**体**とよばれる．

(1) F は加法について群である．

(2) F は乗法についても群である．

(3) F は加法と乗法については**分配法則**をもつ．

$$a \cdot (b + c) = a \cdot b + a \cdot c, \quad (a + b) \cdot c = a \cdot c + b \cdot c$$

とくに $a \cdot b = b \cdot a$ が成り立つとき，F は**可換体**とよばれる．可換体でない体は**非可換体**とよばれる．

次の例題で扱う F_2 は，最も簡単な体の例である．

[例題] 集合 $F_2 = \{0, 1\}$ は，適当な加法 $+$ と乗法 $\cdot$ を定義することで体となることを証明せよ．

[解答] 加法については $0+0=0, 1+0=0+1=1$，$1+1=0$ とし，乗法については $0\cdot 0=1\cdot 0=0\cdot 1=0$，$1\cdot 1=1$ と定義すればよい．これは，整数全体を 2 で割ったときの余りの集合を F_2 と考えたものである．

▶**問題** p を素数とする．このとき集合 $F_p = \{0, 1, \ldots, p-1\}$ は，適当な加法 $+$ と乗法 $\cdot$ を定義することで体となることを証明せよ．

7.2 複素数の行列表示

前節で説明した体の概念を用いれば，複素数を行列で表示することもできる．

まず，複素数の定義を再確認しよう．複素数とは，実数 a, b に対して $a+bi$ となる数のことである．ここで，a は実部，b は虚部，i は $i^2=-1$ を満たす数のことで**虚数単位**とよばれる．そして四則演算，すなわち加減乗除が定義されている．すなわち，和と積は

$$(a+bi)+(c+di) = (a+c)+(b+d)i$$

$$(a+bi)(c+di) = (ac-bd)+(ad+bc)i$$

であり，さらに $a+bi \neq 0$ のとき，$a+bi$ の逆数は

$$\frac{1}{a+bi} = \frac{a-bi}{a^2+b^2}$$

で与えられる．複素数全体のことを**複素数体**とよび，記号 $\mathbb{C}$ で表す．複素数体 $\mathbb{C}$ を**二元数体**とよぶこともあり，このとき $\mathbb{C}$ の元は**二元数**とよばれる．

さて，体 F の部分集合 W で W 自身が体であるとき，W は F の**部分体**とよばれる．明らかに，$b=0$ である複素数全体は実数体 $\mathbb{R}$ である．したがって，$\mathbb{R}$ は $\mathbb{C}$ の部分体である．逆にいえば，$\mathbb{C}$ は $\mathbb{R}$ の拡張ととらえることもできる．つまり，虚数単位 i を使わなくても，複素数は次のように構成できる．

[定理] 複素数の行列表示

実数 a, b に対して，行列 $\begin{pmatrix} a & -b \\ b & a \end{pmatrix}$ を考えると，これは複素数 $a+bi$ を表す．

[解説] $\begin{pmatrix} 1 & 0 \\ 0 & 1 \end{pmatrix}^2 = \begin{pmatrix} 1 & 0 \\ 0 & 1 \end{pmatrix}$, $\begin{pmatrix} 0 & -1 \\ 1 & 0 \end{pmatrix}^2 = -\begin{pmatrix} 1 & 0 \\ 0 & 1 \end{pmatrix}$ となることから, $\begin{pmatrix} 1 & 0 \\ 0 & 1 \end{pmatrix}$ が 1, $\begin{pmatrix} 0 & -1 \\ 1 & 0 \end{pmatrix}$ が i である. □

次の例題で, 行列の計算から複素数を計算してみよう.

[例題] 複素数の計算 $(a+bi)+(c+di) = a+c+(b+d)i$ と $(a+bi)(c+di) = (c+di)(a+bi) = ac-bd+(ad+bc)i$ を行列の計算で確かめよ.

[解答]

$$\begin{pmatrix} a & -b \\ b & a \end{pmatrix} + \begin{pmatrix} c & -d \\ d & c \end{pmatrix} = \begin{pmatrix} a+c & -(b+d) \\ b+d & a+c \end{pmatrix}$$
$$\begin{pmatrix} a & -b \\ b & a \end{pmatrix} \begin{pmatrix} c & -d \\ d & c \end{pmatrix} = \begin{pmatrix} ac-bd & -(ad+bc) \\ ad+bc & ac-bd \end{pmatrix}$$
$$\begin{pmatrix} c & -d \\ d & c \end{pmatrix} \begin{pmatrix} a & -b \\ b & a \end{pmatrix} = \begin{pmatrix} ac-bd & -(ad+bc) \\ ad+bc & ac-bd \end{pmatrix}$$

である.

▶**問題**　$a^2+b^2 \neq 0$ のとき, 複素数 $z = \begin{pmatrix} a & -b \\ b & a \end{pmatrix}$ の逆数は, $\dfrac{1}{z} = \dfrac{1}{a^2+b^2}\begin{pmatrix} a & b \\ -b & a \end{pmatrix}$ であることを確かめよ.

7.3　複素平面上の回転

前節で, 複素数は行列表示できることを説明したが, 複素数 $z = x+yi$ $(x, y \in \mathbb{R})$ は, xy 平面の数ベクトル $\boldsymbol{z} = \begin{pmatrix} x \\ y \end{pmatrix}$ に対応させることもできる. したがって, 複素数全体は数ベクトル空間 $\mathbb{R}^2$ と見ることができる. とくに, x 軸を**実軸**, y 軸を**虚軸**とよぶ. 複素数全体の平面のことを**複素平面**という.

よく知られているように, 複素数 $z = x+yi$ においては, 以下のように**共役** $\bar{z}$ と**ノルム** $\|z\|$ というものが定義されている.

$$\bar{z} = x - yi, \quad \|z\| = \sqrt{z\bar{z}} = \sqrt{x^2+y^2}$$

つまり，z と $\bar{z}$ は複素平面上の実軸に対して対称点となっており，$\|z\|$ は原点と点 z の直線距離を表している．そして，$z \neq 0$ のとき

$$\frac{1}{z} = \frac{\bar{z}}{\|z\|^2}$$

がいえる．さらに，原点と点 z を結んだ線分を半径とする円において，z と実軸のなす角を θ とすると，$z = x + yi$ は

$$z = \|z\|(\cos\theta + i\sin\theta)$$

と表すことができる．これを $z = x + yi$ の**極形式表示**という．そして，θ を z の一つの**偏角**という．偏角は一意的には定まらず，θ が z の一つの偏角であれば $\theta + 2k\pi$（k は整数）もまた z の偏角である．

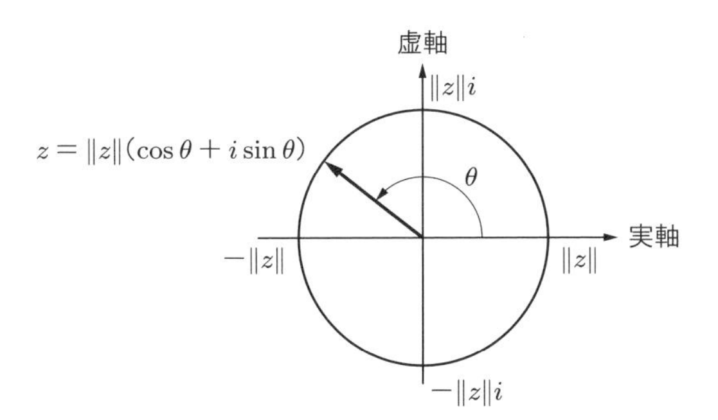

複素数 z の極形式表示

一方，a, b を実数の定数として複素数の行列表示 $\begin{pmatrix} a & -b \\ b & a \end{pmatrix}$ を変換行列と見ると，5.7 節の定理で見たように，$\cos\theta = \dfrac{a}{\sqrt{a^2+b^2}}, \sin\theta = \dfrac{b}{\sqrt{a^2+b^2}}$ とおくことで

$$\begin{pmatrix} a & -b \\ b & a \end{pmatrix} = \sqrt{a^2+b^2}\begin{pmatrix} \cos\theta & -\sin\theta \\ \sin\theta & \cos\theta \end{pmatrix}$$

と表すことができる．明らかに，θ は複素数 $a + bi$ の一つの偏角である．このことから以下の定理が得られる．

［定理］　複素平面上の回転

a, b を実数の定数とし，θ は複素数 $a + bi$ の一つの偏角とする．複素数 $x + yi$

に $a+bi$ を左から掛けることは，複素平面上の数ベクトル $\begin{pmatrix} x \\ y \end{pmatrix}$ を θ 回転 $(0 \leqq \theta < 2\pi)$ させた後 $\sqrt{a^2+b^2}$ 倍することである．とくに，$i = \begin{pmatrix} 0 & -1 \\ 1 & 0 \end{pmatrix}$ 倍は，数ベクトル $\begin{pmatrix} x \\ y \end{pmatrix}$ を $\dfrac{\pi}{2}$ 回転することである．

[解説] 複素数の掛け算 $(a+bi)(x+yi)$ を行列で行うと，

$$\begin{pmatrix} a & -b \\ b & a \end{pmatrix}\begin{pmatrix} x & -y \\ y & x \end{pmatrix} = \begin{pmatrix} ax-by & -(ay+bx) \\ ay+bx & ax-by \end{pmatrix}$$

となる．右辺の1列目も2列目も複素数 $(ax-by)+(ay+bx)i$ を表すので，複素数の掛け算 $(a+bi)(x+yi)$ は，複素数 $a+ib$ による $x+yi$ のベクトル $\begin{pmatrix} x \\ y \end{pmatrix}$ の変換と考えることができる．つまり，

$$\begin{pmatrix} a & -b \\ b & a \end{pmatrix}\begin{pmatrix} x \\ y \end{pmatrix} = \sqrt{a^2+b^2}\begin{pmatrix} \cos\theta & -\sin\theta \\ \sin\theta & \cos\theta \end{pmatrix}\begin{pmatrix} x \\ y \end{pmatrix}$$

である．上式を見れば明らかに，数ベクトル $\begin{pmatrix} x \\ y \end{pmatrix}$ は $a+bi$ の偏角 θ だけ回転し，その後 $\sqrt{a^2+b^2}$ 倍拡大していることがわかる．□

次の例題で，複素数が複素平面上でどのような回転を与えるか，具体的に考えてみよう．

[例題] 複素平面上の数ベクトル $\begin{pmatrix} x \\ y \end{pmatrix}$ を，$\dfrac{4\pi}{3}$ 回転させた後に2倍拡大させるためには，どのような複素数 z を掛ければよいか．

[解答]

$$z = 2\begin{pmatrix} \cos\dfrac{4\pi}{3} & -\sin\dfrac{4\pi}{3} \\ \sin\dfrac{4\pi}{3} & \cos\dfrac{4\pi}{3} \end{pmatrix} = \begin{pmatrix} -1 & \sqrt{3} \\ -\sqrt{3} & -1 \end{pmatrix}$$

つまり，$z = -1+\sqrt{3}\,i$ である．

▶**問題** 複素平面上の数ベクトル $\begin{pmatrix} x \\ y \end{pmatrix}$ を，$-\dfrac{\pi}{6}$ 回転させた後に 4 倍拡大させるためには，どのような複素数 z を掛ければよいか．

7.4 ド・モアブルの定理

極形式表示された複素数 $z = r(\cos\theta + i\sin\theta)$ に対して，$z^2 = zz$ の幾何学的な意味を考えると，7.3 節の定理から，複素平面上の数ベクトル $z = r\begin{pmatrix} \cos\theta \\ \sin\theta \end{pmatrix}$ をさらに θ 回転させて r 倍することであるといえる．すなわち，

$$z^2 = r^2(\cos 2\theta + i\sin 2\theta)$$

が成立する．これを一般化した次の定理が知られている．

［定理］ ド・モアブルの定理
複素数 $z = r(\cos\theta + i\sin\theta)$ に対して，

$$z^n = r^n(\cos n\theta + i\sin n\theta)$$

が成り立つ（n は整数）．

［解説］ n を整数，z を 0 でない複素数とするとき，n 乗して z となるような複素数を z の n **乗根**という．そして，a を複素定数とした方程式 $z^n = a$ を**円分方程式**という．ド・モアブルの定理を使うと，円分方程式には n 個の複素数解が存在することがわかる（具体的な解法は次の例題で扱う）．実は，より一般に，n 次の**代数方程式** $z^n + a_1 z^{n-1} + \cdots + a_{n-1}z + a_n = 0$（$a_j$ は複素定数）には，n 個の解が存在することが証明されている．第 5 章でも触れたが，これが**代数学の基本定理**である．なお，この定理の完全証明を初めて示したのがガウスである．□

次の例題で，具体的な円分方程式を解いてみよう．

［例題］ 円分方程式 $z^3 = 8$ を解け．

［解答］ まず，代数学の基本定理より，解は三つ存在することに注意する．次に，$z = r(\cos\theta + i\sin\theta)$ とおく．ド・モアブルの定理より，

$$z^3 = r^3(\cos 3\theta + i\sin 3\theta)$$

である．一方，$8 = 2^3(\cos 2k\pi + i \sin 2k\pi)$（$k$ は整数）と考えると，$z^3 = 8$ より，

$$r^3(\cos 3\theta + i \sin 3\theta) = 2^3(\cos 2k\pi + i \sin 2k\pi)$$

を得る．これより $r = \sqrt[3]{8} = 2$ であり，$3\theta = 2k\pi$ より $\theta = \dfrac{2k\pi}{3}$ $(k = 0, 1, 2)$ を得る．したがって，3 個の解 z_1, z_2, z_3 は

$$z_1 = 2(\cos 0 + i \sin 0) = 2, \quad z_2 = 2\left(\cos \frac{2\pi}{3} + i \sin \frac{2\pi}{3}\right) = -1 + \sqrt{3}\, i$$
$$z_3 = z = 2\left(\cos \frac{4\pi}{3} + i \sin \frac{4\pi}{3}\right) = -1 - \sqrt{3}\, i$$

である．

▶**問題** 円分方程式 $z^3 = i$ を解け．

7.5 オイラーの公式

複素平面上の点に θ 回転を与える関数 $\cos\theta + i \sin\theta$ は，指数関数 $e^{i\theta}$ と関係する．ここで e は，**ネイピア数**とよばれる実数で，

$$e = \lim_{n\to\infty}\left(1 + \frac{1}{n}\right)^n$$

という等式で定義される．e は $2.718281828\cdots$ なる無理数である．そして 18 世紀，スイスのレオンハルト・オイラーにより，次の公式が示された．

［定理］ オイラーの公式

$$e^{i\theta} = \cos\theta + i \sin\theta$$

［解説］ ド・モアブルの定理を用いてオイラーの公式を示そう．

ド・モアブルの定理とは，

$$\cos n\varphi + i \sin n\varphi = (\cos\varphi + i \sin\varphi)^n$$

であった．$\theta = n\varphi$ とおくと，

$$\cos\theta + i \sin\theta = \left(\cos \frac{\theta}{n} + i \sin \frac{\theta}{n}\right)^n$$

となる．ここで，極限に関する公式

$$\lim_{n\to\infty} \cos \frac{\theta}{n} = 1, \quad \lim_{n\to\infty} \sin \frac{\theta}{n} = \lim_{n\to\infty} \frac{\theta}{n}$$

より，

$$\lim_{n\to\infty}\left(\cos\frac{\theta}{n}+i\sin\frac{\theta}{n}\right)=\lim_{n\to\infty}\left(1+\frac{i\theta}{n}\right)$$

であるので，

$$\cos\theta+i\sin\theta=\lim_{n\to\infty}\left(\cos\frac{\theta}{n}+i\sin\frac{\theta}{n}\right)^n=\lim_{n\to\infty}\left(1+\frac{i\theta}{n}\right)^n=e^{i\theta}$$

となり，オイラーの公式が得られる．

また，オイラーの公式により，$e^{i\theta}$ は複素平面上に θ 回転を与えるものと解釈できるので，$e^{i\theta}$ の行列表示は $\begin{pmatrix}\cos\theta & -\sin\theta\\ \sin\theta & \cos\theta\end{pmatrix}$ である． □

オイラーの公式を使うと，三角関数の加法定理は簡単に証明できる．次の例題でその効果を実感してほしい．

[例題] オイラーの公式を用いて，三角関数の加法定理

$$\sin(\alpha+\beta)=\sin\alpha\cos\beta+\cos\alpha\sin\beta$$
$$\cos(\alpha+\beta)=\cos\alpha\cos\beta-\sin\alpha\sin\beta$$

を証明せよ．

[解答] オイラーの公式より，

$$e^{i(\alpha+\beta)}=\cos(\alpha+\beta)+i\sin(\alpha+\beta)$$

である．一方，$e^{i(\alpha+\beta)}=e^{i\alpha}e^{i\beta}$ であり，再びオイラーの公式を使うと，

$$\begin{aligned}e^{i\alpha}e^{i\beta}&=(\cos\alpha+i\sin\alpha)(\cos\beta+i\sin\beta)\\&=(\cos\alpha\cos\beta-\sin\alpha\sin\beta)+i(\sin\alpha\cos\beta+\cos\alpha\sin\beta)\end{aligned}$$

である．よって，

$$\begin{aligned}&\cos(\alpha+\beta)+i\sin(\alpha+\beta)\\&=(\cos\alpha\cos\beta-\sin\alpha\sin\beta)+i(\sin\alpha\cos\beta+\cos\alpha\sin\beta)\end{aligned}$$

であり，この式の実部と虚部を比較することで，加法定理を示すことができる．

▶**問題** 次の問いに答えよ．

(1) 複素平面上の任意の点 z を原点のまわりに $\frac{5\pi}{6}$ 回転させたい．この変換式をネイピ

ア数 e を用いて表せ．

(2) (1) の変換において，$z = e^{i(\pi/3)}$ の変換後の点を求めよ．

7.6 四元数

7.2 節で，二つの実数 a, b から，2 次正方行列 $\begin{pmatrix} a & -b \\ b & a \end{pmatrix}$ を使って実数体 $\mathbb{R}$ を含む複素数体 $\mathbb{C}$ が構成できたように，二つの複素数 $z = a + bi$ と $w = c + di$ から，ある 2 次正方行列を使って複素数体を含む新しい体が構成される．そのような体は四元数体とよばれ，以下のように定義される．

[定義]　四元数

二つの複素数 $z = a + bi$ と $w = c + di$ に対して，2 次複素行列

$$\begin{pmatrix} z & -w \\ \bar{w} & \bar{z} \end{pmatrix} = \begin{pmatrix} a + bi & -(c + di) \\ c - di & a - bi \end{pmatrix}$$

全体を考えると，これは体となる．ただし，積については非可換である．この非可換体を**四元数体**（あるいは，**ハミルトンの四元数体**）といい，$\mathbb{H}$ で表す．四元数体の元を**四元数**という．

[解説] 四元数全体が体であることを確認する中で最も注意すべき点は，$p \neq 0$ のとき，$p = \begin{pmatrix} z & -w \\ \bar{w} & \bar{z} \end{pmatrix}$ の逆数 $\dfrac{1}{p}$ は存在するかということである．実際，

$$\frac{1}{p} = \frac{1}{z\bar{z} + w\bar{w}} \begin{pmatrix} \bar{z} & w \\ -\bar{w} & z \end{pmatrix} = \frac{1}{a^2 + b^2 + c^2 + d^2} \begin{pmatrix} a - bi & c + di \\ -c + di & a + bi \end{pmatrix}$$

となっている．体であるための残りの条件を確認することは簡単であるので，読者自身で確かめてほしい．

なお，一般に四元数 p は，次を満たす I, J, K を用いて，$p = a + bI + cJ + dK$ と表される．

$$I^2 = J^2 = K^2 = -1, \quad IJ = -JI = K, \quad JK = -KJ = I, \quad KI = -IK = J$$

また，これより，$\dfrac{1}{p} = \dfrac{a - bI - cJ - dK}{a^2 + b^2 + c^2 + d^2}$ となる．　□

次の例題で，I, J, K の行列表示はどのようなものか確認しよう．

［例題］ 四元数 $p = a + bI + cJ + dK$ について，I, J, K をそれぞれ行列表示せよ．

［解答］ $I = \begin{pmatrix} i & 0 \\ 0 & -i \end{pmatrix}$, $J = \begin{pmatrix} 0 & -1 \\ 1 & 0 \end{pmatrix}$, $K = \begin{pmatrix} 0 & -i \\ -i & 0 \end{pmatrix}$ である．

▶**問題** 四元数 $p = a + bI + cJ + dK$ について，$I^2 = J^2 = K^2 = -1$, $IJ = -JI = K$, $JK = -KJ = I$, $KI = -IK = J$ を証明せよ．

7.7 四元数の共役とノルム

7.3 節で，複素数 $z = x + yi$ $(x, y \in \mathbb{R})$ を xy 平面の数ベクトル $\boldsymbol{z} = \begin{pmatrix} x \\ y \end{pmatrix}$ と見ることができたように，四元数 $p = a + xI + yJ + zK$ $(a, x, y, z \in \mathbb{R})$ を $\boldsymbol{p} = \begin{pmatrix} a \\ x \\ y \\ z \end{pmatrix}$ に対応させて，四元数体 $\mathbb{H}$ をスカラー全体 $\mathbb{R}$ と 3 次元数ベクトル空間 $\mathbb{R}^3$ との直和である $\mathbb{R}^4$ と見ることもできる．この意味で，a を p の**実部**，$xI + yJ + zK$ を p の**虚部**という．そうすると，複素数を複素平面として考えて共役やノルムを定義したように，四元数体 $\mathbb{H}$ にもそれらが定義できる．

［定義］ 四元数の共役とノルム

四元数 $p = a + xI + yJ + zK$ の**共役**を $\bar{p}$ で表し，

$$\bar{p} = a - (xI + yJ + zK)$$

で定義する．さらに，$p = a + xI + yJ + zK$ の**ノルム**を $\|p\|$ で表し，

$$\|p\| = \sqrt{a^2 + x^2 + y^2 + z^2}$$

で定義する．このことから，

$$\frac{1}{p} = \frac{\bar{p}}{\|p\|^2}$$

がいえる．

次の例題で，四元数のノルムや共役に関する基本的な公式を取り上げよう．

[例題]　$\|p\| = \sqrt{p\bar{p}}$ を示せ．

[解答] $p\bar{p} = \begin{pmatrix} a+xi & -y-zi \\ y-zi & a-xi \end{pmatrix} \begin{pmatrix} a-xi & y+zi \\ -y+zi & a+xi \end{pmatrix} = (a^2+x^2+y^2+z^2) \begin{pmatrix} 1 & 0 \\ 0 & 1 \end{pmatrix}$

より，$\sqrt{p\bar{p}} = \sqrt{a^2+x^2+y^2+z^2} = \|p\|$ である．

▶**問題**　四元数 p_1，p_2 に対して，次の等式を示せ．

(1) $\overline{(p_1 p_2)} = \bar{p}_2 \bar{p}_1$　　(2) $\|p_1 p_2\| = \|p_1\|\ \|p_2\|$

7.8　二つの四元数の積の意味

7.3 節で説明したように，複素数の積は平面上の回転とみなせた．それでは，四元数の積に意味はあるのだろうか．それを説明するために，まず，ベクトル積について説明する．

自然な内積空間 $\mathbb{R}^3 = \langle \boldsymbol{e}_1, \boldsymbol{e}_2, \boldsymbol{e}_3 \rangle_B$ を考える．このとき，$(\boldsymbol{e}_j|\boldsymbol{e}_k) = 0\ (j \neq k)$ であり，$\boldsymbol{e}_j$ と $\boldsymbol{e}_k$ は直交していると定めた．さらに，内積空間 $\mathbb{R}^3$ の一般的な二つの数ベクトル $\boldsymbol{p}$ と $\boldsymbol{q}$ のなす角 θ も定義でき，このことから公式

$$(\boldsymbol{p}|\boldsymbol{q}) = \|\boldsymbol{p}\|\ \|\boldsymbol{q}\| \cos\theta$$

が得られた．

さて，今度は $\mathbb{R}^3$ の二つの数ベクトル $\boldsymbol{p}$ と $\boldsymbol{q}$ となす角 θ から，**ベクトル積** $\boldsymbol{p} \times \boldsymbol{q}$ なるものを

$$\boldsymbol{p} \times \boldsymbol{q} = (\|\boldsymbol{p}\|\ \|\boldsymbol{q}\| \sin\theta)\ \boldsymbol{v}$$

と定義する．ここで，$\boldsymbol{v}$ は $(\boldsymbol{v}|\boldsymbol{p}) = (\boldsymbol{v}|\boldsymbol{q}) = 0$ となる単位ベクトル，つまり $\boldsymbol{p}$ と $\boldsymbol{q}$

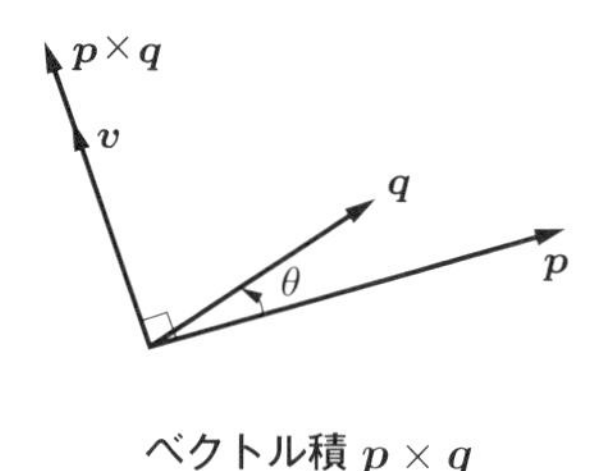

ベクトル積 $\boldsymbol{p} \times \boldsymbol{q}$

が張る平面の単位法線ベクトルであり，$\boldsymbol{p}$ から $\boldsymbol{q}$ へ回す右ねじが進む向きを正とする．したがって，$\boldsymbol{q} \times \boldsymbol{p} = -\boldsymbol{p} \times \boldsymbol{q}$ が成り立つ．ベクトル積を用いると，$\boldsymbol{e}_1$，$\boldsymbol{e}_2$，$\boldsymbol{e}_3$ のベクトル積による関係は

$$\boldsymbol{e}_1 \times \boldsymbol{e}_2 = -\boldsymbol{e}_2 \times \boldsymbol{e}_1 = \boldsymbol{e}_3$$

$$\boldsymbol{e}_2 \times \boldsymbol{e}_3 = -\boldsymbol{e}_3 \times \boldsymbol{e}_2 = \boldsymbol{e}_1$$

$$\boldsymbol{e}_3 \times \boldsymbol{e}_1 = -\boldsymbol{e}_1 \times \boldsymbol{e}_3 = \boldsymbol{e}_2$$

となる．

注意 実は，数ベクトル $\boldsymbol{p}$, $\boldsymbol{q}$ を $\boldsymbol{p} = x_p\boldsymbol{e}_1 + y_p\boldsymbol{e}_2 + z_p\boldsymbol{e}_3$, $\boldsymbol{q} = x_q\boldsymbol{e}_1 + y_q\boldsymbol{e}_2 + z_q\boldsymbol{e}_3$ と基底と座標で表したとき，ベクトル積 $\boldsymbol{p} \times \boldsymbol{q}$ は，行列式を用いて

$$\boldsymbol{p} \times \boldsymbol{q} = \begin{vmatrix} \boldsymbol{e}_1 & \boldsymbol{e}_2 & \boldsymbol{e}_3 \\ x_p & y_p & z_p \\ x_q & y_q & z_q \end{vmatrix} \tag{$*1$}$$

と表すこともできる（読者自身で確かめよ）．

さて，ここから四元数体 $\mathbb{H}$ の部分集合

$$S(\mathbb{H}) = \{p \in \mathbb{H} \mid p = xI + yJ + zK,\ x, y, z \in \mathbb{R}\}$$

を考えよう．このとき，I, J, K のノルムはどれも $\|I\| = \|J\| = \|K\| = 1$ であり，さらに，$IJ = -JI = K$, $JK = -KJ = I$, $KI = -IK = J$ であることから，I を $\boldsymbol{e}_1$，J を $\boldsymbol{e}_2$，K を $\boldsymbol{e}_3$ と対応させることで，$S(\mathbb{H})$ を $\mathbb{R}^3$ とみなすことができる．このことから，ベクトル解析や物理や工学の本では，$\mathbb{R}^3$ の基底を $\{\boldsymbol{i}, \boldsymbol{j}, \boldsymbol{k}\}$，つまり，$\mathbb{R}^3 = \langle \boldsymbol{i}, \boldsymbol{j}, \boldsymbol{k} \rangle_B$ として扱うことが多い．以後，この章に限り本書もそれに従う．

[定理]　二つの四元数の積の意味

$\boldsymbol{p} = x_p\boldsymbol{i} + y_p\boldsymbol{j} + z_p\boldsymbol{k}$ と $\boldsymbol{q} = x_q\boldsymbol{i} + y_q\boldsymbol{j} + z_q\boldsymbol{k}$ を四元数 p, q と見て積 pq を求めると，pq の実部は内積 $-(\boldsymbol{p}|\boldsymbol{q})$ に，pq の虚部はベクトル積 $\boldsymbol{p} \times \boldsymbol{q}$ に対応する．

[解説] pq を行列の形で

$$\begin{pmatrix} a_{pq} + x_{pq}i & -y_{pq} - z_{pq}i \\ y_{pq} - z_{pq}i & a_{pq} - x_{pq}i \end{pmatrix} = \begin{pmatrix} x_p i & -y_p - z_p i \\ y_p - z_p i & -x_p i \end{pmatrix} \begin{pmatrix} x_q i & -y_q - z_q i \\ y_q - z_q i & -x_q i \end{pmatrix}$$

とすると，計算により

$$\begin{aligned} a_{pq} &= -(x_p x_q + y_p y_q + z_p z_q) \\ x_{pq} &= z_p y_q - z_q y_p \\ y_{pq} &= -x_p z_q + z_q z_p \\ z_{pq} &= x_p y_q - x_q y_p \end{aligned}$$

が得られ，pq の実部は内積 $-(\boldsymbol{p}|\boldsymbol{q})$ に，pq の虚部はベクトル積の行列式表示 $(*1)$ と比較して $\boldsymbol{p} \times \boldsymbol{q}$ に対応していることがわかる．□

四元数の計算から，内積 $(\boldsymbol{p}|\boldsymbol{q})$ とベクトル積 $\boldsymbol{p} \times \boldsymbol{q}$ を同時に求めてみよう．

[例題] $\mathbb{R}^3 = \langle \boldsymbol{i}, \boldsymbol{j}, \boldsymbol{k} \rangle_B$ の数ベクトル $\boldsymbol{p} = \boldsymbol{i} + \boldsymbol{j} + 2\boldsymbol{k}$ と $\boldsymbol{q} = 3\boldsymbol{i} - \boldsymbol{j} + \boldsymbol{k}$ を四元数 p, q と見て，内積 $(\boldsymbol{p}|\boldsymbol{q})$ とベクトル積 $\boldsymbol{p} \times \boldsymbol{q}$ を同時に計算せよ．

[解答] $\boldsymbol{p}$ と $\boldsymbol{q}$ を四元数として見ると，$p = I + J + 2K$ と $q = 3I - J + K$ であり，さらに行列で表すと，

$$p = \begin{pmatrix} i & -(1+2i) \\ 1-2i & -i \end{pmatrix}, \quad q = \begin{pmatrix} 3i & -(-1+i) \\ -1-i & -3i \end{pmatrix}$$

である．

$$\begin{aligned} pq &= \begin{pmatrix} i & -1-2i \\ 1-2i & -i \end{pmatrix} \begin{pmatrix} 3i & 1-i \\ -1-i & -3i \end{pmatrix} \\ &= \begin{pmatrix} -4+3i & -5+4i \\ 5+4i & -4-3i \end{pmatrix} = \begin{pmatrix} -4+3i & -(5-4i) \\ 5+4i & -4-3i \end{pmatrix} \end{aligned}$$

より，$pq = -4 + 3I + 5J - 4K$ であるので，$(\boldsymbol{p}|\boldsymbol{q}) = 4$，$\boldsymbol{p} \times \boldsymbol{q} = 3\boldsymbol{i} + 5\boldsymbol{j} - 4\boldsymbol{k}$ である．

▶**問題**　$\mathbb{R}^3 = \langle \boldsymbol{i}, \boldsymbol{j}, \boldsymbol{k} \rangle_B$ のベクトル $\boldsymbol{p} = 2\boldsymbol{i} - 3\boldsymbol{j} + 2\boldsymbol{k}$ と $\boldsymbol{q} = \boldsymbol{i} + 5\boldsymbol{j} + 2\boldsymbol{k}$ を四元数と見て，内積 $(\boldsymbol{p}|\boldsymbol{q})$ とベクトル積 $\boldsymbol{p} \times \boldsymbol{q}$ を同時に計算せよ．

7.9　四元数の指数関数とオイラー変換

この節では，四元数の応用について説明しよう．たとえば，コンピュータグラフィックスの世界では，「$\mathbb{R}^3 = \langle \boldsymbol{i}, \boldsymbol{j}, \boldsymbol{k} \rangle_B$ のベクトルを j 軸まわりに ϕ 回転させる」という状況がよくある．これをふつうにベクトル表示しようとすると非常に煩雑に

なってしまうのだが，四元数を用いることで，簡潔に記述することができる．

四元数 $\begin{pmatrix} a+bi & -c-di \\ c-di & a-bi \end{pmatrix}$ において，$b=d=0$ とすると $\begin{pmatrix} a & -c \\ c & a \end{pmatrix}$ が得られる．つまり，$\mathbb{H}$ の部分集合 $\{a+cJ \mid a,c\in\mathbb{R}\}$ は，複素数 $\mathbb{C}$ と見ることができる．したがって，$\varphi\in\mathbb{R}$ に対するオイラーの公式 $e^{J\varphi}=\cos\varphi+J\sin\varphi$ が成り立つ．

ここで，平面 $\mathbb{R}^2=\langle \boldsymbol{k},\boldsymbol{i}\rangle_B$ 上の任意の数ベクトル $z\boldsymbol{k}+x\boldsymbol{i}$ に対応する四元数 $zK+xI$ を考える．$e^{J\varphi}=\cos\varphi+J\sin\varphi$ と $zK+xI$ との積を計算すると，

$$\begin{aligned} e^{J\varphi}(zK+xI) &= (\cos\varphi+J\sin\varphi)(zK+xI) \\ &= zK\cos\varphi+zI\sin\varphi+xI\cos\varphi-xK\sin\varphi \\ &= (z\cos\varphi-x\sin\varphi)I+(z\sin\varphi+x\cos\varphi)K \end{aligned}$$

である．これは，平面 $\mathbb{R}^2=\langle \boldsymbol{k},\boldsymbol{i}\rangle_B$ 上での変換

$$e^{J\varphi}\begin{pmatrix} z \\ x \end{pmatrix}=\begin{pmatrix} \cos\varphi & -\sin\varphi \\ \sin\varphi & \cos\varphi \end{pmatrix}\begin{pmatrix} z \\ x \end{pmatrix}$$

を意味するため，$e^{J\varphi}$ は平面 $\mathbb{R}^2=\langle \boldsymbol{k},\boldsymbol{i}\rangle_B$ に $\boldsymbol{j}$ 軸中心の φ 回転という作用を与えるものといえる．同様に，平面 $\mathbb{R}^2=\langle \boldsymbol{i},\boldsymbol{j}\rangle_B$ に $\boldsymbol{k}$ 軸中心の ψ 回転を与える $e^{K\psi}$ や，平面 $\mathbb{R}^2=\langle \boldsymbol{j},\boldsymbol{k}\rangle_B$ に $\boldsymbol{i}$ 軸中心の θ 回転を与える $e^{I\theta}$ を考えることができる．したがって，四元数の指数関数が以下のように定義される．

［定義］ 四元数の指数関数

$0\leqq\theta,\ \varphi,\ \psi<2\pi$ とする．そして，$S(\mathbb{H})$ 上の指数関数 $e^{I\theta}$, $e^{J\varphi}$, $e^{K\psi}$ を

$$\begin{aligned} e^{I\theta}(xI+yJ+zK) &= xI+(y\cos\theta-z\sin\theta)J+(y\sin\theta+z\cos\theta)K \\ e^{J\varphi}(xI+yJ+zK) &= (-x\sin\varphi+z\cos\varphi)I+yJ+(x\cos\varphi+z\sin\varphi)K \\ e^{K\psi}(xI+yJ+zK) &= (x\cos\psi-y\sin\psi)I+(x\sin\psi+y\cos\psi)J+zK \end{aligned}$$

と定義する．

注意 θ に具体的な角を与えると，たとえば

$$\begin{aligned} e^{I(0)}(xI+yJ+zK) &= xI+yJ+zK \\ e^{I(\pi/2)}(xI+yJ+zK) &= xI+yIJ+zIK = xI-zJ+yK \end{aligned}$$

$$e^{I(\pi)}(xI+yJ+zK)=xI-yJ-zK$$
$$e^{I(3\pi/2)}(xI+yJ+zK)=xI-yIJ-zIK=xI+zJ-yK$$

などとなる．

[定理]　オイラー変換

$0 \leqq \theta,\ \varphi,\ \psi < 2\pi$ とする．このとき，$S(\mathbb{H})$ 上の指数関数 $e^{I\theta}$, $e^{J\varphi}$, $e^{K\psi}$ は，$S(\mathbb{H})$ を $\mathbb{R}^3=\langle \boldsymbol{i},\boldsymbol{j},\boldsymbol{k}\rangle_B$ と同一視することで，$\mathbb{R}^3$ の中の平面 $\langle \boldsymbol{j},\boldsymbol{k}\rangle_B$, $\langle \boldsymbol{k},\boldsymbol{i}\rangle_B$, $\langle \boldsymbol{i},\boldsymbol{j}\rangle_B$ にそれぞれ θ 回転（$\boldsymbol{j}$ から $\boldsymbol{k}$ 方向），φ 回転（$\boldsymbol{k}$ から $\boldsymbol{i}$ 方向），ψ 回転（$\boldsymbol{i}$ から $\boldsymbol{j}$ 方向）を与える．

[解説] $\mathbb{R}^3=\langle \boldsymbol{i},\boldsymbol{j},\boldsymbol{k}\rangle_B$ の原点を中心とした任意の回転は，$\boldsymbol{i}$ 軸，$\boldsymbol{j}$ 軸，$\boldsymbol{k}$ 軸の三つの軸を中心にした回転を合成して表されることが知られている．この回転を表す各軸中心の回転角 θ, φ, ψ を**オイラー角**とよび，それらの合成から得られる回転を**オイラー変換**という．以下では，オイラー変換を用いる際の注意点を四元数を使って説明する．

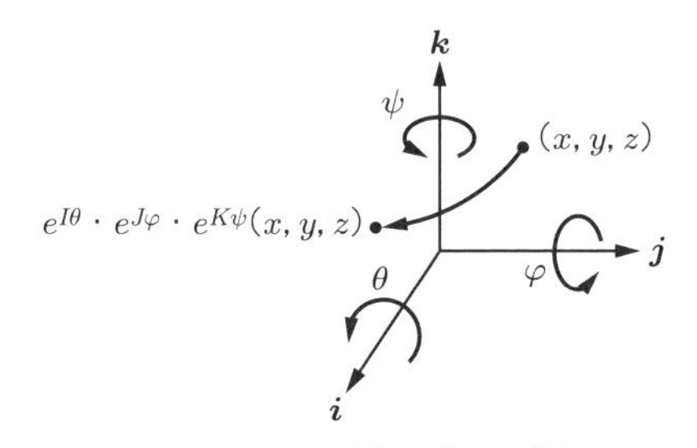

オイラー変換 $e^{I\theta}$, $e^{J\varphi}$, $e^{K\psi}$

$\boldsymbol{i}$ 軸を中心とした θ 回転，$\boldsymbol{j}$ 軸を中心とした φ 回転，$\boldsymbol{k}$ 軸を中心とした ψ 回転は，それぞれ $e^{I\theta}$, $e^{J\varphi}$, $e^{K\psi}$ で表されるので，オイラー変換はこれらの積であるといえる．しかし，四元数体での演算は非可換，たとえば $e^{I\theta}e^{J\varphi} \neq e^{J\varphi}e^{I\theta}$ であり，オイラー変換は合成の順によって結果が変わってくるので注意が必要である．

さらに，オイラー変換には，もう一つ注意すべき重要な現象が起こる．それを見るために，任意のベクトル $x\boldsymbol{i}+y\boldsymbol{j}+z\boldsymbol{k}$ のオイラー変換 $e^{I\theta}\cdot e^{J(\pi/2)}\cdot e^{K\psi}$ を考える．このオイラー変換を計算すると，

$$\begin{aligned}&(e^{I\theta}\cdot e^{J(\pi/2)}\cdot e^{K\psi})(xI+yJ+zK)\\&=zI+\{x\sin(\psi+\theta)+y\cos(\psi+\theta)\}J+\{-x\cos(\psi+\theta)+y\sin(\psi+\theta)\}K\end{aligned}$$

となる．この結果を行列で表すと，

$$\begin{pmatrix} 0 & 0 & 1 \\ \sin(\theta+\psi) & \cos(\theta+\psi) & 0 \\ -\cos(\theta+\psi) & \sin(\theta+\psi) & 0 \end{pmatrix} \begin{pmatrix} x \\ y \\ z \end{pmatrix}$$

である．これは，$\phi = \theta + \psi$ としたとき，$\theta = 0$ としても $\psi = 0$ としても ϕ 回転した結果は同じであるということを意味する．つまり，結果からはこの回転が $\boldsymbol{i}$ 軸を中心とした回転なのか，$\boldsymbol{k}$ 軸を中心とした回転なのかを判断できないのである．工学などの分野では，この現象を**ジンバルロック**とよんでいる．つまり，オイラー変換はジンバルロックが起こりうる変換といえる． □

[例題] オイラー変換 $e^{J\varphi} \cdot e^{I(\pi/2)} \cdot e^{K\psi}$ を計算し，ジンバルロックが起こるかどうか判断せよ．

[解答] オイラー変換を計算すると，

$$\begin{aligned}
&(e^{J\varphi} \cdot e^{I\frac{\pi}{2}} \cdot e^{K\psi})(xI + yJ + zK) \\
&= (e^{J\varphi} \cdot e^{I\frac{\pi}{2}} \cdot e^{K\psi})(xI + yJ + zK) \\
&= (e^{J\varphi} \cdot e^{I\frac{\pi}{2}})\{(x\cos\psi - y\sin\psi)I + (x\sin\psi + y\cos\psi)J + zK\} \\
&= (e^{J\varphi})\{(x\cos\psi - y\sin\psi)I - zJ + (x\sin\psi + y\cos\psi)K\} \\
&= \{(x\cos\psi\cos\varphi + x\sin\psi\sin\varphi) + -y\sin\psi\cos\varphi + y\cos\psi\sin\varphi)\}I \\
&\quad - zJ + \{(x\sin\psi\cos\varphi - x\cos\psi\sin\varphi) + y\cos\psi\cos\varphi + y\sin\psi\sin\varphi)\}K \\
&= \{x\cos(\varphi-\psi) + y\sin(\varphi-\psi)\}I - zJ + \{-x\sin(\varphi-\psi) + y\cos(\varphi-\psi)\}K
\end{aligned}$$

となる．この結果を行列で表すと，

$$\begin{pmatrix} \cos(\varphi-\psi) & \sin(\varphi-\psi) & 0 \\ 0 & 0 & -1 \\ -\sin(\varphi-\psi) & \cos(\varphi-\psi) & 0 \end{pmatrix} \begin{pmatrix} x \\ y \\ z \end{pmatrix}$$

となる．そして，これは，$\phi = \varphi - \psi$ としたとき，$\varphi = 0$ としても $\psi = 0$ としても，ϕ 回転した結果は同じであることを示している．したがって，ジンバルロックが起こる．

▶**問題** オイラー変換 $e^{J\varphi} \cdot e^{K(\pi/2)} \cdot e^{I\theta}$ を計算し，ジンバルロックが起こるかどうか判断せよ．

7.10 空間の任意ベクトルを軸にした回転

前節では，$\mathbb{R}^3 = \langle \boldsymbol{i}, \boldsymbol{j}, \boldsymbol{k} \rangle_B$ の回転を三つのオイラー角を用いたオイラー変換で考

えた．ただしその変換には，ジンバルロックという困った現象が起こる．しかし，以下で説明するように，四元数による回転で，$\mathbb{R}^3$ の回転軸を最初から一つに固定すればそのようなことは起こらない．

$\mathbb{R}^3 = \langle \boldsymbol{i}, \boldsymbol{j}, \boldsymbol{k} \rangle_B$ の単位ベクトル

$$\boldsymbol{u} = u_1\boldsymbol{i} + u_2\boldsymbol{j} + u_3\boldsymbol{k}$$

を考え，さらに $\boldsymbol{u}$ と変数 θ に関する四元数の関数 $u(\theta)$ を

$$u(\theta) = \begin{pmatrix} \cos\theta + iu_1\sin\theta & -u_2\sin\theta - iu_3\sin\theta \\ u_2\sin\theta - iu_3\sin\theta & \cos\theta - iu_1\sin\theta \end{pmatrix}$$

と定義する．別の四元数の表現で書けば，

$$u(\theta) = \cos\theta + (u_1 I + u_2 J + u_3 K)\sin\theta$$

である．以下の定理は，単位ベクトル $\boldsymbol{u}$ を方向ベクトルにもつ原点を通る直線 $L_{\boldsymbol{u}}$ を軸とする θ 回転を与えるものである．このような回転で，かつ右ねじを回す向きを正とする回転を，単に単位ベクトル $\boldsymbol{u}$ を軸にした θ 回転とよぶことにする．

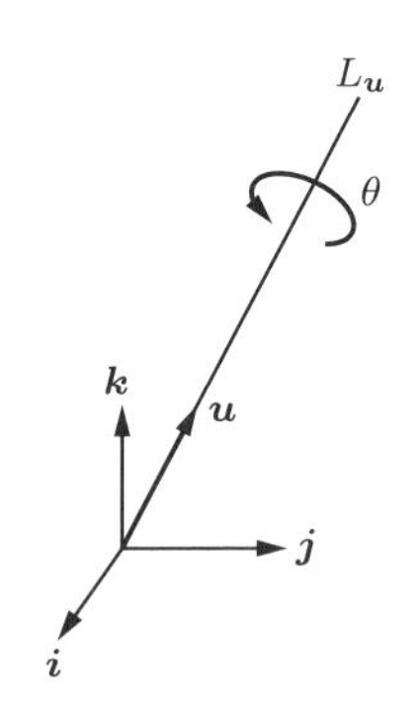

単位ベクトル $\boldsymbol{u}$ を軸にした θ 回転

［定理］　空間の任意ベクトルを軸にした回転

$\mathbb{R}^3 = \langle \boldsymbol{i}, \boldsymbol{j}, \boldsymbol{k} \rangle_B$ の任意の数ベクトル $\boldsymbol{p} = p_1\boldsymbol{i} + p_2\boldsymbol{j} + p_3\boldsymbol{k}$ に対して，単位ベクトル $\boldsymbol{u}$ を軸にした θ 回転は，対応する四元数を用いて

$$u\left(\frac{\theta}{2}\right) \cdot p \cdot \bar{u}\left(\frac{\theta}{2}\right) \qquad (*2)$$

から得られる．ここで，$p = \begin{pmatrix} p_1 i & -(p_2 + p_3 i) \\ p_2 - p_3 i & -p_1 i \end{pmatrix}$ である．

[解説] 証明は，式 $(*2)$ を計算した結果と，**ロドリゲスの回転公式**というものを比較することで得られるが，詳細は略す．

参考までに，ロドリゲスの回転公式を紹介すると，$\mathbb{R}^3$ 内の軸 $L_{\boldsymbol{u}}$ に関する θ 回転の表現行列は

$$\begin{pmatrix} \cos\theta + u_1^2(1-\cos\theta) & u_1u_2(1-\cos\theta) - u_3\sin\theta & u_1u_3(1-\cos\theta) + u_2\sin\theta \\ u_2u_1(1-\cos\theta) + u_3\sin\theta & \cos\theta + u_2^2(1-\cos\theta) & u_2u_3(1-\cos\theta) - u_1\sin\theta \\ u_3u_1(1-\cos\theta) - u_2\sin\theta & u_3u_2(1-\cos\theta) + u_1\sin\theta & \cos\theta + u_3^2(1-\cos\theta) \end{pmatrix}$$

である，というものである．□

上記の定理を使って，具体的に空間のある点のある軸に関する回転後の点の座標を求めてみよう．

[例題] $\mathbb{R}^3 = \langle \boldsymbol{i}, \boldsymbol{j}, \boldsymbol{k} \rangle_B$ において，$\boldsymbol{u} = \dfrac{1}{\sqrt{2}}\boldsymbol{i} + \dfrac{1}{\sqrt{2}}\boldsymbol{j}$ とし，$\boldsymbol{u}$ を軸にした θ 回転を考える．$\theta = \dfrac{\pi}{2}$ と $\theta = \pi$ のとき，点 $\mathrm{P} = (0,0,5)$ の変換後の点 $\mathrm{P}_{\pi/2}, \mathrm{P}_\pi$ をそれぞれ求めよ．

[解答] $u(\theta) = \cos\theta + (u_1 I + u_2 J + u_3 K)\sin\theta$ より，$u\left(\dfrac{\pi}{4}\right) = \dfrac{\sqrt{2}}{2} + \dfrac{1}{2}\boldsymbol{i} - \dfrac{1}{2}\boldsymbol{j}$ であるので，

$$u\left(\frac{\pi}{4}\right) = \frac{1}{2}\begin{pmatrix} \sqrt{2} + i & -1 \\ 1 & \sqrt{2} - i \end{pmatrix}$$

となる．同様に，$u\left(\dfrac{\pi}{2}\right) = \dfrac{i}{\sqrt{2}}\boldsymbol{i} + \dfrac{1}{\sqrt{2}}\boldsymbol{j}$ より

$$u\left(\frac{\pi}{2}\right) = \frac{1}{\sqrt{2}}\begin{pmatrix} i & -1 \\ 1 & -i \end{pmatrix}$$

である．また，点 P の位置ベクトル $\boldsymbol{p} = 5\boldsymbol{k}$ を四元数 p で表すと，

$$p = \begin{pmatrix} 0 & -5i \\ -5i & 0 \end{pmatrix}$$

である．

(i) $\theta = \dfrac{\pi}{2}$ のとき

$$p_{\pi/2} = u\left(\frac{\pi}{4}\right) \cdot p \cdot \bar{u}\left(\frac{\pi}{4}\right)$$

$$= \frac{1}{4}\begin{pmatrix} \sqrt{2}+i & -1 \\ 1 & \sqrt{2}-i \end{pmatrix}\begin{pmatrix} 0 & -5i \\ -5i & 0 \end{pmatrix}\begin{pmatrix} \sqrt{2}-i & 1 \\ -1 & \sqrt{2}-i \end{pmatrix}$$

$$= \frac{1}{2}\begin{pmatrix} 5\sqrt{2}i & 5\sqrt{2} \\ -5\sqrt{2} & -5\sqrt{2}i \end{pmatrix}$$

すなわち $\boldsymbol{p}_{\pi/2} = \dfrac{5\sqrt{2}}{2}\boldsymbol{i} - \dfrac{5\sqrt{2}}{2}\boldsymbol{j}$ より，点 $\mathrm{P}_{\pi/2}$ の座標は $\left(\dfrac{5\sqrt{2}}{2}, -\dfrac{5\sqrt{2}}{2}, 0\right)$ である．

(ii) $\theta = \pi$ のとき

$$p_\pi = u\left(\frac{\pi}{2}\right)\cdot p \cdot \bar{u}\left(\frac{\pi}{2}\right) = \frac{1}{2}\begin{pmatrix} i & -1 \\ 1 & -i \end{pmatrix}\begin{pmatrix} 0 & -5i \\ -5i & 0 \end{pmatrix}\begin{pmatrix} -i & 1 \\ -1 & i \end{pmatrix} = \begin{pmatrix} 0 & 5i \\ 5i & 0 \end{pmatrix}$$

すなわち $\boldsymbol{p}_\pi = -5\boldsymbol{k}$ より，点 P_π の座標は $(0, 0, -5)$ である．

▶**問題**　$\mathbb{R}^3 = \langle \boldsymbol{i}, \boldsymbol{j}, \boldsymbol{k} \rangle_B$ において，$\boldsymbol{u} = \dfrac{1}{\sqrt{3}}\boldsymbol{i} + \dfrac{1}{\sqrt{3}}\boldsymbol{j} + \dfrac{1}{\sqrt{3}}\boldsymbol{k}$ とし，$\boldsymbol{u}$ を軸にした θ 回転を考える．$\theta = \dfrac{\pi}{3}$ のとき，点 $\mathrm{P} = (1, 0, 0)$ の変換後の点 $\mathrm{P}_{\pi/3}$ を求めよ．

◉ 振り返り問題

複素数体 $\mathbb{C}$ と四元数体 $\mathbb{H}$ に関する次の各文には間違いがある．どのような点が間違いであるか説明せよ．

(1) 複素数体 $\mathbb{C}$ も四元数体 $\mathbb{H}$ も，どちらも可換体である．

(2) 数ベクトル空間 $\mathbb{R}^2$ の原点中心の回転は，複素数の積を利用して考えることができるが，それは拡大縮小を伴わない純粋な回転を示すものである．

(3) ド・モアブルの定理によって，n 次代数方程式の n 個の解をすべて求めることができる．

(4) オイラーの公式によって，ネイピア数 e を底とする複素数の指数関数 $e^{i\theta} = \cos\theta + i\sin\theta$ が与えられるが，これは実数の指数関数の基本性質をすべて満足する．

(5) 二つの実部 0 の四元数 p, q の積 pq は，対応する $\mathbb{R}^3$ の数ベクトル $\boldsymbol{p}$ と $\boldsymbol{q}$ のベクトル積 $\boldsymbol{p} \times \boldsymbol{q}$ を意味する．

(6) $\mathbb{R}^3$ の回転に関するオイラー変換において，ジンバルロックという現象が発生するが，それは，ある特別な回転に関して起こる現象であり，回転を試みてもどうしても回転できない軸があって，オイラー変換ができない状況に陥ることである．

(7) $\mathbb{R}^3$ の単位ベクトル $\boldsymbol{u} = u_1\boldsymbol{i} + u_2\boldsymbol{j} + u_3\boldsymbol{k}$ を軸とする θ 回転を考えるとき，ベクトル $\boldsymbol{p}$ の回転は，$\boldsymbol{u}$ と θ に関する四元数の関数 $u(\theta) = \cos\theta + (u_1 I + u_2 J + u_3 K)\sin\theta$

を用いて，積 $u(\theta) \cdot p \cdot \bar{u}(\theta)$ から得られる．

COLUMN　四元数の発見

ハミルトンは，複素数は二元数と考えられるので，平面幾何で使えることに気づいた．さらに，三元数ができれば空間図形の研究に役に立つと考えた．そして，j は $j^2 = -1$ を満たす i とは別種の虚数として，三元数 $a + bi + cj$ を考えた．

三元数どうしの加法，減法はすぐできる．積 ij は，$a + bi + cj$ と実数 a, b, c を用いて書けるに違いないと考えた．しかし，$ij = a + bi + cj$ に左から i を掛けると $-b + ac = 0$, $bc + a = 0$, $-1 = c^2$ が出るが，c は実数なので $-1 = c^2$ は矛盾してしまう．

この矛盾から抜け出すために，ij は三元数ではなく別の新しい数と理解し，新しい数 k とした．さらに，$ji = -ij$ とすると $k^2 = ijij = i(ji)j = -i(ij)j = -i^2j^2 = -1$ となり，すべてがうまく進むことがわかった．

かくして，四元数 $q = a + bi + cj + dk$ が創始されたのである．

第 III 部

抽象的なベクトル空間

第 III 部では，いよいよ抽象的なベクトル空間の説明に入る．抽象的なベクトル空間は，現代数学を学ぶうえで必要不可欠なものとなっている．抽象的なベクトル空間により，行列空間，線形写像の空間，双対空間，商空間などのさまざまなベクトル空間が現れてくる．そして，さらに抽象的なテンソル積やテンソル空間にもつながっていくのであるが，これらの概念は，初学者にはハードルが高く，理解が難しい．本書では，第 I 部で説明した数ベクトル空間と結びつけたり，具体的に計算できる例題を用いたりすることで，少しでもイメージが湧くように心がけた．これらのことから，テンソル積やテンソル空間がベクトル空間を拡張した空間であることをしっかりと理解できるだろう．

第8章

抽象的なベクトル空間

これまで，空間としては主に実数 $\mathbb{R}$ に関する数ベクトル空間 $\mathbb{R}^n$ を扱ってきたが，実は数ベクトル空間と同じ性質をもつ空間はそれ以外にもいくらでもある．この章では，抽象的なベクトル空間を定義し（8.1〜8.3 節），そこから自然に展開できる行列空間（8.4 節），線形写像の空間（8.5 節），双対空間（8.6 節），商空間（8.7〜8.9 節）について説明する．これらを理解することで，さまざまな空間に対する統一的な理解を得ることができる．

8.1　抽象的なベクトル空間

8.1〜8.3 節では，抽象的なベクトル空間の性質について説明する．まず，抽象的なベクトル空間（または**線形空間**）の定義を述べる．なお，この章ではとくに断りのない限り，K は任意の体とする．

［定義］　抽象的なベクトル空間

集合 V の任意の元 $\boldsymbol{x}$, $\boldsymbol{y}$ と K の任意の元 a に対して，**加法** $\boldsymbol{x}+\boldsymbol{y} \in V$ と，**スカラー倍** $a\boldsymbol{x} \in V$ が定義されていて，次の (1)〜(6) の条件が満たされているとき，V を K **ベクトル空間**という．以下，$\boldsymbol{x}$, $\boldsymbol{y}$, $\boldsymbol{z}$ を V の任意の元とし，a, b は K の任意の元（スカラー）とする．

(1) **交換法則**：$\boldsymbol{x}+\boldsymbol{y}=\boldsymbol{y}+\boldsymbol{x}$

(2) **結合法則**：$(\boldsymbol{x}+\boldsymbol{y})+\boldsymbol{z}=\boldsymbol{x}+(\boldsymbol{y}+\boldsymbol{z})$, $(ab)\boldsymbol{x}=a(b\boldsymbol{x})$

(3) **分配法則**：$a(\boldsymbol{x}+\boldsymbol{y})=a\boldsymbol{x}+a\boldsymbol{y}$, $(a+b)\boldsymbol{x}=a\boldsymbol{x}+b\boldsymbol{x}$

(4) $1\boldsymbol{x}=\boldsymbol{x}$（ただし，$1$ は K の乗法に関する単位元）

(5) **零元** $\boldsymbol{0}$ の存在：$\boldsymbol{0}+\boldsymbol{x}=\boldsymbol{x}+\boldsymbol{0}=\boldsymbol{0}$ となる $\boldsymbol{0}$ が存在する．

(6) **和に関する逆元**の存在：任意の $\boldsymbol{x}$ に対して，$\boldsymbol{x}+\boldsymbol{y}=\boldsymbol{y}+\boldsymbol{x}=\boldsymbol{0}$ となる $\boldsymbol{y}$ がただ一つだけ存在する．$\boldsymbol{y}$ を $-\boldsymbol{x}$ と書く．

［解説］ なぜ，抽象的なベクトル空間を扱わなければならないかという疑問もあるだろう．それは，抽象的なベクトル空間は，現代数学の具体的な対象を考えるときに，基本的な役

割を果たすことがあるからである．たとえば，曲面や曲がった空間などを学ぶとき，それらの上で定義される関数などの集合からベクトル空間が現れ，その次元がそれらの形の特徴を表したりするのである． □

数列全体の集合はベクトル空間である．次の例題でそのことを確かめてみる．

［例題］ 実数の数列全体 $\{(a_0, a_1, \ldots, a_n, \ldots) \mid a_n \in \mathbb{R}\ (n = 0, 1, \ldots)\}$ が $\mathbb{R}$ ベクトル空間となるように和とスカラー倍を定めよ．

［解答］ 簡単のため，$(a_0, a_1, \ldots, a_n, \ldots)$ を (a_n) と書く．そして，c をスカラーとして，

$$(a_n) + (b_n) = (a_n + b_n), \quad (ca_n) = c(a_n)$$

と定義すると，実数の数列全体 $\{(a_n)\}$ はベクトル空間の公理を満たすので，$\mathbb{R}$ ベクトル空間となる．

ベクトル空間が定義されると，1.9〜1.13 節で説明した部分空間や生成される空間，基底などの概念も同様に定義される．ここでは詳細に述べないが，定義に書かれた「数ベクトル空間 $\mathbb{R}^n$」という言葉を「K ベクトル空間 V」と読み替えて，読者自身でこれらのことを確かめてほしい．

さて，上の例で扱った実数の数列全体の次元は有限ではない．次元が有限なベクトル空間，すなわち n 個の基底をもつベクトル空間は，**有限次元ベクトル空間**とよばれる．これに対し，次元が有限ではないベクトル空間，すなわちどんな自然数 n に対しても n 個の線形独立な元が V の中に存在する空間を，**無限次元ベクトル空間**という．次の問題で扱うベクトル空間も，無限次元ベクトル空間の例である．

▶**問題** 無限回微分可能な関数全体

$$C^\infty(\mathbb{R}) = \{f : \mathbb{R} \to \mathbb{R} \mid f \text{ は無限回微分可能}\}$$

が $\mathbb{R}$ ベクトル空間となるように和とスカラー倍を定めよ．

8.2 線形写像の和とスカラー倍

二つの K ベクトル空間 V, W の間の線形写像 $F : V \to W$ も第 4 章と同様に，任意の $\boldsymbol{x}$, $\boldsymbol{y} \in V$ と任意の $\lambda \in K$ に対して，以下の二つを満たすものとして定義される．

$$F(\boldsymbol{x}+\boldsymbol{y}) = F(\boldsymbol{x}) + F(\boldsymbol{y}), \quad F(\lambda\boldsymbol{x}) = \lambda F(\boldsymbol{x})$$

このとき，$\mathrm{Im}\, F = F(V)$ は W の部分空間であり，$\mathrm{Ker}\, F$ は V の部分空間であることを注意しておく．また，第4章に説明したことすべてが K ベクトル空間においても成り立つ．とくに，線形写像 F にはベクトル空間の基底を定めることで，その基底に関する F の表現行列 $M(F)$ が得られることを理解しておくことは重要である．

さて，次の定理は線形写像全体が K ベクトル空間になることを意味している．

[定理]　線形写像の和とスカラー倍

V と W を K ベクトル空間，$F: V \to W$ と $G: V \to W$ を線形写像とする．このとき，任意の $\boldsymbol{x} \in V$ と任意の $\lambda \in K$ に対して，

$$(F+G)(\boldsymbol{x}) = F(\boldsymbol{x}) + G(\boldsymbol{x}), \quad (\lambda F)(\boldsymbol{x}) = \lambda F(\boldsymbol{x})$$

と定義すると，$F+G$ と λF は，どちらも V から W への線形写像となる．

[解説] 上記の定理の意味は，V から W への線形写像全体がこの演算の定義により K ベクトル空間となる，すなわち線形写像 F や G はベクトルと見ることができることである．V から W への線形写像全体は，重要な K ベクトル空間であることから，通常 $\mathrm{Hom}(V, W)$ という記号が用いられている．詳細は8.5節で扱う．以下，上記の定理を証明しておく．

(1) $(F+G)(\boldsymbol{x}+\boldsymbol{y}) = (F+G)(\boldsymbol{x}) + (F+G)(\boldsymbol{y})$ と (2) $(F+G)(\lambda\boldsymbol{x}) = \lambda(F+G)(\boldsymbol{x})$ が示されればよい．

(1) について示すと次のようになる．

$$\begin{aligned}
&(F+G)(\boldsymbol{x}+\boldsymbol{y}) = F(\boldsymbol{x}+\boldsymbol{y}) + G(\boldsymbol{x}+\boldsymbol{y}) \\
&= F(\boldsymbol{x}) + F(\boldsymbol{y}) + G(\boldsymbol{x}) + G(\boldsymbol{y}) = F(\boldsymbol{x}) + G(\boldsymbol{x}) + F(\boldsymbol{y}) + G(\boldsymbol{y}) \\
&= (F+G)(\boldsymbol{x}) + (F+G)(\boldsymbol{y})
\end{aligned}$$

(2) について示すと次のようになる．

$$\begin{aligned}
&(F+G)(\lambda\boldsymbol{x}) = F(\lambda\boldsymbol{x}) + G(\lambda\boldsymbol{x}) = \lambda F(\boldsymbol{x}) + \lambda G(\boldsymbol{x}) \\
&= \lambda(F(\boldsymbol{x}) + G(\boldsymbol{x})) = \lambda(F+G)(\boldsymbol{x})
\end{aligned}$$

□

たとえば，(m, n) 行列 A, B は明らかに上記の定理の条件を満たす．それ以外で上記の定理の条件を満たす身近な例としては，次の例題のようなものがある．

[例題] $\dfrac{d^2}{dx^2}+\lambda\dfrac{d}{dx}$ は，$C^\infty(\mathbb{R})$ から $C^\infty(\mathbb{R})$ への線形写像となることを示せ．

[解答] $\dfrac{d}{dx}(f+g)=\dfrac{d}{dx}f+\dfrac{d}{dx}g$ であり，$\dfrac{d}{dx}(\lambda f)=\lambda\dfrac{d}{dx}f$ であることから，$\dfrac{d}{dx}$ は $C^\infty(\mathbb{R})$ から $C^\infty(\mathbb{R})$ への線形写像である．同様に，$\dfrac{d^2}{dx^2}$ も $C^\infty(\mathbb{R})$ から $C^\infty(\mathbb{R})$ への線形写像である．したがって，上記の定理より $\dfrac{d^2}{dx^2}+\lambda\dfrac{d}{dx}$ は $C^\infty(\mathbb{R})$ から $C^\infty(\mathbb{R})$ への線形写像である．

▶**問題**　実数の数列全体 $X_n=\{(x_n)\mid x_n\in\mathbb{R}\}$ に対して，$D(x_n)=(x_{n+1})$，$D^2(x_n)=(x_{n+2})$ とすると，$D^2+\lambda D$ は X_n から X_n への線形写像であることを示せ．

8.3　直積と直和

1.12 節と同様に，抽象的な K ベクトル空間 V においても，W_1 と W_2 が V の部分空間であるとき，$\boldsymbol{x}_1\in W_1$，$\boldsymbol{x}_2\in W_2$ の和 $\boldsymbol{x}_1+\boldsymbol{x}_2$ 全体のなす集合

$$W_1+W_2=\{\boldsymbol{x}_1+\boldsymbol{x}_2\mid \boldsymbol{x}_1\in W_1,\ \boldsymbol{x}_2\in W_2\}$$

は，また V の部分空間となる．W_1+W_2 を W_1 と W_2 の**和**という．また，W_1 と W_2 の共通部分 $W_1\cap W_2$ も部分空間となる．そして，V が有限次元であるとき，

$$\dim W_1+\dim W_2=\dim(W_1+W_2)+\dim(W_1\cap W_2)$$

が成り立つ．とくに，$W_1\cap W_2=\{\mathbf{0}\}$ であるとき，W_1+W_2 を W_1 と W_2 の**直和**とよび，

$$W_1\oplus W_2$$

で表す．

[定理]　直積と直和

V と W を有限次元 K ベクトル空間とする．このとき，直積

$$V\times W=\{(\boldsymbol{x},\boldsymbol{y})\mid \boldsymbol{x}\in V,\ \boldsymbol{y}\in W\}$$

は，和とスカラー倍を $(\boldsymbol{x},\boldsymbol{y})+(\boldsymbol{x}',\boldsymbol{y}')=(\boldsymbol{x}+\boldsymbol{x}',\boldsymbol{y}+\boldsymbol{y}')$，$\lambda(\boldsymbol{x},\boldsymbol{y})=(\lambda\boldsymbol{x},\lambda\boldsymbol{y})$ と定義することで K ベクトル空間となる．そして，$V\times W=V\oplus W$ である．

［解説］ $V \times W = V \oplus W$ であることを説明する．V の基底を $\{\boldsymbol{v}_1, \ldots, \boldsymbol{v}_s\}$，$W$ の基底を $\{\boldsymbol{w}_1, \ldots, \boldsymbol{w}_t\}$ とすると，$V \times W$ の基底は，$\{(\boldsymbol{v}_1, \boldsymbol{w}_1), \ldots, (\boldsymbol{v}_s, \boldsymbol{w}_t)\}$ となる．そして，V と W は $V \times W$ の部分空間であり $V \cap W = \{\boldsymbol{0}\}$ であるため，$V \times W = V \oplus W$ となる．したがって，ベクトル空間論においては，$V \times W$ も V と W の直和とよぶ．$V \times W$ の元 $(\boldsymbol{x}, \boldsymbol{y})$ を $V \oplus W$ の元と見るときは，$\boldsymbol{x} \oplus \boldsymbol{y}$ と書く場合もある． □

n 次多項式全体の集合はベクトル空間であり，そして，次数によって直和に分解できることは直感的に明らかだろう．念のため，次の例題でそのことを確認してみよう．

［例題］ x を $\mathbb{R}$ を定義域とする関数とする．このとき，実数係数の 2 次多項式全体 $P(2, \mathbb{R}) = \{a + bx + cx^2 \mid a, b, c \in \mathbb{R}\}$ は，和を $(a + bx + cx^2) + (a' + b'x + c'x^2) = (a + a') + (b + b')x + (c + c')x^2$，スカラー倍を $\lambda(a + bx + cx^2) = \lambda a + (\lambda b)x + (\lambda c)x^2$ と定義することで，$\mathbb{R}$ ベクトル空間になることを示し，さらに $P(2, \mathbb{R}) = \mathbb{R} \oplus \langle x \rangle \oplus \langle x^2 \rangle$ となることを示せ．

［解答］ $P(2, \mathbb{R})$ が $\mathbb{R}$ ベクトル空間であることの証明は省略する（読者自身で確かめよ）．そして，$P(2, \mathbb{R}) = \langle 1, x, x^2 \rangle$ であることは明らかである．さらに，$\mathbb{R} = \langle 1 \rangle$，$\langle x \rangle$，$\langle x^2 \rangle$ はいずれも $P(2, \mathbb{R})$ の部分空間であり，$\mathbb{R} \cap \langle x \rangle = \{\boldsymbol{0}\}$ かつ $\mathbb{R} \cap \langle x^2 \rangle = \{\boldsymbol{0}\}$ かつ $\langle x \rangle \cap \langle x^2 \rangle = \{\boldsymbol{0}\}$ である．したがって，$P(2, \mathbb{R}) = \mathbb{R} \oplus \langle x \rangle \oplus \langle x^2 \rangle$ である．

上記の例題で見たように，$P(2, \mathbb{R})$ は 1 次元の部分空間の直和に分解される．これは，1 次元の部分空間の生成元 1，x，x^2 が $P(2, \mathbb{R})$ の基底であることも意味し，同時に $P(2, \mathbb{R})$ の次元が 3 であることを示している．

▶**問題**　実数係数の n 次多項式全体 $P(n, \mathbb{R}) = \{a_0 + a_1 x + \cdots + a_n x^n \mid a_j \in \mathbb{R}\}$ は，和を $(a_0 + a_1 x + \cdots + a_n x^n) + (a'_0 + a'_1 x + \cdots + a'_n x^n) = (a_0 + a'_0) + (a_1 + a'_1)x + \cdots + (a_n + a'_n)x^n$，スカラー倍を $\lambda(a_0 + a_1 x + \cdots + a_n x^n) = \lambda a_0 + (\lambda a_1)x + \cdots + (\lambda a_n)x^n$ と定義することで，$n + 1$ 次元 $\mathbb{R}$ ベクトル空間となることを示せ．

8.4　行列空間

8.4～8.6 節では，重要なベクトル空間について具体的に見ていく．これらの空間は，第 9 章で扱うテンソル積とテンソル空間を理解するためにも重要である．

体 K 上の (m, n) 行列全体を $M(m, n, K)$ と書き，K 上の**行列空間**という．まずは，以下の定理を理解しよう．

[定理]　行列空間

K 上の行列空間 $M(m,n,K)$ は，3.1 節の一つ目と二つ目の定義により有限次元 K ベクトル空間となり，次元は mn である．

[解説] $M(m,n,K)$ がベクトル空間であることを確かめることは簡単である（読者自身で確かめよ）．さて，$A \in M(m,n,K)$ に対して，(i,j) 成分だけが 1 で，ほかのすべての成分は 0 であるものを I_{ij} と書くと，$M(m,n,K)$ の基底は $\{I_{11}, I_{12}, \ldots, I_{mn}\}$ となる．したがって，$M(m,n,K)$ の次元は mn となる．□

行列空間はベクトル空間であるので，部分空間が存在する．次の例題でその部分空間について考えてみる．

[例題]　$V = M(2,3,\mathbb{R})$，$W = M(1,3,\mathbb{R})$ とする．線形写像 $F : V \to W$ を，$A \in V$ に対して $F(A) = \begin{pmatrix} 2 & -1 \end{pmatrix} A$ とする．このとき，$\mathrm{Ker}\, F$ とその次元を求めよ．

[解答] $A = \begin{pmatrix} a & b & c \\ d & e & f \end{pmatrix}$ とおくと，$\begin{pmatrix} 2 & -1 \end{pmatrix}\begin{pmatrix} a & b & c \\ d & e & f \end{pmatrix} = \begin{pmatrix} 0 & 0 & 0 \end{pmatrix}$ より，$2a - d = 0,\ 2b - e = 0,\ 2c - f = 0$ である．したがって，

$$\mathrm{Ker}\, F = \left\{ \begin{pmatrix} a & b & c \\ 2a & 2b & 2c \end{pmatrix} \,\middle|\, a, b, c \in \mathbb{R} \right\}$$

であり，$\dim(\mathrm{Ker}\, F) = 3$ である．

▶**問題**　$V = M(3,2,\mathbb{R})$，$W = M(2,2,\mathbb{R})$ とする．線形写像 $F : V \to W$ を，$A \in V$ に対して $F(A) = \begin{pmatrix} 2 & 0 & 1 \\ 0 & -3 & 0 \end{pmatrix} A$ とする．このとき，$\mathrm{Ker}\, F$ とその次元を求めよ．

◉ 8.5　線形写像の空間

V と W を有限次元 K ベクトル空間とする．このとき，V から W への線形写像全体は，8.2 節の定理により K ベクトル空間である．そこで，V から W への線形写像全体を $\mathrm{Hom}(V,W)$ と書き，**線形写像の空間**とよぶ．Hom は homomorphism（準同型）の略である．とくに，V の線形変換全体については $\mathrm{End}(V)$ と書き，**線形変換の空間**とよぶ．End は endmorphism（自己準同型）の略である．

注意 ｜ 線形写像を準同型写像とよぶこともある．

[定理] 線形写像の空間
V と W を有限次元 K ベクトル空間とする．このとき，$\mathrm{Hom}(V,W)$ は K ベクトル空間であり，$\dim \mathrm{Hom}(V,W) = \dim V \cdot \dim W$ である．

[解説] $\mathrm{Hom}(V,W)$ が有限次元 K ベクトル空間であることの説明は省略する．ここでは，$\dim V = m$, $\dim W = n$ とし，$\dim \mathrm{Hom}(V,W) = mn$ が成り立つことを大雑把に述べる．

まず，V から m 次元 K ベクトル空間 K^m への同型写像を f，W から n 次元 K ベクトル空間 K^n への同型写像を g とする．$F \in \mathrm{Hom}(V,W)$ に対して，$G = g \circ F \circ f^{-1}$ とおくと，$G \in \mathrm{Hom}(K^m, K^n)$ である．この対応 $F \leftrightarrow G$ が1対1対応であるため，$\mathrm{Hom}(V,W)$ と $\mathrm{Hom}(K^m, K^n)$ は同型である．

$$\begin{array}{ccc} V & \xrightarrow{\ F\ } & W \\ \wr\!\!\| \downarrow f & & \wr\!\!\| \downarrow g \\ K^m & \xrightarrow[\ G\ ]{} & K^n \end{array}$$

$\mathrm{Hom}(V,W)$ の元 F と G の関係

次に，K^m と K^n に基底を定め，$G \in \mathrm{Hom}(K^m, K^n)$ に対する表現行列 $M(G)$ を考えると，$M(G) \in M(m,n,K)$ である．この対応 $G \leftrightarrow M(G)$ も1対1対応であるため，$\mathrm{Hom}(K^m, K^n)$ と $M(m,n,K)$ は同型である．以上の同型から，

$$\dim \mathrm{Hom}(V,W) = \dim \mathrm{Hom}(K^m, K^n) = \dim M(n,m,K) = mn$$

となる．□

次の例題で，線形写像の空間の次元の計算練習をしよう．

[例題] V と W を K ベクトル空間で，$\dim V = m$, $\dim W = n$ とする．このとき，

$$\mathrm{Hom}(\mathrm{Hom}(V,K),\ \mathrm{Hom}(W,K))$$

の次元を求めよ．

[解答] $\dim \mathrm{Hom}(V,K) = m$, $\dim \mathrm{Hom}(W,K) = n$ であり，

$$\dim \mathrm{Hom}(\mathrm{Hom}(V,K),\ \mathrm{Hom}(W,K)) = \dim \mathrm{Hom}(V,K) \cdot \dim \mathrm{Hom}(W,K)$$

であるので，$\dim \mathrm{Hom}(\mathrm{Hom}(V,K),\ \mathrm{Hom}(W,K)) = mn$ である．

▶**問題** $V = M(n,n,\mathbb{R})$，W を V の部分空間とし，$(a_{ij}) \in W$ は $(a_{ij}) \in M(n,n,\mathbb{R})$

で $(a_{ij}) = (-a_{ij})$ を満たすものとする．このとき，$\mathrm{Hom}(\mathrm{Hom}(V, W), W)$ の次元を求めよ．

8.6 双対空間

ここで扱う双対空間とよばれるベクトル空間は，K ベクトル空間 V に対して，それを裏返したような空間である．

[定義] 線形形式

V を K ベクトル空間とする．このとき，線形写像 $f : V \to K$ を V の**線形形式**という．

[定理] 双対空間

V を n 次元 K ベクトル空間とする．このとき，

$$V^* = \{f : V \to K \mid f \text{ は } V \text{ の線形形式}\}$$

を考え，V^* の元 f, g とスカラー λ に対して，

$$(f+g)(\boldsymbol{x}) = f(\boldsymbol{x}) + g(\boldsymbol{x}), \quad (\lambda f)(\boldsymbol{x}) = \lambda f(\boldsymbol{x})$$

と定義すると，V^* も n 次元 K ベクトル空間となる．V^* を V の**双対空間**という．

また，V の基底を $\{\boldsymbol{v}_1, \ldots, \boldsymbol{v}_n\}$ としたとき，それに対応する V^* の基底を $\{f^1, \ldots, f^n\}$ と書くと，$f^k(\boldsymbol{v}_j) = \delta_{jk}$ が成り立つ．

注意 | 本書では，V^* の基底は上付き添字 $\{f^k\}$ で表すことにする．

[解説] V^* がベクトル空間であること，すなわち 8.1 節の定義の条件が満たされていることを，いくつか確かめてみよう．

(2) 結合法則 $(f+g)+h = f+(g+h)$ については，

$$((f+g)+h)(\boldsymbol{x}) = (f+g)(\boldsymbol{x}) + h(\boldsymbol{x}) = (f(\boldsymbol{x}) + g(\boldsymbol{x})) + h(\boldsymbol{x})$$

$$= f(\boldsymbol{x}) + (g(\boldsymbol{x}) + h(\boldsymbol{x})) = f(\boldsymbol{x}) + (g+h)(\boldsymbol{x}) = (f+(g+h))(\boldsymbol{x})$$

であり，$\lambda(f+g) = \lambda f + \lambda g$ であることも同様に成り立つ．(5) 零元の存在について

は，0 に値をとる定数写像 $0 \in V^*$ を考えればよい．(6) f の和に関する逆元については，$-f \in V^*$ を考えればよい．残りは，読者自身で確かめてほしい．

$\dim V^* = n$ を示すことは省略する．ただし，$\{\boldsymbol{v}_1, \ldots, \boldsymbol{v}_n\}$ を V の基底とすると，$j = 1, \ldots, n$ に対し，

$$f^j(\boldsymbol{v}_k) = \delta_{jk} = \begin{cases} 1 & (j = k) \\ 0 & (j \neq k) \end{cases}$$

となる $f^j \in V^*$ がただ一つ存在し，これらが V^* の基底となることは重要な事実であり，以後の章でもこれはたびたび使う．V^* の基底 $\{f^1, \ldots, f^n\}$ を，V の基底 $\{\boldsymbol{v}_1, \ldots, \boldsymbol{v}_n\}$ に対する**双対基底**という．これらのことから $V \cong V^*$ がいえるのであるが，この同型は V の基底に依存している．

さらに重要な事実として，$(V^*)^* \cong V$ も成り立ち，しかもこちらの同型は基底に依存しない．そのため，$(V^*)^* = V$ と考え，$V^* \cong V$ とは区別する．V^* が双対（表 V と裏 V^*）とよばれるのはこのためである．□

注意　興味ある読者のために，同型写像 $T : V \to (V^*)^*$ がどういった写像であるのかについて触れておく．まず，$\boldsymbol{x} \in V$ と $f \in V^*$ に対して，$\varphi_{\boldsymbol{x}}(f) = f(\boldsymbol{x})$ とおくと，$\varphi_{\boldsymbol{x}} \in (V^*)^*$ となる．そこで，$T(\boldsymbol{x}) = \varphi_{\boldsymbol{x}}$ と定義すると，これは単射な線形写像であることが簡単にわかる．このことから，T は基底の選び方に無関係な V と $(V^*)^*$ の間の同型写像を与えるのである．

抽象性が高くなってきたが，双対空間のイメージをつかむには，双対空間の元が具体的にどのようなものかがわかればよい．もう少し詳しく述べると，V^* の元は $f : V \to K$ という線形写像であったので，V の基底に関する f の表現行列 $M(f)$ があり，$M(f)$ は $(1, n)$ 行列である．つまり，双対空間の元は $(1, n)$ 行列である $M(f)$ である．

次の例題から，双対基底を扱うための具体的な形を理解してほしい．

[例題]　V を 2 次元 $\mathbb{R}$ ベクトル空間とし，$\boldsymbol{v}_1 = \begin{pmatrix} 1 \\ 0 \end{pmatrix}$，$\boldsymbol{v}_2 = \begin{pmatrix} 1 \\ 1 \end{pmatrix}$ を V の基底とする．このとき，$\{\boldsymbol{v}_1, \boldsymbol{v}_2\}$ の双対基底 $\{f^1, f^2\}$ を求めよ．

[解答] 上記の定理の二つ目の注意より，V^* の任意の元 f は $\langle \boldsymbol{v}_1, \boldsymbol{v}_2 \rangle$ に関する f の表現行列と見て，$(1, 2)$ 行列と考えることができる．そこで，$f^1 = \begin{pmatrix} 1 & -1 \end{pmatrix}$，$f^2 = \begin{pmatrix} 0 & 1 \end{pmatrix}$ とすると，

$$f^1(\boldsymbol{v}_1) = \begin{pmatrix} 1 & -1 \end{pmatrix} \begin{pmatrix} 1 \\ 0 \end{pmatrix} = 1, \quad f^1(\boldsymbol{v}_2) = \begin{pmatrix} 1 & -1 \end{pmatrix} \begin{pmatrix} 1 \\ 1 \end{pmatrix} = 0$$

$$f^2(\boldsymbol{v}_1) = \begin{pmatrix} 0 & 1 \end{pmatrix} \begin{pmatrix} 1 \\ 0 \end{pmatrix} = 0, \quad f^2(\boldsymbol{v}_2) = \begin{pmatrix} 0 & 1 \end{pmatrix} \begin{pmatrix} 1 \\ 1 \end{pmatrix} = 1$$

である．よって，この $\{f^1, f^2\}$ が $\{\boldsymbol{v}_1, \boldsymbol{v}_2\}$ の双対基底である．

▶**問題**　V を 2 次元 $\mathbb{R}$ ベクトル空間とし，$\boldsymbol{v}_1 = \begin{pmatrix} 1 \\ 2 \end{pmatrix}$，$\boldsymbol{v}_2 = \begin{pmatrix} -1 \\ 3 \end{pmatrix}$ を V の基底とする．このとき，$\{\boldsymbol{v}_1, \boldsymbol{v}_2\}$ の双対基底 $\{f^1, f^2\}$ を求めよ．

8.7　同値関係と商集合

この節では，次節で取り上げる商空間というベクトル空間のための準備を行う．

まず，同値関係について説明しよう．同値関係とは，ある集合 S の元を「同じ」という概念で分類することであり，たとえば以下の例がある．

(1) 分数：有理数全体の集合 $\mathbb{Q}$ において，$\dfrac{a}{b}$ と $\dfrac{c}{d}$ は，既約分数が同じであれば，「同じもの」として扱う．

(2) 一週間における曜日：自然数全体 $\mathbb{N}$ において，a と b は，7 で割った余りが同じであれば，「同じもの」として扱う．

S の二つの元 a, b が「同じ」であることは，以下で定義される．

［定義］ 同値関係

集合 S の任意の二つの元に対して，ある関係 $\sim$（「チルダー」とよぶ）があって次の三つの条件を満たすとき，$\sim$ を**同値関係**とよぶ．

(1) 反射律：$a \sim a$

(2) 対称律：$a \sim b$ ならば $b \sim a$

(3) 推移律：$a \sim b$ かつ $b \sim c$ ならば $a \sim c$

同値関係 $\sim$ で $a \sim b$ のとき，a と b は**同値**であるという．

集合 S に同値関係 $\sim$ が定義されると，その同値なグループによって S を分割することができる．たとえば自然数全体 $\mathbb{N}$ において，7 で割った余りが同じであれば同値であると定義する．このとき，$\mathbb{N}$ は余りが，0 のグループ $[0]$，1 のグループ

[1]，...，6 のグループ [6] に分割できる．以上のことは，一般的に以下のように整理される．

[定義]　商集合

集合 S に同値関係 $\sim$ が定義されているとき，S の元 a に対して

$$[a] = \{x \mid a \sim x,\ x \in S\}$$

を a の**同値類**という．そして，同値類を集めてできる集合を $S/\sim$ と書き，S の $\sim$ による**商集合**，あるいは単に S の商集合という．すなわち，

$$S/\sim = \{\ [a] \mid a \in S\}$$

である．

[解説] $S/\sim$ は，$[a]$ を代表する元 a だけの集合と見ることもできる．$[a]$ を代表する元 a のことを $[a]$ の**代表元**という．そして，$[a]$ を a を代表元とする**同値類**または**クラス**という．このことから，商集合 $S/\sim$ はクラスに直和分割されるといえる．□

同値関係，同値類はいずれも重要な概念であるので，次の例題でしっかり理解してほしい．

[例題]　xy 座標系 $\mathbb{R}^2$ 上の任意の点 $\mathrm{P}_1(x_1, y_1), \mathrm{P}_2(x_2, y_2)$ に対して，$x_1 : y_1 = x_2 : y_2$ であるとき $\mathrm{P}_1 \sim \mathrm{P}_2$ と定める．

(1) $\sim$ は同値関係であることを示せ．

(2) $\mathbb{R}^2/\sim$ は，点 $(-1, 0)$ を除く上半円周 $\{(x, y) \mid x^2 + y^2 = 1, y \geqq 0\}$ の点と 1 対 1 に対応することを示せ．

[解答] (1) 条件 $x_1 : y_1 = x_2 : y_2$ は，点 P_1 と P_2 が $\mathbb{R}^2$ 上の原点を通る同じ直線上にあることを意味する．したがって，関係 $\sim$ は反射律，対称律，推移律という条件をすべて満たす．とくに，推移律についていえば，点 P_1 と P_2 が原点を通る同じ直線上にあり，点 P_2 と P_3 が同じ直線上にあるならば，点 P_1 と P_3 は明らかに原点を通る同じ直線上にある．よって，$\sim$ は同値関係である．

(2) $\mathbb{R}^2/\sim$ は，原点を通る直線の集合となるので，点 $(-1, 0)$ を除く上半円周上の点と 1 対 1 に対応することは明らかである．

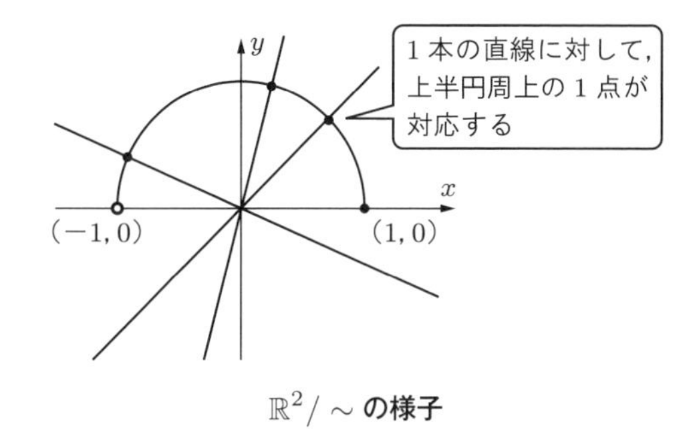

$\mathbb{R}^2/\sim$ の様子

注意 $\mathbb{R}^2/\sim$ は**実射影直線**とよばれている．上記の例題で，$\mathbb{R}^2/\sim$ は点 $(-1,0)$ を除く上半円周の点と 1 対 1 に対応することを見たが，点 $(1,0)$ と $(-1,0)$ を同一視してくっつけると，$\mathbb{R}^2/\sim$ は円周 $S^1 = \{(x,y) \mid x^2+y^2=1\}$ と同じと見ることができる．また，次の問題で扱う $\mathbb{R}^3/\sim$ は**実射影平面**とよばれるものである．しかし，$\mathbb{R}^3/\sim$ は $S^2 = \{(x,y,z) \mid x^2+y^2+z^2=1\}$ と同じではない．これは，実射影平面は $\mathbb{R}^3$ 内には存在せず，$\mathbb{R}^4$ 内で構成できる平面だからである．同様に，$\mathbb{R}^3$ 内には存在せず，$\mathbb{R}^4$ 内で構成できる平面として**メビウスの帯**がある．興味ある読者は，たとえば文献 [14] などのトポロジーの本を見てほしい．

▶**問題** xyz 座標系 $\mathbb{R}^3$ 上の任意の点 $\mathrm{P}_1(x_1,y_1,z_1), \mathrm{P}_2(x_2,y_2,z_2)$ に対して，$x_1 : y_1 : z_1 = x_2 : y_2 : z_2$ であるとき $\mathrm{P}_1 \sim \mathrm{P}_2$ と定める．

(1) $\sim$ は，同値関係であることを示せ．

(2) $\mathbb{R}^3/\sim$ は，$\mathbb{R}^3$ 内の原点を中心とする半径 1 の上半球面上の点（ただし，$-1 \leqq x < 1, y \leqq 0$ である点 $(x,y,0)$ は除く）と 1 対 1 に対応することを示せ．

8.8 商空間

商空間とは，商集合の考え方をベクトル空間 V に応用したものである．それは，V のある部分空間 W を考え，W と同じ次元の部分空間をすべて集めた集合である．実は，この集合はベクトル空間になっている．一般的な定義は以下である．

[定義] 商空間

V を有限次元 K ベクトル空間とし，W を V の部分空間とする．このとき，V の元 $\boldsymbol{x}$, $\boldsymbol{y}$ が同値関係にあること，すなわち $\boldsymbol{x} \sim \boldsymbol{y}$ を $\boldsymbol{x} - \boldsymbol{y} \in W$ であることと定めると，商集合 $V/\sim$ は K ベクトル空間となる．$V/\sim$ が W によって得られたことを明確にするために，V/W と書く．そして，V/W を V の W に

よる**商空間**とよぶ.

商空間の次元は，以下の公式で求められる.

［定理］　商空間の次元公式

$$\dim(V/W) = \dim V - \dim W$$

［解説］ 通常，V の W による商空間 V/W の元は，$\boldsymbol{x}$ を代表元とするとき $\boldsymbol{x}+W$ と表す．つまり，V/W での演算は $(\boldsymbol{x}+W)+(\boldsymbol{y}+W)=(\boldsymbol{x}+\boldsymbol{y})+W$，$\alpha(\boldsymbol{x}+W)=(\alpha\boldsymbol{x})+W$ と定義する.

さて，$V=W$ のときに V/W の次元が 0 であることは明らかなので，$W \subsetneq V$ のときの V/W の次元について説明しよう．$\boldsymbol{x}+W \neq \boldsymbol{0}+W$ ということは，$\boldsymbol{x} \notin W$ であることを意味する．ここで，W の基底を $\{\boldsymbol{v}_1,\dots,\boldsymbol{v}_r\}$ とすると，$\{\boldsymbol{v}_1,\dots,\boldsymbol{v}_r\}$ を V の基底の要素とし，さらに V の中の $\{\boldsymbol{v}_1,\dots,\boldsymbol{v}_r\}$ 以外のベクトルで，V の基底となるものが $n-r$ 個あるので，それらを $\{\boldsymbol{v}_{r+1},\dots,\boldsymbol{v}_n\}$ とする．つまり，V の基底を $\{\boldsymbol{v}_1,\dots,\boldsymbol{v}_r,\boldsymbol{v}_{r+1},\dots,\boldsymbol{v}_n\}$ とする．このとき，$\boldsymbol{x}$ を基底の線形結合で表すと，$\boldsymbol{x}$ の線形結合には必ず $\boldsymbol{v}_{r+1},\dots,\boldsymbol{v}_n$ が含まれる．これは，$\{\boldsymbol{v}_{r+1}+W,\dots,\boldsymbol{v}_n+W\}$ が V/W の基底となることを意味する．したがって，$\dim(V/W)=n-r=\dim V-\dim W$ が成り立つ.　□

注意　4.6 節の定理は，$K=\mathbb{R}$ のときの K ベクトル空間における線形写像の次元定理であったが，上記の定理は一般の K ベクトル空間においても成り立つ.

次の例題で，商空間の次元公式を使ってみよう.

［例題］　線形写像 $F:\mathbb{R}^5 \to \mathbb{R}^3$ のある基底による表現行列を，$A=\begin{pmatrix}2&1&1&1&0\\0&-1&2&1&-1\\2&0&3&2&-1\end{pmatrix}$ とする．このとき，$\mathbb{R}^5/\operatorname{Ker}F$ の次元を求めよ.

［解答］ $\operatorname{rank}A=2=\operatorname{rank}F$ である．したがって，次元定理より $\dim(\operatorname{Ker}F)=5-\operatorname{rank}F=3$ である．よって，$\dim(\mathbb{R}^5/\operatorname{Ker}F)=5-\dim(\operatorname{Ker}F)=2$ となる.

▶**問題**　V と W を有限次元 K ベクトル空間，$F:V\to W$ を線形写像とする．このとき，$\dim(V/\operatorname{Ker}F)=\operatorname{rank}F$ を示せ.

8.9 引き起こされた線形写像

V と V' を有限次元 K ベクトル空間，$F : V \to V'$ を線形写像とする．このとき，$\boldsymbol{x} \in \operatorname{Ker} F$ に対しては $F(\boldsymbol{x}) = \boldsymbol{0}'$ である．では，$\operatorname{Ker} F$ に含まれない元は F によってどのように変換されるのだろうか．それを調べるためには，商空間 $\bar{F} : V/\operatorname{Ker} F$ から V' への線形写像をきちんと定義しておく必要がある．

[定理] 引き起こされた線形写像
V と V' を有限次元 K ベクトル空間，$F : V \to V'$ を線形写像とする．このとき，$\bar{F} : V/\operatorname{Ker} F \to V'$ を $\bar{F}(\boldsymbol{x} + W) = F(\boldsymbol{x})$ と定義すると，$\bar{F}$ は線形写像となる．$\bar{F}$ を F から**引き起こされた線形写像**という．

[解説] F から引き起こされた線形写像 $\bar{F}$ のポイントは，$\boldsymbol{x} + \operatorname{Ker} F = \boldsymbol{y} + \operatorname{Ker} F$ のとき，$\bar{F}(\boldsymbol{x} + \operatorname{Ker} F) = \bar{F}(\boldsymbol{y} + \operatorname{Ker} F)$ であるということである．つまり，$\bar{F}(\boldsymbol{x} + W) = F(\boldsymbol{x})$ という定義は well-defined である（もし，$\bar{F}(\boldsymbol{x} + W) \neq \bar{F}(\boldsymbol{y} + W)$ であれば，写像 $\bar{F}$ は意味を失うことになる）．

以下，$\bar{F}$ が well-defined であることを確認する．$W = \operatorname{Ker} F$ とおく．$\boldsymbol{x} - \boldsymbol{y} + W$ を考えると，

$$\bar{F}(\boldsymbol{x} - \boldsymbol{y} + W) = F(\boldsymbol{x} - \boldsymbol{y}) = F(\boldsymbol{x}) - F(\boldsymbol{y}) = \bar{F}(\boldsymbol{x} + W) - \bar{F}(\boldsymbol{y} + W)$$

である．一方，$\boldsymbol{x} - \boldsymbol{y} + W = \boldsymbol{0} + W$ より

$$\bar{F}(\boldsymbol{x} - \boldsymbol{y} + W) = \bar{F}(\boldsymbol{0} + W) = F(\boldsymbol{0}) = \boldsymbol{0}'$$

である．よって，$\bar{F}(\boldsymbol{x} + W) = \bar{F}(\boldsymbol{y} + W)$，つまり $\bar{F}$ は well-defined となる．$\bar{F}$ が線形写像であることは，読者自身で確かめてほしい． □

次の例題は，6.11 節の群の準同型定理に対応するものであり，定理として扱ってもよいくらい重要なものである．

[例題] V と V' を有限次元 K ベクトル空間，$F : V \to V'$ を線形写像とする．このとき，

$$V/\operatorname{Ker} F \cong \operatorname{Im} F$$

を証明せよ．

[解答] $\bar{F} : V/\operatorname{Ker} F \to \operatorname{Im} F$ として，$\bar{F}$ が全単射となっていることを示す．$\bar{F}$ が全射であることは明らかである．単射であるためには，$\bar{F}^{-1}(\boldsymbol{0}') = \{\boldsymbol{0} + \operatorname{Ker} F\}$ であること

を示せばよい．$\bar{F}(\boldsymbol{x}+\mathrm{Ker}\,F)=\mathbf{0}$ ならば $F(\boldsymbol{x})=\mathbf{0}$ であるので，$\boldsymbol{x}\in\mathrm{Ker}\,F$ である．したがって，$\bar{F}^{-1}(\mathbf{0})=\{\mathbf{0}+\mathrm{Ker}\,F\}$ である．

▶**問題**　実数体 $\mathbb{R}$ と複素数体 $\mathbb{C}$ は，どちらも $\mathbb{R}$ ベクトル空間と見ることができる．写像 $F:\mathbb{C}\to\mathbb{R}$ を $F(a+bi)=a+b$ と定める．ただし，$a,b\in\mathbb{R}$ である．次の (1)〜(4) を示せ．

(1) F は線形写像である．

(2) $\mathrm{Ker}\,F=\{a-ai\}$

(3) $\mathbb{C}/\mathrm{Ker}\,F$ の各クラスの代表元を $x\in\mathbb{R}$ とすることができる．

(4) $\mathbb{C}/\mathrm{Ker}\,F\cong\mathbb{R}$

振り返り問題

抽象的なベクトル空間に関する次の各文には間違いがある．どのような点が間違いであるか説明せよ．

(1) ベクトル空間とは，ベクトルを集めた集合のことである．

(2) V を K ベクトル空間，$F:V\to K$ と $G:V\to K$ を K に値をとる関数とし，さらに $\boldsymbol{x}\in V$ とスカラー λ に対して，$(F+G)(\boldsymbol{x})=F(\boldsymbol{x})+G(\boldsymbol{x})$，$(\lambda F)(\boldsymbol{x})=\lambda F(\boldsymbol{x})$ と定義すると，$F+G$ と λF は，どちらも V から K への線形写像となる．

(3) 体 $\mathbb{R}$ 上の正方行列全体 $M(n,n,\mathbb{C})$ のベクトル空間の次元は n^2 である．

(4) 有限次元 K ベクトル空間 V の線形変換全体のベクトル空間 $\mathrm{End}(V)$ の次元は，V の次元に一致する．

(5) xy 平面上の曲線 $y=f(x)$ のある点 P の接線は，P を始点とする単位方向ベクトル $\boldsymbol{v}$ を基底とする 1 次元ベクトル空間 V と見ることができ，V の双対空間 V^* とは P を始点とする単位法線ベクトル $\boldsymbol{n}$ を基底とする直線のことである．

(6) 実数 $\mathbb{R}$ には同値関係を入れることはできない．

(7) 有限次元 K ベクトル空間 V とその部分空間 W から得られる商空間 V/W は，V に入れる同値関係の入れ方によって構造が異なる．

(8) V と V' を K ベクトル空間とし，$F:V\to V'$ が全射な線形写像ならば $V\cong\mathrm{Im}\,F$ が成り立つ．

第 9 章 テンソル積とテンソル空間

二つのベクトル空間 V と W の直和 $V \oplus W$ ($= V \times W$) は，V と W を包含するベクトル空間であり，その次元は V と W の次元の和に等しかった．しかし，V と W を包含するベクトル空間としては，$V \oplus W$ 以外のものも存在する．この章では，V と W のテンソル積とよばれる，V と W を包含する新しいベクトル空間について考えていく（9.1〜9.3 節）．そして，それを発展させ，V の有限個のテンソル積から得られるテンソル空間について説明する（9.4〜9.6 節）．ここで学ぶテンソル積やテンソル空間は，ベクトル空間の単なる拡大ということだけではなく，現代数学ではたとえば多様体などを学ぶうえで必要不可欠なものとなっている．そのようなことが少しでもイメージできる話題を，後半の 9.7〜9.9 節で取り上げる．

9.1 テンソル積への入り口

9.1〜9.3 節では，テンソル積の定義や性質について説明していく．

まずは，具体的な例からテンソル積を構成してみよう．V を 2 次元 $\mathbb{R}$ ベクトル空間，W を 3 次元 $\mathbb{R}$ ベクトル空間，基底はそれぞれ $\{\boldsymbol{v}_i\}$ と $\{\boldsymbol{w}_j\}$ とする．さらに，W^* を W の双対空間，$\{f^j\}$ を $\{\boldsymbol{w}_j\}$ の双対基底とする．以下，数ベクトルは座標表示だけで表す．

まず，W の双対空間 W^* を復習する．W の任意のベクトル $\boldsymbol{b} = \begin{pmatrix} b_1 \\ b_2 \\ b_3 \end{pmatrix}$ に対して，${}^t\boldsymbol{b} = (b_1\ b_2\ b_3)$ は $\mathrm{Hom}(W^*, \mathbb{R})$ の元である．つまり，W^* の任意のベクトル $\varphi = \begin{pmatrix} \varphi^1 \\ \varphi^2 \\ \varphi^3 \end{pmatrix}$ に対して，

$$ {}^t\boldsymbol{b}\varphi = (b_1\ b_2\ b_3)\begin{pmatrix}\varphi^1\\ \varphi^2\\ \varphi^3\end{pmatrix} = b_1\varphi^1 + b_2\varphi^2 + b_3\varphi^3 \in \mathbb{R} $$

である．逆に，W^* の任意のベクトル φ に対して，${}^t\varphi$ は $\mathrm{Hom}(W, \mathbb{R})$ の元である．以上を踏まえて，以下ではテンソル積とよばれる，V と W を包含する新しいベクトル空間を構成する．

V の任意のベクトル $\boldsymbol{a} = \begin{pmatrix}a_1\\ a_2\end{pmatrix}$ と W の任意のベクトル $\boldsymbol{b} = \begin{pmatrix}b_1\\ b_2\\ b_3\end{pmatrix}$ に対して，

$$ \boldsymbol{a}\otimes\boldsymbol{b} = \boldsymbol{a}{}^t\boldsymbol{b} = \begin{pmatrix}a_1\\ a_2\end{pmatrix}\begin{pmatrix}b_1 & b_2 & b_3\end{pmatrix} = \begin{pmatrix}a_1b_1 & a_1b_2 & a_1b_3\\ a_2b_1 & a_2b_2 & a_2b_3\end{pmatrix} \qquad (*1) $$

という演算を定義する．$\boldsymbol{a}\otimes\boldsymbol{b}$ を **$\boldsymbol{a}$ テンソル $\boldsymbol{b}$** とよぶ．さらに，任意の $\boldsymbol{a}\in V$, $\boldsymbol{b}\in W$ から得られた $\boldsymbol{a}\otimes\boldsymbol{b}$ 全体の集合を $V\otimes W$ と書き，これを V と W の**テンソル積**という．

$\boldsymbol{a}\otimes\boldsymbol{b}$ は $(2,3)$ 行列であることから，テンソル積 $V\otimes W$ は $\mathbb{R}$ ベクトル空間で，その次元は $2\times 3 = 6$ である．さらに，上で述べた ${}^t\boldsymbol{b}\in\mathrm{Hom}(W^*, \mathbb{R})$ から $\boldsymbol{a}\otimes\boldsymbol{b}\in\mathrm{Hom}(W^*, V)$ と見ることができる．したがって，$V\otimes W$ は $\mathrm{Hom}(W^*, V)$ であるとも考えられる（このことについては 9.3 節で述べる）．

ここまでベクトルの座標表示だけで考えたが，簡単にわかるように，$V\otimes W$ の基底は $\{\boldsymbol{v}_i\otimes\boldsymbol{w}_j\}$ である．$\boldsymbol{v}_i\otimes\boldsymbol{w}_j$ は，たとえば $\boldsymbol{v}_1\otimes\boldsymbol{w}_2 = \begin{pmatrix}0 & 1 & 0\\ 0 & 0 & 0\end{pmatrix}$ というように，(i,j) 成分だけが 1 で残りはすべて 0 である行列を意味する．

式 $(*1)$ は，一般的な有限次元の K ベクトル空間 V と W でも定義できるため，これで V と W のテンソル積 $V\otimes W$ の存在が示されたことになる．

[定理]　テンソル積の存在と双線形性

K ベクトル空間 V と W について，V の基底を $\{\boldsymbol{v}_1, \ldots, \boldsymbol{v}_r\}$，$W$ の基底を $\{\boldsymbol{w}_1, \ldots, \boldsymbol{w}_s\}$ とする．以下の (1)〜(3) が成り立つ．

(1) V と W のテンソル積 $V\otimes W$ という $r\times s$ 次元 K ベクトル空間が存在し，その基底は $\{\boldsymbol{v}_i\otimes\boldsymbol{w}_j\}$ である．

(2) **交換則**：$V \otimes W \cong W \otimes V$ が成り立つ.

(3) $\boldsymbol{a}, \boldsymbol{a}_1, \boldsymbol{a}_2 \in V$, $\boldsymbol{b}, \boldsymbol{b}_1, \boldsymbol{b}_2 \in W$ と $\alpha, \beta \in K$ に対して, $\otimes$ の**双線形性**とよばれる次の性質がある.

(i) $(\alpha \boldsymbol{a}_1 + \beta \boldsymbol{a}_2) \otimes \boldsymbol{b} = \alpha(\boldsymbol{a}_1 \otimes \boldsymbol{b}) + \beta(\boldsymbol{a}_2 \otimes \boldsymbol{b})$

(ii) $\boldsymbol{a} \otimes (\alpha \boldsymbol{b}_1 + \beta \boldsymbol{b}_2) = \alpha(\boldsymbol{a} \otimes \boldsymbol{b}_1) + \beta(\boldsymbol{a} \otimes \boldsymbol{b}_2)$

[解説] まず, $V \times W$ と $V \otimes W$ の違いを確認する. 8.3 節で説明したように, ベクトル空間の理論では直積 $V \times W$ は直和 $V \oplus W$ に一致する. したがって, $\dim(V \times W) = \dim(V \oplus W) = \dim V + \dim W$ である. これに対してテンソル積 $V \otimes W$ は, $\dim(V \otimes W) = \dim V \cdot \dim W$ となるベクトル空間である.

次に, (1) が成り立つことから, $V \otimes W$ の任意の元 $\boldsymbol{u}$ は

$$\boldsymbol{u} = \sum_{i,j} \alpha_{ij} \boldsymbol{v}_i \otimes \boldsymbol{w}_j$$

(ただし $\alpha_{ij} \in K$) と表されることに注意しておく.

(2) テンソル積の交換則は, $\boldsymbol{a} = \sum_{i,j} \alpha_{ij} \boldsymbol{v}_i \otimes \boldsymbol{w}_j$ に対して, $\boldsymbol{a}' = \sum_{i,j} \alpha_{ji} \boldsymbol{w}_j \otimes \boldsymbol{v}_i$ を対応させることで, $V \otimes W \cong W \otimes V$ が得られる. これより, $V \otimes W$ の基底 $\{\boldsymbol{v}_i \otimes \boldsymbol{w}_j\}$ は $\{\boldsymbol{w}_j \otimes \boldsymbol{v}_i\}$ と考えても構わない.

(3) の双線形性 (i) は, $\boldsymbol{a}_j = \sum_i a_{ij} \boldsymbol{v}_i$, $\boldsymbol{b}_j = \sum_i b_{ij} \boldsymbol{w}_i$ とすると, 以下のように示される.

$$\begin{aligned}
(\alpha \boldsymbol{a}_1 + \beta \boldsymbol{a}_2) \otimes \boldsymbol{b} &= \left(\sum_i (\alpha a_{i1} + \beta a_{i2}) \boldsymbol{v}_i \right) \otimes \boldsymbol{b} \\
&= \alpha \sum_{i,j} (a_{i1} + \beta a_{i2}) b_{ij} \boldsymbol{v}_i \otimes \boldsymbol{w}_j = \alpha \sum_{i,j} a_{i1} b_{ij} \boldsymbol{v}_i \otimes \boldsymbol{w}_j + \beta \sum_{i,j} a_{i2} b_{ij} \boldsymbol{v}_i \otimes \boldsymbol{w}_j \\
&= \alpha(\boldsymbol{a}_1 \otimes \boldsymbol{b}) + \beta(\boldsymbol{a}_2 \otimes \boldsymbol{b})
\end{aligned}$$

双線形性 (ii) についても同様に示される. □

注意 V_1, V_2, W を有限次元 K ベクトル空間とする. このとき, テンソル積の双線形性より, 空間の分配法則を思わせる

$$(V_1 \oplus V_2) \otimes W \cong (V_1 \otimes W) \oplus (V_2 \otimes W)$$

という公式が成り立つことが知られている.

テンソル積の計算に慣れるために, 次の例題と問題で練習しよう.

[例題]　V と W を $\mathbb{R}$ ベクトル空間とし，$\dim V = 3$，$\dim W = 2$ とする．さらに，V の基底を $\{\boldsymbol{v}_1, \boldsymbol{v}_2, \boldsymbol{v}_3\}$，$W$ の基底を $\{\boldsymbol{w}_1, \boldsymbol{w}_2\}$ とする．

(1) $\dim(V \otimes W)$ を求めよ．

(2) $\boldsymbol{a}_1$，$\boldsymbol{a}_2 \in V$，$\boldsymbol{b}_1$，$\boldsymbol{b}_2 \in W$ を以下のように定める．

$$\boldsymbol{a}_1 = 2\boldsymbol{v}_1 - 3\boldsymbol{v}_2, \quad \boldsymbol{b}_1 = 3\boldsymbol{w}_1$$

$$\boldsymbol{a}_2 = 3\boldsymbol{v}_3, \quad \boldsymbol{b}_2 = -\boldsymbol{w}_2$$

このとき，$2\boldsymbol{a}_1 \otimes \boldsymbol{b}_1 - 3\boldsymbol{a}_2 \otimes \boldsymbol{b}_2 \in V \otimes W$ を基底 $\{\boldsymbol{v}_i \otimes \boldsymbol{w}_j\}$ を用いて表せ．

[解答] (1) $\dim(V \otimes W) = \dim V \cdot \dim W = 6$ である．

(2)
$$\begin{aligned} 2\boldsymbol{a}_1 \otimes \boldsymbol{b}_1 - 3\boldsymbol{a}_2 \otimes \boldsymbol{b}_2 &= 2(2\boldsymbol{v}_1 - 3\boldsymbol{v}_2) \otimes (3\boldsymbol{w}_1) - 3(3\boldsymbol{v}_3) \otimes (-\boldsymbol{w}_2) \\ &= 12\boldsymbol{v}_1 \otimes \boldsymbol{w}_1 - 18\boldsymbol{v}_2 \otimes \boldsymbol{w}_1 + 9\boldsymbol{v}_3 \otimes \boldsymbol{w}_2 \end{aligned}$$

▶**問題**　V と W を $\mathbb{R}$ ベクトル空間とし，$\dim V = 3$，$\dim W = 3$ とする．さらに，V の基底を $\{\boldsymbol{v}_1, \boldsymbol{v}_2, \boldsymbol{v}_3\}$，$W$ の基底を $\{\boldsymbol{w}_1, \boldsymbol{w}_2, \boldsymbol{w}_3\}$ とする．

(1) $\dim(V \otimes W)$ を求めよ．

(2) $\boldsymbol{a}_1, \boldsymbol{a}_2 \in V$，$\boldsymbol{b}_1, \boldsymbol{b}_2 \in W$ を以下のように定める．

$$\boldsymbol{a}_1 = -3\boldsymbol{v}_1 + 2\boldsymbol{v}_3, \quad \boldsymbol{b}_1 = 2\boldsymbol{w}_1 + \boldsymbol{w}_2$$

$$\boldsymbol{a}_2 = 3\boldsymbol{v}_3, \quad \boldsymbol{b}_2 = -\boldsymbol{w}_2 + 5\boldsymbol{w}_3$$

このとき，$\boldsymbol{a}_1 \otimes \boldsymbol{b}_1 - 2\boldsymbol{a}_2 \otimes \boldsymbol{b}_2 \in V \otimes W$ を基底 $\{\boldsymbol{v}_j \otimes \boldsymbol{w}_k\}$ を用いて表せ．

9.2　テンソル積の普遍性

前節では，二つの K ベクトル空間 V と W に対して，V と W のテンソル積 $V \otimes W$ という新しいベクトル空間が存在することを見た．この節では，テンソル積の重要な性質である普遍性について説明する．テンソル積の普遍性を簡単にいえば，「どんな $V \times W$ 上の双線形写像も，$V \otimes W$ 上の線形写像に換えることができる」というものである．

[定義]　双線形写像

K ベクトル空間 V と W の直積 $V \times W$ から，別の K ベクトル空間 U への写像 $\Phi : V \times W \to U$ が**双線形写像**であるとは，任意の $\alpha, \beta \in K$，$\boldsymbol{a}, \boldsymbol{a}_1, \boldsymbol{a}_2 \in V$，$\boldsymbol{b}, \boldsymbol{b}_1, \boldsymbol{b}_2 \in W$ に対して，

$$\Phi(\alpha \boldsymbol{a}_1 + \beta \boldsymbol{a}_2,\ \boldsymbol{b}) = \alpha\Phi(\boldsymbol{a}_1,\ \boldsymbol{b}) + \beta\Phi(\boldsymbol{a}_2,\ \boldsymbol{b})$$
$$\Phi(\boldsymbol{a},\ \alpha \boldsymbol{b}_1 + \beta \boldsymbol{b}_2) = \alpha\Phi(\boldsymbol{a},\ \boldsymbol{b}_1) + \beta\Phi(\boldsymbol{a},\ \boldsymbol{b}_2)$$

が成り立つことである．

$V \times W$ から U への双線形写像全体を $\mathcal{L}(V \times W, U)$ と表す．

注意 $\Phi,\ \Psi \in \mathcal{L}(V \times W, U)$ に対して，

$$(\alpha\Phi + \beta\Psi)(\boldsymbol{a}, \boldsymbol{b}) = \alpha\Phi(\boldsymbol{a}, \boldsymbol{b}) + \beta\Psi(\boldsymbol{a}, \boldsymbol{b})$$

と定義すると，$\alpha\Phi + \beta\Psi \in \mathcal{L}(V \times W, U)$ であり，$\mathcal{L}(V \times W, U)$ は K ベクトル空間となる．

[定理] テンソル積の普遍性

V と W を K ベクトル空間とする．このとき，次の (1), (2) が成り立つ．

(1) $(\boldsymbol{a}, \boldsymbol{b}) \in V \times W$ に対して，$\tau : V \times W \to V \otimes W$ を $\tau(\boldsymbol{a}, \boldsymbol{b}) = \boldsymbol{a} \otimes \boldsymbol{b}$ と定義すると，τ は双線形写像である．

(2) 任意の $\Phi \in \mathcal{L}(V \times W, U)$ に対して，$\Phi = F \circ \tau$ となる線形写像 $F : V \otimes W \to U$ がただ一つ存在する．

[解説] (1), (2) の証明の概略について説明する．

(1) 写像 $\tau : V \times W \to V \otimes W$ が双線形写像であることは，9.1 節の定理で $V \otimes W$ を構成したときの $\otimes$ の双線形性から明らかである．

(2) V と W の基底をそれぞれ $\{\boldsymbol{v}_i\}, \{\boldsymbol{w}_j\}$ とする．そして，V のベクトル $\boldsymbol{a} = \sum_i a_i \boldsymbol{v}_i$ と W のベクトル $\boldsymbol{b} = \sum_j b_j \boldsymbol{w}_j$ に対して，$\tau(\boldsymbol{a}, \boldsymbol{b}) = \sum_{i,j} a_i b_j \boldsymbol{v}_i \otimes \boldsymbol{w}_j$ であった．そこで，$V \otimes W$ の任意の元 $\boldsymbol{x} = \sum_{i,j} \alpha_{ij} \boldsymbol{v}_i \otimes \boldsymbol{w}_j$ に対して，線形写像 $F : V \otimes W \to U$ を $F(\boldsymbol{x}) = \sum_{i,j} \alpha_{ij} \Phi(\boldsymbol{v}_i, \boldsymbol{w}_j)$ と定義すれば，$(F \circ \tau)(\boldsymbol{a}, \boldsymbol{b}) = \sum_{i,j} a_i b_j \Phi(\boldsymbol{v}_i, \boldsymbol{w}_j) = \Phi(\boldsymbol{a}, \boldsymbol{b})$ より $\Phi = F \circ \tau$ が成り立つ．F の一意性に関する説明は省くが，結局 (2) の意味するところは，$\mathrm{Hom}(V \otimes W, U)$ と $\mathcal{L}(V \times W, U)$ が 1 対 1 に対応するという点にある．すなわち，

$$\mathrm{Hom}(V \otimes W, U) \cong \mathcal{L}(V \times W, U)$$

が成り立っているのである．

以上のことから，$V \otimes W$ のテンソル積の普遍性 (1),(2) を簡単にいえば，「任意の

$\Phi \in \mathcal{L}(V \times W, U)$ は，$V \otimes W$ によって線形化できる」ということになる．

ところで，テンソル積 $V \otimes W$ 以外にも，性質 (1),(2) をもつベクトル空間 U_0 が存在するかもしれない．しかし，もしそのような U_0 が存在したとした場合，$V \otimes W$ と U_0 は同型となることが知られている．以下の図で説明すると，$\tau_0 = G \circ \tau$ となる G は必ず同型写像であることが証明されているのである．

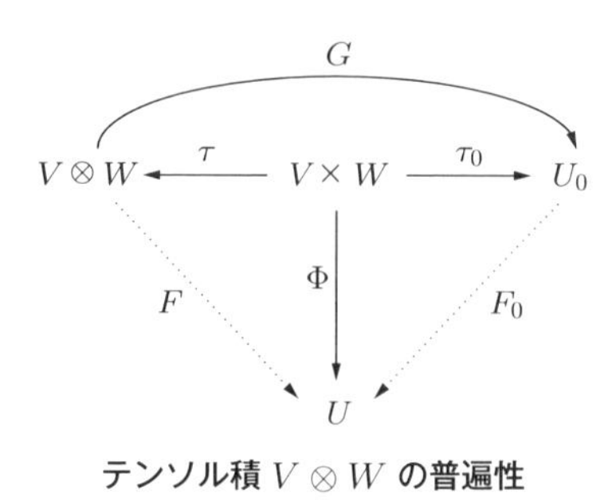

テンソル積 $V \otimes W$ の普遍性

□

上記の定理の解説で $\mathrm{Hom}(V \otimes W, U)$ と $\mathcal{L}(V \times W, U)$ が同型であることを述べたが，次の例題でそれを与えた同型写像を説明する．

> **［例題］** $\mathrm{Hom}(V \otimes W, U) \cong \mathcal{L}(V \times W, U)$ を与える同型写像 $\Psi : \mathrm{Hom}(V \otimes W, U) \to \mathcal{L}(V \times W, U)$ を構成せよ．
>
> **［解答］** 写像 Ψ を，$F \in \mathrm{Hom}(V \otimes W, U)$ と $\tau \in \mathcal{L}(V \times W, V \otimes W)$ に対して，$F \circ \tau \in \mathcal{L}(V \times W, U)$ より $\Psi(F) = F \circ \tau$ と定義すると，これは同型写像である．実際，$\alpha \in K$ に対して，$\Psi(\alpha F) = (\alpha F) \circ \tau = \alpha(F \circ \tau) = \alpha \Psi(F)$ であることと，$\Psi(F + F') = (F + F') \circ \tau = (F \circ \tau) + (F' \circ \tau) = \Psi(F) + \Psi(F')$ であることから，Ψ は線形写像である．そして，テンソル積の普遍性 (2) より，$\Phi \in \mathcal{L}(V \times W, U)$ に対して $\Phi = \Psi(F) = F \circ \tau$ となる F は一意的に存在する．したがって，Ψ は同型写像である．

注意　$\boldsymbol{v} \in V, \boldsymbol{w} \in W$ を決めたとき，$(f, g) \in V^* \times W^*$ に対して $\Psi_{(\boldsymbol{v},\boldsymbol{w})}(f, g) = f(\boldsymbol{v})g(\boldsymbol{w})$ とすると $\Psi_{(\boldsymbol{v},\boldsymbol{w})} \in \mathcal{L}(V^* \times W^*, K)$ となる．実は，$\boldsymbol{v} \otimes \boldsymbol{w}$ と $\Psi_{(\boldsymbol{v},\boldsymbol{w})}$ が 1 対 1 に対応することから，

$$V \otimes W \cong \mathcal{L}(V^* \times W^*, K)$$

を導くことができる．これより，$\boldsymbol{v} \otimes \boldsymbol{w}$ は双線形写像 $\Psi_{(\boldsymbol{v},\boldsymbol{w})}$ であるという見方もできる．

▶**問題**　上記の例題と注意を用いて，次の (1), (2) を証明せよ．

(1) $V^* \otimes W^* \cong \mathcal{L}(V \times W, K)$　　(2) $(V \otimes W)^* \cong V^* \otimes W^*$

9.3 線形写像の空間とテンソル積

9.1 節で，V と W のテンソル積 $V \otimes W$ の任意の元 $\boldsymbol{a} \otimes \boldsymbol{b}$ は，W^* から V への線形写像であることに少し触れた．そして，9.1 節の定理から $\dim(V \otimes W) = \dim V \cdot \dim W$ であり，8.5 節の定理から $\dim \mathrm{Hom}(W^*, V) = \dim W^* \cdot \dim V = \dim W \cdot \dim V$ であることから，$V \otimes W \cong \mathrm{Hom}(W^*, V)$ が予想されるが，実際それは以下のように成り立つ．

［定理］ 線形写像の空間とテンソル積

$V \otimes W$ は，$\mathrm{Hom}(W^*, V)$ と同一視できる．すなわち，次のようになる．

$$V \otimes W \cong \mathrm{Hom}(W^*, V)$$

［解説］ 簡単に，上記の定理の証明の概略を説明する．

V を r 次元 K ベクトル空間，W を s 次元 K ベクトル空間，基底はそれぞれ $\{\boldsymbol{v}_i\}$ と $\{\boldsymbol{w}_j\}$ とする．さらに，W^* の基底を $\{f^k\}$ とする．

線形写像 $\Psi : V \otimes W \to \mathrm{Hom}(W^*, V)$ は，任意の $\boldsymbol{a} \in V$，$\boldsymbol{b} \in W$ と任意の $\varphi \in W^*$ に対して，

$$\Psi(\boldsymbol{a} \otimes \boldsymbol{b})(\varphi) = \boldsymbol{a}\varphi(\boldsymbol{b})$$

とする．このとき，V, W と W^* のそれぞれの基底に対して

$$\Psi(\boldsymbol{v}_i \otimes \boldsymbol{w}_j)(f^k) = \boldsymbol{v}_i f^k(\boldsymbol{w}_j) = \delta_{kj}\boldsymbol{v}_i$$

が成り立つため，$\Psi(\boldsymbol{v}_i \otimes \boldsymbol{w}_j)$ が $\mathrm{Hom}(W^*, V)$ の基底となることを証明でき，これにより同型が示されるのである．

とくに，$\mathrm{Hom}(V, V) \cong V \otimes V^*$ となることは，この章の主題であるテンソル空間の理論を理解するうえで重要である． □

上記の定理により，$V \otimes W$ の任意の元は，W^* から V へのある線形写像 F と見ることができた．したがって，V と W に基底を定めれば F の表現行列がわかる．次の例題ではこのことを扱う．これにより，$V \otimes W$ の意味が具体的に理解できる．

［例題］ V を 2 次元 $\mathbb{R}$ ベクトル空間，W を 3 次元 $\mathbb{R}$ ベクトル空間とする．また，V の基底を $\{\boldsymbol{v}_1, \boldsymbol{v}_2\}$，$W$ の基底を $\{\boldsymbol{w}_1, \boldsymbol{w}_2, \boldsymbol{w}_3\}$，$W^*$ の基底を $\{f^1, f^2, f^3\}$ とする．このとき，$V \otimes W \cong \mathrm{Hom}(W^*, V)$ により，基底 $\{\boldsymbol{v}_i \otimes \boldsymbol{w}_j\}$ に関する $V \otimes W$ の元

$$\begin{pmatrix} 5 \\ -2 \end{pmatrix} \otimes \begin{pmatrix} 2 \\ 1 \\ -3 \end{pmatrix}$$

に対応する線形写像 $F : W^* \to V$ について，W^* と V の基底 $\{f^j\}$ と $\{\boldsymbol{v}_i\}$ に関する F の表現行列を求めよ．

[解答] $\boldsymbol{a} = \begin{pmatrix} 5 \\ -2 \end{pmatrix}$，$\boldsymbol{b} = \begin{pmatrix} 2 \\ 1 \\ -3 \end{pmatrix}$ とする．上記の定理の解説で述べた写像の定義より，

$$F(f^1) = \boldsymbol{a} \otimes \boldsymbol{b}(f^1) = 2\boldsymbol{a} = 10\boldsymbol{v}_1 - 4\boldsymbol{v}_2$$
$$F(f^2) = \boldsymbol{a} \otimes \boldsymbol{b}(f^2) = \boldsymbol{a} = 5\boldsymbol{v}_1 - 2\boldsymbol{v}_2$$
$$F(f^3) = \boldsymbol{a} \otimes \boldsymbol{b}(f^3) = -3\boldsymbol{a} = -15\boldsymbol{v}_1 + 6\boldsymbol{v}_2$$

であるから，

$$(F(f^1)\ F(f^2)\ F(f^3)) = (\boldsymbol{v}_1\ \boldsymbol{v}_2) \begin{pmatrix} 10 & 5 & -15 \\ -4 & -2 & 6 \end{pmatrix}$$

となり，求める表現行列は $\begin{pmatrix} 10 & 5 & -15 \\ -4 & -2 & 6 \end{pmatrix}$ である．

注意　上記の例題の結果からもわかるように，表現行列は 9.1 節のテンソル積 $V \otimes W$ の存在で述べた式 $\boldsymbol{a} \otimes \boldsymbol{b} = \boldsymbol{a}\,{}^t\boldsymbol{b}$ の計算に一致する．

▶**問題**　V を 3 次元 $\mathbb{R}$ ベクトル空間，W を 2 次元 $\mathbb{R}$ ベクトル空間とする．また，V の基底を $\{\boldsymbol{v}_1, \boldsymbol{v}_2, \boldsymbol{v}_3\}$，$W$ の基底を $\{\boldsymbol{w}_1, \boldsymbol{w}_2\}$，$W^*$ の基底を $\{f^1, f^2\}$ とする．このとき，$V \otimes W^* \cong \mathrm{Hom}(W, V)$ により，基底 $\{\boldsymbol{v}_j \otimes f^k\}$ に関する $V \otimes W^*$ の元

$$\begin{pmatrix} 3 \\ -1 \\ 4 \end{pmatrix} \otimes \begin{pmatrix} 2 \\ 1 \end{pmatrix}$$

に対応する線形写像 $F : W \to V$ について，W と V の基底 $\{\boldsymbol{w}_j\}$ と $\{\boldsymbol{v}_i\}$ に関する F の表現行列 $M(F)$ を求めよ．

9.4 テンソル空間

9.4〜9.6 節では，テンソル空間の定義や性質について説明していく．

まずは具体的な例から，テンソル空間を構成してみよう．$V^* \otimes V^*$ の元は $f^1, f^2 \in V^*$ によって $f^1 \otimes f^2$ と書けるが，$V^* \otimes V^* \cong \mathrm{Hom}(V, V^*)$ であることから（9.3 節の定理を参照），$f^1 \otimes f^2 \in \mathrm{Hom}(V, V^*)$ と見ることができる．すなわち，$f^1 \otimes f^2$ は V から V^* への線形写像といえる．これより，$V^* \otimes V^*$ の元を 2 階の**共変テンソル**という．

一方，$V \otimes V$ の元は $\boldsymbol{a}_1, \boldsymbol{a}_2 \in V$ によって $\boldsymbol{a}_1 \otimes \boldsymbol{a}_2$ と書けるが，この場合は，$\boldsymbol{a}_1 \otimes \boldsymbol{a}_2 \in \mathrm{Hom}(V^*, V)$ と見ることができる．すなわち，$\boldsymbol{a}_1 \otimes \boldsymbol{a}_2$ は V^* から V への線形写像といえる．これより，$V \otimes V$ の元を 2 階の**反変テンソル**という．

一般に，$T_q^p(V) = \underbrace{V \otimes \cdots \otimes V}_{p} \otimes \underbrace{V^* \otimes \cdots \otimes V^*}_{q}$ を**テンソル空間**という．$V \otimes V^* \cong V^* \otimes V$ であることから，適当に順序を入れ替えてテンソル空間 $T_q^p(V)$ は上記のような形にできる．

［定義］ (p, q) **型テンソル**

$T_q^p(V)$ の元を (p, q) **型テンソル**，または，p **階反変** q **階共変テンソル**という．とくに，$(p, 0)$ 型テンソルを p 階反変テンソル，$(0, q)$ 型テンソルを q 階共変テンソル，$(1, 0)$ 型テンソルを**反変ベクトル**，$(0, 1)$ 型テンソルを**共変ベクトル**という．

［定理］ テンソル空間の元の表示法

V の基底を $\{\boldsymbol{v}_j\}$ とし，$\{f^k\}$ をその双対基底とする．このとき，

$$\{\boldsymbol{v}_{j_1} \otimes \cdots \otimes \boldsymbol{v}_{j_p} \otimes f^{k_1} \otimes \cdots \otimes f^{k_q}\}$$

はテンソル空間 $T_q^p(V)$ の基底となる．そして，$\boldsymbol{z} \in T_q^p(V)$ は $\xi_{j_1, \ldots, j_p}^{k_1, \ldots, k_q} \in K$ を用いて，

$$\boldsymbol{z} = \sum_{j_1, \ldots, j_p, k_1, \ldots, k_q} \xi_{k_1, \ldots, k_q}^{j_1, \ldots, j_p} \boldsymbol{v}_{j_1} \otimes \cdots \otimes \boldsymbol{v}_{j_p} \otimes f^{k_1} \otimes \cdots \otimes f^{k_q}$$

と一意的に書ける．$\left(\xi_{k_1, \ldots, k_p}^{j_1, \ldots, j_q}\right)$ を，この基底に関する座標という．

注意　$\xi^{j_1,\dots,j_p}_{k_1,\dots,k_q}$ と $\boldsymbol{v}_{j_1}\otimes\cdots\otimes\boldsymbol{v}_{j_p}\otimes f^{k_1}\otimes\cdots\otimes f^{k_q}$ の座標と基底の添字の位置（上下）は入れ替わっている.

[解説] $\boldsymbol{z}\in T^p_q(V)$ の基底を決めたときの表し方を，より具体的に説明しよう.

V を2次元空間とし，$T^2_1(V)$ を考える．このとき，基底は

$$\{\boldsymbol{v}_1\otimes\boldsymbol{v}_1\otimes f^1,\ \boldsymbol{v}_1\otimes\boldsymbol{v}_1\otimes f^2,\ \boldsymbol{v}_1\otimes\boldsymbol{v}_2\otimes f^1,\ \boldsymbol{v}_1\otimes\boldsymbol{v}_2\otimes f^2,$$
$$\boldsymbol{v}_2\otimes\boldsymbol{v}_1\otimes f^1,\ \boldsymbol{v}_2\otimes\boldsymbol{v}_1\otimes f^2,\ \boldsymbol{v}_2\otimes\boldsymbol{v}_2\otimes f^1,\ \boldsymbol{v}_2\otimes\boldsymbol{v}_2\otimes f^2\}$$

である．このような並べ方を**辞書式順序**という．本書では整理しやすいこの並べ方を用い，たとえば $\boldsymbol{z}\in {T_1}^2(V)$ を

$$\boldsymbol{z}=\xi^{11}_1\boldsymbol{v}_1\otimes\boldsymbol{v}_1\otimes f^1+\xi^{11}_2\boldsymbol{v}_1\otimes\boldsymbol{v}_1\otimes f^2+\xi^{12}_1\boldsymbol{v}_1\otimes\boldsymbol{v}_2\otimes f^1+\cdots+\xi^{22}_2\boldsymbol{v}_2\otimes\boldsymbol{v}_2\otimes f^2$$

と表す．これを基底と座標の積で表すと，

$$\boldsymbol{z}=\begin{pmatrix}\boldsymbol{v}_1\otimes\boldsymbol{v}_1\otimes f^1 & \boldsymbol{v}_1\otimes\boldsymbol{v}_1\otimes f^2 & \boldsymbol{v}_1\otimes\boldsymbol{v}_2\otimes f^1 & \cdots & \boldsymbol{v}_2\otimes\boldsymbol{v}_2\otimes f^2\end{pmatrix}\begin{pmatrix}\xi^{11}_1\\ \xi^{11}_2\\ \xi^{12}_1\\ \vdots\\ \xi^{22}_2\end{pmatrix}$$

となる．とくに，$(2,0)$ 型テンソル，$(1,1)$ 型テンソル，$(0,2)$ 型テンソルに関しては，その元 $\boldsymbol{z}$ の基底に関する座標の添字を，行列の位置と対応させて考えるとわかりやすい．すなわち，$\boldsymbol{z}\in T^2(V)$ については，基底 $\{\boldsymbol{v}_j\otimes\boldsymbol{v}_k\}$ に関して

$$(\xi^{jk})=\begin{pmatrix}\xi^{11} & \cdots & \xi^{1n}\\ \vdots & \ddots & \vdots\\ \xi^{n1} & \cdots & \xi^{nn}\end{pmatrix}$$

であり，$\boldsymbol{z}\in T_2(V)$ については，基底 $\{f^j\otimes f^k\}$ に関して

$$(\xi_{jk})=\begin{pmatrix}\xi_{11} & \cdots & \xi_{1n}\\ \vdots & \ddots & \vdots\\ \xi_{n1} & \cdots & \xi_{nn}\end{pmatrix}$$

である．そして，$\boldsymbol{z}\in T^1_1(V)$ については，基底 $\{\boldsymbol{e}_j\otimes f^k\}$ に関して

$$(\xi^j_k)=\begin{pmatrix}\xi^1_1 & \cdots & \xi^n_1\\ \vdots & \ddots & \vdots\\ \xi^1_n & \cdots & \xi^n_n\end{pmatrix}$$

と表示する. □

次の例題と問題で, テンソル空間で最も簡単な $T^2(V)$ や $T_2(V)$ の元のある基底に関する座標を求めてみよう.

[例題] V を 2 次元 $\mathbb{R}$ ベクトル空間とし, 基底を $\{\boldsymbol{v}_1, \boldsymbol{v}_2\}$ とする. このとき, $T^2(V)$ の元 $(2\boldsymbol{v}_1 + 3\boldsymbol{v}_2) \otimes (-\boldsymbol{v}_1 + 4\boldsymbol{v}_2)$ の基底 $\{\boldsymbol{v}_i \otimes \boldsymbol{v}_j\}$ に関する座標を行列の形で表せ.

[解答]

$$\begin{pmatrix} 2 \\ 3 \end{pmatrix} \otimes \begin{pmatrix} -1 \\ 4 \end{pmatrix} = \begin{pmatrix} 2 \\ 3 \end{pmatrix} \begin{pmatrix} -1 & 4 \end{pmatrix} = \begin{pmatrix} -2 & 8 \\ -3 & 12 \end{pmatrix}$$

である.

▶**問題** V を 3 次元 $\mathbb{R}$ ベクトル空間とし, 基底を $\{\boldsymbol{v}_j\}$, 双対基底を $\{f^k\}$ とする. このとき, $T_2(V)$ の元 $(f^1 + 5f^2 - f^3) \otimes (-f^1 + 3f^2 + 2f^3)$ の基底 $\{f^i \otimes f^j\}$ に関する座標を行列の形で表せ.

◉ 9.5 テンソル座標の変換則

1.13 節で, ベクトルの座標は基底によって決まることを説明した. テンソルの座標についても, 同様のことがいえる. この節では, 基底変換によって $\boldsymbol{z} \in T^p_q(V)$ がどのような形に変換されるのかについて説明する.

まず, 基底の変換行列を (α^j_k) とすると,

$$\bar{\boldsymbol{v}}_k = \sum_j \alpha^j_k \boldsymbol{v}_j \tag{$*2$}$$

が成り立つ. 次に, 基底 $\{\boldsymbol{v}_j\}$ に関する双対基底を $\{f^j\}$ とすると,

$$f^j(\bar{\boldsymbol{v}}_k) = f^j\left(\sum_l \alpha^l_k \boldsymbol{v}_l\right) = \sum_l \alpha^l_k f^j(\boldsymbol{v}_l) = \alpha^j_k$$

が成り立つ. よって, 基底 $\{\bar{\boldsymbol{v}}_j\}$ に関する双対基底を $\{\bar{f}^j\}$ とすると,

$$f^j = \sum_k \alpha^j_k \bar{f}^k$$

となる. 一方, $(\beta^j_k) = (\alpha^j_k)^{-1}$ とおくと, 式 $(*2)$ より

$$\boldsymbol{v}_k = \sum_j \beta^j_k \bar{\boldsymbol{v}}_j$$

が成り立つ．

以上を，より一般的にまとめた次の定理を紹介する．

[定理]　テンソル座標の変換則

V の基底 $\{\boldsymbol{v}_j\}$ と $\{\bar{\boldsymbol{v}}_j\}$ に対する $\boldsymbol{z} \in T^p_q(V)$ の座標を，それぞれ $\xi^{j_1\cdots j_p}_{k_1\cdots k_q}$ と $\bar{\xi}^{j_1\cdots j_p}_{k_1\cdots k_q}$ とする．さらに，$\{\boldsymbol{v}_j\}$ から $\{\bar{\boldsymbol{v}}_j\}$ への基底変換行列を (α^j_k)，その逆行列を (β^j_k) とする．$T^p_q(V)$ のとき，以下が成り立つ．

$$\bar{\xi}^{j_1\cdots j_p}_{k_1\cdots k_q} = \sum_{l_1,\ldots,l_p,m_1,\ldots,m_q} \alpha^{m_1}_{k_1}\cdots\alpha^{m_q}_{k_q}\beta^{j_1}_{l_1}\cdots\beta^{j_q}_{l_q}\,\xi^{l_1\cdots l_p}_{m_1\cdots m_q}$$

[解説] 実は，上記の定理を満たすような $\xi^{j_1\cdots j_p}_{k_1\cdots k_q}$ のことをテンソルとするのが古典的な定義であり，物理などではこのように定義していることが多い．なぜならば，それぞれの座標系（基底）によって定まる座標の変換則を調べることによって，考えている対象がテンソルであるのかどうかを確認できるからである．

さて，$T^2(V), T^1_1(V), T_2(V)$ の場合に限り，テンソルの座標変換の式を行列で表しておこう．まず，$T^2(V)$ の場合である．上記の定理より，

$$\bar{\xi}^{jk} = \sum_{l,m} \beta^j_l \beta^k_m \xi^{lm} = \sum_m \beta^k_m \left(\sum_l \beta^j_l \xi^{lm}\right) = \sum_m \left(\sum_l \beta^j_l \xi^{lm}\right)\beta^k_m$$

である．3.1 節の三つ目の定義より $\displaystyle\sum_l \beta^j_l \xi^{lm} = (\beta^j_l)(\xi^{lm})$ であり，再び 3.1 節の三つ目の定義より

$$(\bar{\xi}^{jk}) = (\beta^j_l)(\xi^{lm})\,{}^t(\beta^k_m) \tag{$*3$}$$

を得る．

次に，$T^1_1(V)$ の場合である．上記の定理より，

$$\bar{\xi}^j_k = \sum_{l,m} \alpha^m_k \beta^j_l \xi^l_m = \sum_l \beta^j_l \left(\sum_m \alpha^m_k \xi^l_m\right) = \sum_l \left(\sum_m \alpha^m_k \xi^l_m\right)\beta^j_l$$

であり，3.1 節の二つ目の注意より，

$$(\bar{\xi}^j_k) = {}^t(\alpha^m_k)(\xi^l_m)\,{}^t(\beta^j_l) \tag{$*4$}$$

を得る．

最後は $T_2(V)$ の場合である．上記の定理より，

$$\bar{\xi}_{ik} = \sum_{l,m} \alpha_j^l \alpha_k^m \xi_{lm} = \sum_m \alpha_k^m \left(\sum_l \alpha_j^l \xi_{lm} \right) = \sum_m \left(\sum_l \alpha_j^l \xi_{lm} \right) \alpha_k^m$$

である．3.1 節の二つ目の注意より，

$$(\bar{\xi}_{ik}) = {}^t(\alpha_j^l)(\xi_{lm})(\alpha_k^m) \tag{*5}$$

を得る． □

次の例題で，テンソル座標の変換則を確認しよう．

[例題] 2 次元 $\mathbb{R}$ ベクトル空間 V の基底を $\{\boldsymbol{v}_1, \boldsymbol{v}_2\}$ とする．そして，

$$\begin{pmatrix} \bar{\boldsymbol{v}}_1 \\ \bar{\boldsymbol{v}}_2 \end{pmatrix} = \begin{pmatrix} 1 & 2 \\ 1 & 3 \end{pmatrix} \begin{pmatrix} \boldsymbol{v}_1 \\ \boldsymbol{v}_2 \end{pmatrix}$$

により，V の別の基底 $\{\bar{\boldsymbol{v}}_1, \bar{\boldsymbol{v}}_2\}$ をつくる．さらに，$\{\boldsymbol{v}_1, \boldsymbol{v}_2\}$ に対する双対基底を $\{f^1, f^2\}$，$\{\bar{\boldsymbol{v}}_1, \bar{\boldsymbol{v}}_2\}$ に対する双対基底を $\{\bar{f}^1, \bar{f}^2\}$ とする．以下の問いに答えよ．

(1) $\boldsymbol{z} \in T^2(\mathbb{R}^2)$ の基底 $\{\boldsymbol{v}_j \otimes \boldsymbol{v}_k\}$ に関する座標 (ξ^{jk}) を $(\xi^{jk}) = \begin{pmatrix} 1 & 0 \\ 3 & 2 \end{pmatrix}$ とするとき，$\boldsymbol{z}$ の基底 $\{\bar{\boldsymbol{v}}_j \otimes \bar{\boldsymbol{v}}_k\}$ に関する座標 $(\bar{\xi}^{jk})$ を求めよ．

(2) $\boldsymbol{z} \in {T_1}^1(\mathbb{R}^2)$ の基底 $\{\boldsymbol{v}_j \otimes f^k\}$ に関する座標 (ξ_k^j) を $(\xi_k^j) = \begin{pmatrix} 1 & -1 \\ 0 & 2 \end{pmatrix}$ とするとき，$\boldsymbol{z}$ の基底 $\{\bar{\boldsymbol{v}}_j \otimes \bar{f}^k\}$ に関する座標 $(\bar{\xi}_j^k)$ を求めよ．

[解答] $(\alpha_k^j) = \begin{pmatrix} 1 & 2 \\ 1 & 3 \end{pmatrix}$ とおくと，$(\beta_k^j) = (\alpha_k^j)^{-1} = \begin{pmatrix} 3 & -2 \\ -1 & 1 \end{pmatrix}$ である．

(1) 式 (*3) より，

$$(\bar{\xi}^{jk}) = (\beta_l^j)(\xi^{lm})^t(\beta_m^k) = \begin{pmatrix} 3 & -2 \\ -1 & 1 \end{pmatrix} \begin{pmatrix} 1 & 0 \\ 3 & 2 \end{pmatrix} \begin{pmatrix} 3 & -1 \\ -2 & 1 \end{pmatrix} = \begin{pmatrix} -1 & -1 \\ 2 & 0 \end{pmatrix}$$

である．

(2) 式 (*4) より，

$$(\bar{\xi}_k^j) = (\bar{\xi}_k^j) = {}^t(\alpha_k^m)(\xi_m^l)^t(\beta_l^j) = \begin{pmatrix} 1 & 1 \\ 2 & 3 \end{pmatrix} \begin{pmatrix} 1 & -1 \\ 0 & 2 \end{pmatrix} \begin{pmatrix} 3 & -1 \\ -2 & 1 \end{pmatrix} = \begin{pmatrix} 1 & 0 \\ -2 & 2 \end{pmatrix}$$

である．

▶**問題**　2次元 $\mathbb{R}$ ベクトル空間 V の基底を $\{\boldsymbol{v}_1, \boldsymbol{v}_2\}$ とする．そして，

$$\begin{pmatrix} \bar{\boldsymbol{v}}_1 \\ \bar{\boldsymbol{v}}_2 \end{pmatrix} = \begin{pmatrix} 3 & 1 \\ -2 & 0 \end{pmatrix} \begin{pmatrix} \boldsymbol{v}_1 \\ \boldsymbol{v}_2 \end{pmatrix}$$

により，V の別の基底 $\{\bar{\boldsymbol{v}}_1, \bar{\boldsymbol{v}}_2\}$ をつくる．さらに，$\{\boldsymbol{v}_1, \boldsymbol{v}_2\}$ に対する双対基底を $\{f^1, f^2\}$，$\{\bar{\boldsymbol{v}}_1, \bar{\boldsymbol{v}}_2\}$ に対する双対基底を $\{\bar{f}^1, \bar{f}^2\}$ とする．$\boldsymbol{z}_1 \in T_2(\mathbb{R}^2)$ の基底 $\{f^j \otimes f^k\}$ に関する座標 (ξ_{jk}) を $(\xi_{jk}) = \begin{pmatrix} 3 & -1 \\ 2 & 1 \end{pmatrix}$ とするとき，$\boldsymbol{z}_1$ の基底 $\{\bar{f}^j \otimes \bar{f}^k\}$ に関する座標 $(\bar{\xi}_{jk})$ を求めよ．

9.6　対称テンソルと交代テンソル

対称テンソルと交代テンソルは，対称行列と交代行列の一般化である．後で正確な定義は述べるが，n 次対称テンソル全体と n 次交代テンソル全体は，どちらもベクトル空間になる．とくに，n 次交代テンソル全体は外積空間とよばれるベクトル空間に発展し，外積空間の理論は微積分に関連していく．

対称テンソルと交代テンソルを簡単なケースから説明していこう．V を3次元 K ベクトル空間，V の基底を $\{\boldsymbol{v}_1, \boldsymbol{v}_2, \boldsymbol{v}_3\}$ とし，2階の反変テンソル $\boldsymbol{z} \in T^2(V)$ を考える．9.4節で述べたように，$\boldsymbol{z}$ は V^* から V への線形写像と見ることができる．そして，$\boldsymbol{z} \in T^2(V)$ の基底 $\{\boldsymbol{v}_j \otimes \boldsymbol{v}_k\}$ に関する $\boldsymbol{z}$ の座標は

$$\boldsymbol{z} = \begin{pmatrix} \xi^{11} & \xi^{12} & \xi^{13} \\ \xi^{21} & \xi^{22} & \xi^{23} \\ \xi^{31} & \xi^{32} & \xi^{33} \end{pmatrix}$$

と表された．ここで，添字 jk に対して置換 $\sigma = (j, k) \in S_2$ を考え，その置換によって $\boldsymbol{z}$ は $\boldsymbol{z}_\sigma$ に変わったとすると，

$$\boldsymbol{z}_\sigma = \begin{pmatrix} \xi^{11} & \xi^{21} & \xi^{31} \\ \xi^{12} & \xi^{22} & \xi^{32} \\ \xi^{13} & \xi^{23} & \xi^{33} \end{pmatrix}$$

となる．もし，$\boldsymbol{z} = \boldsymbol{z}_\sigma$ であるとき $\boldsymbol{z}$ は2次対称テンソルとよばれる．このとき，$\boldsymbol{z}$ の座標は

$$\boldsymbol{z} = \begin{pmatrix} a & s & t \\ s & b & u \\ t & u & c \end{pmatrix}$$

という形，すなわち対称行列になる．$\boldsymbol{z} = -\boldsymbol{z}_\sigma$ であるとき，$\boldsymbol{z}$ は 2 次交代テンソルとよばれる．このとき，$\boldsymbol{z}$ の座標は

$$\boldsymbol{z} = \begin{pmatrix} 0 & s & t \\ -s & 0 & u \\ -t & -u & 0 \end{pmatrix}$$

という形，すなわち交代行列になる．ここで座標の位置に関する置換を行ったが，これは基底の添字に置換を行うことと同じであることを注意する．

$T_2(V)$ に関しても，対称テンソルと交代テンソルは同様に定義される．しかし，(p,q) 型テンソル $T_q^p(V)$ に対しては，対称テンソルや交代テンソルと同様のものを定義することは難しい．

ここまで 2 次の対称テンソルと交代テンソルを説明したが，同様に n 次の対称テンソルと交代テンソルを定義することができる．それを簡単に説明しよう．

テンソル積の一意性を用いると，置換 $\sigma \in S_p$ と $\boldsymbol{z}_j \in V$ $(j = 1, \ldots, p)$ に対して，

$$P_\sigma\left(\boldsymbol{z}_1 \otimes \cdots \otimes \boldsymbol{z}_p\right) = \boldsymbol{z}_{\sigma(1)} \otimes \cdots \otimes \boldsymbol{z}_{\sigma(p)}$$

となる線形写像 $P_\sigma : T^p(V) \to T^p(V)$ がただ一つ存在する．このことから，V の基底を $\{\boldsymbol{v}_j\}$ とし，$\boldsymbol{z} = \displaystyle\sum_{j_1,\ldots,j_p} \xi^{j_1,\ldots,j_p}\ \boldsymbol{v}_{j_1} \otimes \cdots \otimes \boldsymbol{v}_{j_p} \in T^p(V)$ としたとき，

$$P_\sigma(\boldsymbol{z}) = \sum_{j_1,\ldots,j_p} \xi^{j_1,\ldots,j_p}\ \boldsymbol{v}_{j_{\sigma(1)}} \otimes \cdots \otimes \boldsymbol{v}_{j_{\sigma(p)}}$$

であるが，$\boldsymbol{v}_{j_{\sigma(1)}} \otimes \cdots \otimes \boldsymbol{v}_{j_{\sigma(p)}}$ を辞書式順序に並べかえることで，

$$P_\sigma(\boldsymbol{z}) = \sum_{j_1,\ldots,j_p} \xi^{j_{\sigma(1)},\ldots,j_{\sigma(p)}}\ \boldsymbol{v}_{j_1} \otimes \cdots \otimes \boldsymbol{v}_{j_p}$$

となり，座標の添字の置換を考えればよいことになる．

[定義]　$T^p(V)$ の対称テンソルと交代テンソル

$\boldsymbol{z} \in T^p(V)$ とする．

(1) すべての $\sigma \in S_p$ に対して $P_\sigma(\boldsymbol{z}) = \boldsymbol{z}$ となるとき，$\boldsymbol{z}$ を p 次**対称テンソル**という．そして，p 次対称テンソル全体を $S^p(V)$ を書く．

(2) すべての $\sigma \in S_p$ に対して $P_\sigma(\boldsymbol{z}) = \mathrm{sgn}(\sigma)\boldsymbol{z}$ となるとき，$\boldsymbol{z}$ を p 次**交代テンソル**という．そして，p 次交代テンソル全体を $A^p(V)$ と書く．ここで，$\mathrm{sgn}(\sigma)$ は σ が偶置換のとき 1 を奇置換のとき -1 をとる．

$S^p(V)$ も $A^p(V)$ もどちらも $T^p(V)$ の部分空間である．そして，これらの次元に対しては以下の定理が成り立つ．

[定理]　$S^p(V)$ と $A^p(V)$ の次元公式

V を n 次元 K ベクトル空間とする．このとき，$S^p(V)$ と $A^p(V)$ はともに $T^p(V)$ の部分空間であり，次が成り立つ．

$$\dim S^p(V) = {}_{n+p-1}\mathrm{C}_p, \quad \dim A^p(V) = {}_n\mathrm{C}_p$$

[解説] 簡単のため，$p = 2$ の場合で説明しよう．$T^2(V)$ の場合，基底を $\{\boldsymbol{v}_j \otimes \boldsymbol{v}_k\}$ とする．$(1,2) \in S_2$ を用いると，$P_{(1,2)}(\boldsymbol{v}_j \otimes \boldsymbol{v}_k) = \boldsymbol{v}_k \otimes \boldsymbol{v}_j$ となる．これより，S^p の基底は $\{\boldsymbol{v}_j \otimes \boldsymbol{v}_k + \boldsymbol{v}_k \otimes \boldsymbol{v}_j\}$ $(j \leqq k)$ であり，A^p の基底は $\{\boldsymbol{v}_j \otimes \boldsymbol{v}_k - \boldsymbol{v}_k \otimes \boldsymbol{v}_j\}$ $(j < k)$ であることがわかる．このことから，すぐに

$$\dim S^2(V) = \frac{n(n+1)}{2} = {}_{n+1}\mathrm{C}_2, \quad \dim A^2(V) = \frac{n(n-1)}{2} = {}_n\mathrm{C}_2$$

がわかる．一般的な次元の公式の証明を説明することは難しいが，この考え方を一般化し基底がどういう形になるかを求め，その組み合わせを数えることで得られる．

また，$p = n$ ならば $\dim A^p(V) = 1$ であり，$p < n$ ならば $\dim A^p(V) = \dim A^{n-p}(V)$ となるが，これらは交代テンソルを用いた応用面で重要なはたらきをすることが多い．　□

抽象的な n 次の対称テンソルと交代テンソルを理解するために，次の例題でそれらの意味を確認しよう．

[例題]　V を 2 次元 K ベクトル空間，$\{\boldsymbol{v}_1, \boldsymbol{v}_2\}$ を V の基底としたとき，$S^3(V)$ の元 $\boldsymbol{z}$ はどのようなタイプであるか．$\boldsymbol{z}$ の座標 (ξ^{ijk}) を用いて説明せよ．

[解答] $\boldsymbol{z}$ の座標を以下のように表す．

$$\left(\begin{array}{cc|cc} \xi^{111} & \xi^{112} & \xi^{211} & \xi^{212} \\ \xi^{121} & \xi^{122} & \xi^{221} & \xi^{222} \end{array}\right)$$

$n=2,\ p=3$ より，$\dim S^2(V) = {}_4\mathrm{C}_3 = 4$ であることから，上の 8 個のセルの中に同じ数をもつものが四つあることがわかる．そして，対称テンソルを求めるには，ξ の添字に使われている数 1 と 2 のすべての入れ替えを考えればよい．よって，$S^3(V)$ の元 $\boldsymbol{z}$ の座標においては，ξ の添字が三つとも同じである成分が同じ数をもち，添字の二つだけが同じである成分が同じ数をもつことになる．したがって，$\boldsymbol{z}$ の座標は

$$\left(\begin{array}{cc|cc} a & b & b & c \\ b & c & c & d \end{array}\right)$$

という形になり，これを 3 次対称テンソルとしてとらえることができる．

▶**問題** V を 4 次元 K ベクトル空間，$\{\boldsymbol{v}_1, \boldsymbol{v}_2, \boldsymbol{v}_3, \boldsymbol{v}_4\}$ を V の基底としたとき，$A^3(V)$ の元 $\boldsymbol{z}$ はどのようなタイプであるか．$\boldsymbol{z}$ の座標 (ξ^{ijk}) を用いて説明せよ．

9.7 外積空間と外積

この節では，次節で説明する「曲がった空間上での微分積分」を展開するときに必要な外積空間と，その中の演算である外積 $\wedge$（ウェッジとよぶ）について説明する．より具体的にいえば，9.1 節でテンソル積に演算 $\otimes$ を定義したように，$\boldsymbol{z}_1 \in A^p(V)$ と $\boldsymbol{z}_2 \in A^q(V)$ について，$\boldsymbol{z}_1 \wedge \boldsymbol{z}_2 \in A^{p+q}(V)$ となる演算 $\wedge$ の定義について説明する．

まず，$T^2(V)$ のベクトル $\boldsymbol{z}_1 \otimes \boldsymbol{z}_2$ に対して，線形写像 $\mathrm{alt}_2 : T^2(V) \to T^2(V)$ を

$$\mathrm{alt}_2(\boldsymbol{z}_1 \otimes \boldsymbol{z}_2) = \frac{1}{2!}\sum_{\sigma\in S_2} \mathrm{sgn}(\sigma)(\boldsymbol{z}_{\sigma(1)} \otimes \boldsymbol{z}_{\sigma(2)}) = \frac{1}{2}(\boldsymbol{z}_1 \otimes \boldsymbol{z}_2 - \boldsymbol{z}_2 \otimes \boldsymbol{z}_1)$$

とする．ここで，S_2 は 2 次対称群である．そして，$\boldsymbol{z}_1 \wedge \boldsymbol{z}_2 = \mathrm{alt}_2(\boldsymbol{z}_1 \otimes \boldsymbol{z}_2)$ と定義する．このとき，$\boldsymbol{z}_2 \wedge \boldsymbol{z}_1 = -\boldsymbol{z}_1 \wedge \boldsymbol{z}_2$ が成り立つ．これは，$\boldsymbol{z}_1 \wedge \boldsymbol{z}_2 \in A^2(V)$ であることを意味する．$\boldsymbol{z}_1$，$\boldsymbol{z}_2 \in A^1(V)$ と考えれば，$\boldsymbol{z}_1 \wedge \boldsymbol{z}_2 \in A^2(V)$ が目指すものだったのである．さらに，

$$\begin{aligned}\mathrm{alt}_2(\boldsymbol{z}_1 \wedge \boldsymbol{z}_2) &= \mathrm{alt}_2\{\mathrm{alt}_2(\boldsymbol{z}_1 \otimes \boldsymbol{z}_2)\} = \mathrm{alt}_2\left\{\frac{1}{2}(\boldsymbol{z}_1 \otimes \boldsymbol{z}_2 - \boldsymbol{z}_2 \otimes \boldsymbol{z}_1)\right\} \\ &= \frac{1}{2}\{\mathrm{alt}_2(\boldsymbol{z}_1 \otimes \boldsymbol{z}_2) - \mathrm{alt}_2(\boldsymbol{z}_2 \otimes \boldsymbol{z}_1)\} = \frac{1}{2}(\boldsymbol{z}_1 \otimes \boldsymbol{z}_2 - \boldsymbol{z}_2 \otimes \boldsymbol{z}_1)\end{aligned}$$

$$= \mathrm{alt}_2(\boldsymbol{z}_1 \otimes \boldsymbol{z}_2) = \boldsymbol{z}_1 \wedge \boldsymbol{z}_2$$

が成り立つ．つまり，$\mathrm{alt}_2|_{\mathrm{Im}(\mathrm{alt}_2)}$ は恒等写像である．

以上のことを踏まえて，以下では $T^p(V)$ を $\otimes^p V$ と書き，これに対応する外積空間 $\wedge^p V$ を定義する．

［定義］　交代化作用素と外積空間

$\otimes^p V$ のテンソル $\boldsymbol{z}_1 \otimes \cdots \otimes \boldsymbol{z}_p$ に対して，

$$\mathrm{alt}_p(\boldsymbol{z}_1 \otimes \cdots \otimes \boldsymbol{z}_p) = \frac{1}{p!} \sum_{\sigma \in S_p} \mathrm{sgn}(\sigma)(\boldsymbol{z}_{\sigma(1)} \otimes \cdots \otimes \boldsymbol{z}_{\sigma(p)})$$

と定義する．ここで，S_p は p 次対称群である．alt_p を**交代化作用素**といい，$\mathrm{Im}(\mathrm{alt}_p)$ を $\wedge^p V$ と書いて p 次**外積空間**とよぶ．

［定義］　外積

$\boldsymbol{w}_1 \in \wedge^p V$ と $\boldsymbol{w}_2 \in \wedge^q V$ に対して，$\boldsymbol{w}_1 \wedge \boldsymbol{w}_2 \in \wedge^{p+q} V$ を

$$\boldsymbol{w}_1 \wedge \boldsymbol{w}_2 = \mathrm{alt}_{p+q}(\boldsymbol{w}_1 \otimes \boldsymbol{w}_2)$$

と定義し，$\boldsymbol{w}_1$ と $\boldsymbol{w}_2$ の**外積**という．

外積空間と外積の定義がわかったところで，外積空間の次元と外積の基本的な性質について説明する．

［定理］　外積空間の次元と外積の性質

外積空間 $\wedge^p V$ と外積 $\wedge$ について，以下のことが成り立つ．

(1) $\mathrm{alt}_p|_{\wedge^p V}$ は恒等写像である．

(2) $\wedge^p V = A^p(V)$ であり，$\dim \wedge^p V = {}_n\mathrm{C}_p$ である．

(3) $\wedge^p V$ の元は $\boldsymbol{z}_1 \wedge \cdots \wedge \boldsymbol{z}_p$ と書かれる．ここで，$\boldsymbol{z}_j \in V$ $(j = 1, \ldots, p)$ である．

(4) $\boldsymbol{w}_1, \boldsymbol{w}_2, \boldsymbol{w}_3 \in V$ と $\lambda \in K$ について，

$$(\boldsymbol{w}_1 \wedge \boldsymbol{w}_2) \wedge \boldsymbol{w}_3 = \boldsymbol{w}_1 \wedge (\boldsymbol{w}_2 \wedge \boldsymbol{w}_3)$$
$$(\lambda \boldsymbol{w}_1 \wedge \boldsymbol{w}_2) = (\boldsymbol{w}_1 \wedge \lambda \boldsymbol{w}_2) = \lambda(\boldsymbol{w}_1 \wedge \boldsymbol{w}_2)$$

が成り立つ．

注意 上記の定理 (4) より，外積の計算の際に，括弧を省略して $(\boldsymbol{w}_1 \wedge \boldsymbol{w}_2) \wedge \boldsymbol{w}_3 = \boldsymbol{w}_1 \wedge \boldsymbol{w}_2 \wedge \boldsymbol{w}_3$ としても問題はない．

[解説] 外積空間の重要性は，テンソル空間と同様に (3) と (4) が成り立つことにある．これらは，外積の計算を行う際に基本となる． □

次の例題で，外積の基本的な性質を確認しておこう．

[例題] 外積に関する次の問いに答えよ．

(1) $\boldsymbol{x}_1, \boldsymbol{x}_2 \in V$ とするとき，$\boldsymbol{x}_1 \wedge \boldsymbol{x}_1 = \boldsymbol{0}$ と $\boldsymbol{x}_1 \wedge \boldsymbol{x}_2 = -\boldsymbol{x}_2 \wedge \boldsymbol{x}_1$ が成り立つことを示せ．

(2) $\boldsymbol{w} \in \wedge^2 V, \boldsymbol{x} \in V$ とするとき，$\boldsymbol{w} \wedge \boldsymbol{x} = \boldsymbol{x} \wedge \boldsymbol{w}$ が成り立つことを示せ．

[解答] (1) $\boldsymbol{x}_1 \wedge \boldsymbol{x}_1 = \mathrm{alt}_2(\boldsymbol{x}_1 \otimes \boldsymbol{x}_1) = \dfrac{1}{2}(\boldsymbol{x}_1 \otimes \boldsymbol{x}_1 - \boldsymbol{x}_1 \otimes \boldsymbol{x}_1) = \boldsymbol{0}$ である．また，$\boldsymbol{x}_1 \wedge \boldsymbol{x}_2 = \mathrm{alt}_2(\boldsymbol{x}_1 \otimes \boldsymbol{x}_2) = \dfrac{1}{2}(\boldsymbol{x}_1 \otimes \boldsymbol{x}_2 - \boldsymbol{x}_2 \otimes \boldsymbol{x}_1) = -\dfrac{1}{2}(\boldsymbol{x}_2 \otimes \boldsymbol{x}_1 - \boldsymbol{x}_1 \otimes \boldsymbol{x}_2) = -\boldsymbol{x}_2 \wedge \boldsymbol{x}_1$ である．

(2) $\boldsymbol{w} = \boldsymbol{x}_1 \wedge \boldsymbol{x}_2$ とする．

$$\boldsymbol{w} \wedge \boldsymbol{x} = \boldsymbol{x}_1 \wedge \boldsymbol{x}_2 \wedge \boldsymbol{x} = -\boldsymbol{x}_1 \wedge \boldsymbol{x} \wedge \boldsymbol{x}_2 = \boldsymbol{x} \wedge \boldsymbol{x}_1 \wedge \boldsymbol{w}_2 = \boldsymbol{x} \wedge \boldsymbol{w}$$

より，$\boldsymbol{w} \wedge \boldsymbol{x} = \boldsymbol{x} \wedge \boldsymbol{w}$ である．

注意 $\boldsymbol{w}_1 \in \wedge^p V$ と $\boldsymbol{w}_2 \in \wedge^q V$ に対して，

$$\boldsymbol{w}_1 \wedge \boldsymbol{w}_2 = (-1)^{pq}\, \boldsymbol{w}_2 \wedge \boldsymbol{w}_1$$

が成り立つことが知られている．

▶**問題** $\boldsymbol{w} \in \wedge^3 V, \boldsymbol{x} \in V$ とするとき，$\boldsymbol{w} \wedge \boldsymbol{x} = -\boldsymbol{x} \wedge \boldsymbol{w}$ が成り立つことを，上記の例題 (2) にならって示せ．

9.8 微分形式と外微分

外積空間の具体例として，$\mathbb{R}^n$ の**各点に付随するベクトル空間** $\Omega(\mathbb{R}^n)$ というものを取り上げる．なぜ，このようなベクトル空間を考えるかといえば，曲面などの多様体とよばれる曲がった空間上で微分積分を展開するときに必要不可欠な道具だからである．この節では，とくに $\mathbb{R}^2$ の各点に付随するベクトル空間 $\Omega(\mathbb{R}^2)$ を紹介する．

xy 座標系 $\mathbb{R}^2$ に対応して，形式的に dx, dy という元をつくり，これを基底として，

$$\alpha dx + \beta dy \quad (\alpha, \beta \in \mathbb{R})$$

という元をもつ2次元 $\mathbb{R}$ ベクトル空間を $\Omega(\mathbb{R}^2)$ とする．

［定義］　1次の微分形式

$P(x,y)$，$Q(x,y)$ を無限回微分可能な関数（C^∞ 級の関数）として，

$$\omega(x,y) = P(x,y)dx + Q(x,y)dy$$

を考えると，ω は $\mathbb{R}^2$ から $\Omega(\mathbb{R}^2)$ への線形写像（ベクトル値関数）となる．ω を $\mathbb{R}^2$ 上定義された1次の**微分形式**といい，$\mathbb{R}^2$ 上定義された1次の微分形式全体を $\Omega^1(\mathbb{R}^2)$ で表す．

［定義］　2次の微分形式

$\mathbb{R}^2$ 上定義された2次の微分形式は，$R(x,y)$ を C^∞ 級の関数として，

$$\omega(x,y) = R(x,y)dx \wedge dy$$

で表されたものとし，$\mathbb{R}^2$ 上定義された2次の微分形式全体を $\Omega^2(\mathbb{R}^2)$ で表す．

注意　$\Omega^0(\mathbb{R}^2)$ は，C^∞ 級の関数とする．また，$\Omega^0(\mathbb{R}^2)$，$\Omega^1(\mathbb{R}^2)$，$\Omega^2(\mathbb{R}^2)$ は，どれも無限次元ベクトル空間であることに注意せよ．

［定義］　外微分

$\Omega^0(\mathbb{R}^2)$ から $\Omega^1(\mathbb{R}^2)$, $\Omega^1(\mathbb{R}^2)$ から $\Omega^2(\mathbb{R}^2)$ への線形写像 d を以下のように定義し，d を**外微分**という．

(1) $d : \Omega^0(\mathbb{R}^2) \to \Omega^1(\mathbb{R}^2)$

$$df(x,y) = \frac{\partial f}{\partial x}(x,y)dx + \frac{\partial f}{\partial y}(x,y)dy$$

(2) $d : \Omega^1(\mathbb{R}^2) \to \Omega^2(\mathbb{R}^2)$

$$d(P(x,y)dx + Q(x,y)dy) = dP(x,y) \wedge dx + dQ(x,y) \wedge dy$$

[解説] (1) は，多変数の微分積分で扱う f の全微分 $df = \dfrac{\partial f}{\partial x}dx + \dfrac{\partial f}{\partial y}dy$ をもとにして定義されている．(2) は，(1) で定義された $dP(x,y)$ と $dQ(x,y)$ を用いて定義されている． □

以下の議論において，考え方の基本となる事項を列挙する．

(1) $\mathbb{R}^2$ の xy 座標から uv 座標への座標変換 $u = u(x,y)$, $v = v(x,y)$ は，逆変換 $x = x(u,v)$, $y = y(u,v)$ ももつものとする．

(2) さらに，$\mathbb{R}^2$ 上定義された関数 f を xy 座標では $f(x,y)$ で，uv 座標では $\bar{f}(u,v)$ で表す．すなわち，

$$f(x,y) = \bar{f}(u(x,y), v(x,y)), \quad \bar{f}(u,v) = f(x(u,v), y(u,v))$$

とする．

(3) $\Omega(\mathbb{R}^2)$ の基底 $\{dx, dy\}$ と別の基底 $\{du, dv\}$ の座標変換式は

$$\begin{pmatrix} du \\ dv \end{pmatrix} = \begin{pmatrix} \dfrac{\partial u}{\partial x} & \dfrac{\partial u}{\partial y} \\ \dfrac{\partial v}{\partial x} & \dfrac{\partial v}{\partial y} \end{pmatrix} \begin{pmatrix} dx \\ dy \end{pmatrix}$$

と定義する．$\begin{pmatrix} \dfrac{\partial u}{\partial x} & \dfrac{\partial u}{\partial y} \\ \dfrac{\partial v}{\partial x} & \dfrac{\partial v}{\partial y} \end{pmatrix}$ は**ヤコビ行列**といわれるもので，関数の行列である．これまで基底変換行列は定数の行列であったわけであるが，$\Omega(\mathbb{R}^2)$ は $\mathbb{R}^2$ の各点に依存して設定されたベクトル空間であるので，ヤコビ行列も各点に依存して決まることを注意しておく．

以上の設定のもとで，以下が成り立つ．

[定理]　微分形式の不変性

$P = P(x,y)$, $Q = Q(x,y)$, $\bar{P} = \bar{P}(u,v)$, $\bar{Q} = \bar{Q}(u,v)$ とする．

(1) $Pdx + Qdy = \bar{P}du + \bar{Q}dv$ ならば，次のようになる．

$$P = \frac{\partial u}{\partial x}\bar{P} + \frac{\partial v}{\partial x}\bar{Q}, \quad Q = \frac{\partial u}{\partial y}\bar{P} + \frac{\partial v}{\partial y}\bar{Q}$$

(2) $dP = \dfrac{\partial P}{\partial x}dx + \dfrac{\partial P}{\partial y}dy = \dfrac{\partial \bar{P}}{\partial u}du + \dfrac{\partial \bar{P}}{\partial v}dv$

(3) $Pdx + Qdy = \bar{P}du + \bar{Q}dv$ ならば，次のようになる．

$$dP \wedge dx + dQ \wedge dy = d\bar{P} \wedge du + d\bar{Q} \wedge dv$$

[解説] 上記の定理の重要性は，(2) と (3) にある．すなわち，$\Omega(\mathbb{R}^2)$ の基底を取り換えても微分形式は変化しないことを表している．このことは，今後多様体などの進んだ数学を学ぶときにおいて意味をもってくる．

多様体とよばれる曲面 M においては，M 上の各点のまわりを $\mathbb{R}^2$ とみなすことができ，そこには座標が定義できる．点Pのまわり U_{P} を xy 座標系とし，すぐ近くの点Qのまわり U_{Q} を uv 座標系とする．$U_{\mathrm{P}} \cap U_{\mathrm{Q}}$ の点は，xy 座標系でもあり uv 座標系でもある．そこで各座標系で微分形式を考え，それらはヤコビ行列で移りあうものとし，しかも曲面全体にわたってすべての点のまわりがそのような状況にあるとする．このとき，(2) と (3) により微分形式は曲面全体で意味をもつことになる．このようなことから，多様体論において微分形式はとても重要なアイテムとなっているのである．

(1)〜(3) の証明の概略を以下に示す．

(1) $\langle dx, dy \rangle_B$ から $\langle du, dv \rangle_B$ への基底変換式

$$du = \frac{\partial u}{\partial x}dx + \frac{\partial u}{\partial y}dy, \quad dv = \frac{\partial v}{\partial x}dx + \frac{\partial v}{\partial y}dy$$

を $\bar{P}du + \bar{Q}dv$ に代入することで得られる．

(2) $P = P(x, y)$ の全微分より，$dP = \dfrac{\partial P}{\partial x}dx + \dfrac{\partial P}{\partial y}dy$ である．合成関数 $P(x, y) = \bar{P}(u, v)$ の微分公式より

$$\frac{\partial P}{\partial x} = \frac{\partial \bar{P}}{\partial u}\frac{\partial u}{\partial x} + \frac{\partial \bar{P}}{\partial v}\frac{\partial v}{\partial x}, \quad \frac{\partial P}{\partial y} = \frac{\partial \bar{P}}{\partial u}\frac{\partial u}{\partial y} + \frac{\partial \bar{P}}{\partial v}\frac{\partial v}{\partial y}$$

であり，$\langle dx, dy \rangle_B$ から $\langle du, dv \rangle_B$ への基底変換式より，$dP = \dfrac{\partial \bar{P}}{\partial u}du + \dfrac{\partial \bar{P}}{\partial v}dv$ であることがわかる．

(3) 証明には，以下の二つの命題が必要である．

(i) $w \in \Omega^1(\mathbb{R}^2)$ に対して $d(fw) = df \wedge w + fdw$

(ii) $d(df) = 0$

さて，条件式 $Pdx + Qdy = \bar{P}du + \bar{Q}dv$ の両辺を (x, y) で外微分すると，

$$dP \wedge dx + dQ \wedge dy = d(\bar{P}du) + d(\bar{Q}dv)$$

となる．(i), (ii) より右辺は，

$$\begin{aligned} d(\bar{P}du) + d(\bar{Q}dv) &= d\bar{P} \wedge du + \bar{P}d(du) + d\bar{Q} \wedge dv + \bar{Q}d(dv) \\ &= d\bar{P} \wedge du + d\bar{Q} \wedge dv \end{aligned}$$

である．したがって，

$$dP \wedge dx + dQ \wedge dy = d\bar{P} \wedge du + d\bar{Q} \wedge dv$$

である． □

上記の解説で述べた (i) は，通常の微分の積の公式に対応するものである．これを次の例題で証明しよう．

[例題] 外微分に関する次の命題を証明せよ．
(1) $f, g \in \Omega^0(\mathbb{R}^2)$ に対して $d(fg) = gdf + fdg$
(2) $w \in \Omega^1(\mathbb{R}^2)$ に対して $d(fw) = df \wedge w + fdw$

[解答] (1) 外微分の定義より，次のようになる．

$$\begin{aligned} d(fg) &= \frac{\partial}{\partial x}(fg)dx + \frac{\partial}{\partial y}(fg)dy = \left(g\frac{\partial f}{\partial x} + f\frac{\partial g}{\partial x}\right)dx + \left(g\frac{\partial f}{\partial y} + f\frac{\partial g}{\partial y}\right)dy \\ &= g\left(\frac{\partial f}{\partial x}dx + \frac{\partial f}{\partial y}dy\right) + f\left(\frac{\partial g}{\partial x}dx + \frac{\partial g}{\partial y}dy\right) = gdf + fdg \end{aligned}$$

(2) $w = gdx + hdy$ とおく．ここで，$g, h \in \Omega^0(\mathbb{R}^2)$ である．外微分の定義と (1) より，

$$\begin{aligned} d(fw) &= d(fg) \wedge dx + d(fh) \wedge dy = (gdf + fdg) \wedge dx + (hdf + fdh) \wedge dy \\ &= df \wedge (gdx + hdy) + f(dg \wedge dx + dh \wedge dy) = df \wedge w + fdw \end{aligned}$$

である．

▶**問題** $d(df) = 0$ を示せ．

注意 $\mathbb{R}^n$ の部分集合 U においても，p 次の微分形式の集合 $\Omega^p(U)$ と外微分 $d : \Omega^p(U) \to \Omega^{p+1}(U)$ が上と同様に定義される．そして，$d \circ d = 0$ が成り立つ．これは

$$\mathrm{Im}(d : \Omega^{p-1} \to \Omega^p) \subset \mathrm{Ker}(d : \Omega^p \to \Omega^{p+1})$$

を意味し，これから商空間

$$H^p_{DR}(U) = \mathrm{Ker}(d : \Omega^p \to \Omega^{p+1}) / \mathrm{Im}(d : \Omega^{p-1} \to \Omega^p)$$

を考えることができる．$H^p_{DR}(U)$ は**ド・ラームコホモロジー群**とよばれており，多様体論において重要なはたらきをしている．すなわち，ド・ラームコホモロジー群に関するド・ラームの定理と，その定理から生まれた概念から，多様体の構造に関する多くのことが解明されている．興味をもたれた読者は，微分形式に関する本 [17], [18] などを読んでほしい．

9.9　外微分の応用：微積分の基本定理とグリーンの定理

微分積分学の基本定理

$$\int_a^b f(x)dx = [F(x)]_a^b$$

は，あまりにも有名である．ここで，$F(x)$ は $f(x)$ の原始関数とよばれ，$\dfrac{dF(x)}{dx} = f(x)$ を満たすものである．そして，上の基本定理を大雑把にいえば，「区間 $[a,b]$ の中の $f(x)$ の総和は，原始関数 $F(x)$ がわかれば $[a,b]$ の端点（境界）a と b だけを用いた計算 $F(b) - F(a)$ で求められる」といっている．

この節では，外微分の簡単な応用として，ベクトル解析で学ぶ**グリーンの定理**が，微分積分学の基本定理を一般化したものとなっていることを説明する．

[定理]　グリーンの定理

C を $\mathbb{R}^2$ 上の自身とは交差しない曲線とし，D を C で囲まれた領域とする．このとき，x, y の C^∞ 級関数 P, Q に対し，$w = Pdx + Qdy$ とおくと，

$$\int_D dw = \int_C w$$

が成り立つ．

[解説] ベクトル解析で学ぶグリーンの定理は，

$$\iint_D \left(\frac{\partial Q}{\partial x} - \frac{\partial P}{\partial y}\right) dxdy = \int_C (Pdx + Qdy)$$

である．そこで，1次微分形式である $w = Pdx + Qdy$ の外微分 dw を計算すると，

$$\begin{aligned}
dw &= d(Pdx + Qdy) = dP \wedge dx + dQ \wedge dy \\
&= \left(\frac{\partial P}{\partial x} \wedge dx + \frac{\partial P}{\partial y} \wedge dy\right) \wedge dx + \left(\frac{\partial Q}{\partial x} \wedge dx + \frac{\partial Q}{\partial y} \wedge dy\right) \wedge dy \\
&= \frac{\partial P}{\partial x} dx \wedge dx - \frac{\partial P}{\partial y} dx \wedge dy + \frac{\partial Q}{\partial x} dx \wedge dy + \frac{\partial Q}{\partial y} dy \wedge dy \\
&= \left(\frac{\partial Q}{\partial x} - \frac{\partial P}{\partial x}\right) dx \wedge dy
\end{aligned}$$

となる．

ここで，$R(x,y)dxdy$ を2次微分形式 $z = R(x,y)dx \wedge dy$ と考え，

$$\int_D z = \iint_D R(x,y)dxdy$$

と書くことにする．$dx \wedge dy = -dy \wedge dx$ であったので，上記の 2 次微分形式の積分の定義においては，自然に領域 D に向きが入れてあり通常は反時計回りを正とする．すると，この定義によりグリーンの定理は

$$\int_D dw = \int_C w$$

と書き直すことができ，右辺の C には反時計回りを正とした線積分を計算せよという意味となる． □

つまり，1 次微分形式 w を用いて表したグリーンの定理は，「領域 D 上の 1 次微分形式 w の（外）微分 dw の総和 $\int_D dw$ は，D の境界 C の総和 $\int_C w$ に等しい」ことを表している．そしてこれは，微分積分学の基本定理である「領域 $D=[a,b]$ 上の関数 F の微分 $dF = f(x)dx$ の総和 $\int_D dF = \int_D f(x)dx$ は，D の境界 $C=\{a,b\}$ の総和 $\int_C F = F(b) - F(a)$ に等しい」ことの拡張になっているのである．

注意 (1) 実は，トポロジーという分野では，領域 D からその境界 C を取り出すための作用素 ∂ というものが定義される．これは**境界作用素**とよばれており，外微分 d と類似した性質 $\partial\partial D = 0$ をもつ．これを用いてグリーンの定理を書き直すと

$$\int_D dw = \int_{\partial D} w$$

となり，調和のとれた等式が得られる．

(2) グリーンの定理を $\mathbb{R}^n$ へ拡張した定理は，**ストークスの定理**とよばれている．

［例題］ C を $\mathbb{R}^2$ 上の自身と交わらない曲線とし，D を C で囲まれた領域とする．このとき，$\int_C xdy$ は何を表すか．

［解答］ $w = xdy$ の外微分を計算すると，$dw = dx \wedge dy$ である．よって，グリーンの定理より，

$$\int_C w = \int_D dw = \int_D dx \wedge dy = \int_D dxdy$$

である．したがって，$\int_C xdy$ は D の面積を表す．

▶**問題**　C を $\mathbb{R}^2$ 上の自身と交わらない曲線とし，D を C で囲まれた領域とする．このとき，$\displaystyle\int_C (xdy - ydx)$ は何を表すか．

振り返り問題

テンソル積とテンソル空間に関する次の各文には間違いがある．どのような点が間違いであるか説明せよ．

(1) 有限次元 K ベクトル空間 V と W において，V と W の基底をそれぞれ $\{\boldsymbol{v}_j\}, \{\boldsymbol{w}_k\}$ とすると，テンソル積 $V \otimes W$ の基底は $\{\boldsymbol{v}_j \otimes \boldsymbol{w}_k\}$ である．ただし，$\boldsymbol{v}_j \otimes \boldsymbol{w}_k = -\boldsymbol{w}_k \otimes \boldsymbol{v}_j$ であることに注意が必要である．

(2) $V \otimes W \cong V \times W$ であるという性質を，テンソル積 $V \otimes W$ の普遍性とよぶ．

(3) 任意の $\boldsymbol{v} \otimes \boldsymbol{w} \in V \otimes W$ に対して，$\mathrm{Hom}(W, V)$ の表現行列がただ一つ定まる．

(4) テンソル空間 $T^p(V)$ において，$\boldsymbol{z} \in T^p(V)$ が交代テンソルとは，置換 $\sigma \in S_p$ に対して $P_\sigma(\boldsymbol{z}_1 \otimes \cdots \otimes \boldsymbol{z}_p) = \boldsymbol{z}_{\sigma(1)} \otimes \cdots \otimes \boldsymbol{z}_{\sigma(p)}$ とすると，すべての $\sigma \in S_p$ に対して $P_\sigma(\boldsymbol{z}) = \boldsymbol{z}$ を満たすものである．

(5) V を 2 次元 K ベクトル空間，$\{\boldsymbol{v}_1, \boldsymbol{v}_2\}$ を V の基底とする．このとき，$\boldsymbol{z} \in T^2(V)$ の基底 $\{\boldsymbol{v}_j \otimes \boldsymbol{v}_k\}$ に関する座標は 2 次正方行列 (ξ^{jk}) で表すことができ，もし $\boldsymbol{z}$ が交代テンソルならば，$(\xi^{ij}) = \begin{pmatrix} a & b \\ -b & a \end{pmatrix}$（ただし $a, b \in K$）となる．

(6) 任意の $\boldsymbol{w}_1 \in \wedge^p V$ と $\boldsymbol{w}_2 \in \wedge^q V$ に対して，$\boldsymbol{w}_1 \wedge \boldsymbol{w}_2 = \boldsymbol{w}_2 \wedge \boldsymbol{w}_1$ であるならば，p と q はともに偶数である．

(7) $f \in \Omega^0(\mathbb{R}^2)$ は $f = f(x)$ であるとし，さらに $P = df$ とする．このとき，$dP = df \wedge dy$ となる．

COLUMN　ユークリッドの原論と現代数学

現代数学の起源は古代ギリシャ（紀元前 3 世紀ごろ）にあり，ユークリッドの（数学）原論 “Euclid's Elements” こそ現代数学の原点である．

数学原論には，あらゆる学問に共通の真理として受け入れられるものとして，次の公理が提案された．

同じものに等しいものは互いに等しい

これは，現代数学で最も重要な同値関係 $\sim_R$ での

$$\text{推移律：A} \sim_R \text{B かつ B} \sim_R \text{C ならば A} \sim_R \text{C}$$

を意味している．

2300 年前に書かれたこの公理は，2000 年も経ってから現代数学でその意義が認められた．これは数学史における驚異の事実である．

問題略解

◉第 1 章

1.1 節　(1) $a=-2,\ b=-3,\ c=5$　　(2) $a=1,\ b=3,\ c=-1$

1.2 節　$a=-6,\ b=4,\ c=-5,\ d=2$

1.3 節　たとえば C$(0,0,10,0)$ などがある．

1.4 節　(1) 線形独立　　(2) 線形従属

1.5 節　$x_1=2,\ x_2=2,\ x_3=-1$

1.6 節　ランク 3

1.7 節　$x_1=0,\ x_2=0,\ x_3=-2t,\ x_4=t$

1.8 節　(1) ランク 3，線形独立　　(2) ランク 2，線形従属

1.9 節　$(s_1\boldsymbol{a}+t_1\boldsymbol{b})+(s_2\boldsymbol{a}+t_2\boldsymbol{b})=(s_1+s_2)\boldsymbol{a}+(t_1+t_2)\boldsymbol{b}\in V$，$\lambda(s\boldsymbol{a}+t\boldsymbol{b})=(\lambda s)\boldsymbol{a}+(\lambda t)\boldsymbol{b}\in V$ のため．

1.10 節　(1) 一致する　　(2) 一致しない

1.11 節　(1) 2 次元　　(2) 2 次元

1.12 節　1 次元

1.13 節　$\boldsymbol{x}=(\boldsymbol{b}_1\ \boldsymbol{b}_2)\begin{pmatrix}-3\\7\end{pmatrix}$

振り返り問題

(1) 解が $c_1=\cdots=c_n=0$ のみのとき，線形独立となる．

(2) 基底は無数に存在する．

(3) 生成元の中の線形独立な元の個数が部分空間の次元となる．

(4) ランクが 4 を確認すればよい．

(5) 幾何ベクトルとしては，線形独立は平行でないベクトルとして考えることができる．

(6) 自明な部分空間と 1 次元部分空間がある．

(7) 次元は 3 以下である．

(8) $W_1\cup W_2\subset W_1+W_2$ であり，W_1+W_2 は $W_1\cup W_2$ を含む最小の部分空間である．

◉第 2 章

2.1 節　$x=2$

2.2 節　$\boldsymbol{y}=\pm\dfrac{3}{\sqrt{30}}\boldsymbol{e}_1\pm\dfrac{2}{\sqrt{30}}\boldsymbol{e}_2$　（複号同順）

2.3 節　(1) $||\boldsymbol{x}||=\sqrt{5}$　　(2) $||\boldsymbol{x}||=9$

2.4 節　$||\boldsymbol{x}+\boldsymbol{y}||^2 = ||\boldsymbol{x}||^2 + 2(\boldsymbol{x}|\boldsymbol{y})^2 + ||\boldsymbol{y}||^2 = ||\boldsymbol{x}||^2 + ||\boldsymbol{y}||^2$

2.5 節　$\cos\theta = -\dfrac{3}{\sqrt{10}}$

2.6 節　たとえば $\boldsymbol{n} = 2\boldsymbol{b}_1 + 3\boldsymbol{b}_2 - \boldsymbol{b}_3 + 2\boldsymbol{b}_4$ などがある.

2.7 節　$\mathrm{d(P, W)} = \dfrac{17}{2\sqrt{10}}$

振り返り問題

(1) たとえば，$x_1 < 0 < x_2$ のときは内積の性質 (4) が満たされないので，$(\boldsymbol{x}|\boldsymbol{y})$ は内積でない.

(2) ノルムは内積の入れ方によって値が変わる.

(3) 内積が定まると，常に二つの数ベクトルの間に角が定まる.

(4) $\langle \boldsymbol{v}_1, \ldots, \boldsymbol{v}_r \rangle_B$ は，$r = n-1$ のときだけ線形超平面とよばれる.

(5) どんな内積に対しても，点 P から線形超平面 W までの距離は定まる.

◉第 3 章

3.1 節　(1) ${}^t(ABC) = {}^t(BC){}^tA = {}^tC{}^tB{}^tA$　(2) $(ABC)^{-1} = (BC)^{-1}A^{-1} = C^{-1}B^{-1}A^{-1}$

3.2 節　(1) $2y = (1-3a)x$　(2) $y = 4x$

3.3 節　$\boldsymbol{x}' = A\boldsymbol{x}$，$\boldsymbol{x}' = c_1\boldsymbol{b}_1 + c_2\boldsymbol{b}_2$ とすると，$B\boldsymbol{x} = \dfrac{3}{2}A\boldsymbol{x} = \dfrac{3}{2}\boldsymbol{x}' = \dfrac{2}{3}(c_1\boldsymbol{b}_1 + c_2\boldsymbol{b}_2)$ であるので，同じ平面上の点に変換される.

3.4 節　$\boldsymbol{x} = \begin{pmatrix} x_1 \\ x_2 \\ x_3 \end{pmatrix}$, $s = x_1 + x_2 + 2x_3$, $t = -2x_2$ とすると, $g(\boldsymbol{x}) = -f(\boldsymbol{x}) = \begin{pmatrix} -s \\ t \\ -s+t \end{pmatrix}$

であるので，$\boldsymbol{b}_1 = \begin{pmatrix} 1 \\ 0 \\ 1 \end{pmatrix}$，$\boldsymbol{b}_1 = \begin{pmatrix} 0 \\ 1 \\ 1 \end{pmatrix}$ とすると，$\{f(\boldsymbol{x})\} = \langle \boldsymbol{b}_1, \boldsymbol{b}_2 \rangle_B$ より 2 次元部分空間である．一方，$g(\boldsymbol{x}) = -f(\boldsymbol{x})$ であるので，$\{g(\boldsymbol{x})\} = \langle \boldsymbol{b}_1, \boldsymbol{b}_2 \rangle_B$ より 2 次元部分空間である.

3.5 節　$A^3 = E$ より恒等変換である.

3.6 節　(1) $y = \dfrac{3}{4}x^2$　(2) $y = \dfrac{6}{x}$

3.7 節　(1) 略　(2) $f(\boldsymbol{x}+\boldsymbol{y}) = f(\boldsymbol{x}) + f(\boldsymbol{y})$ を用いる.　(3) $||f(\boldsymbol{x} \pm \boldsymbol{y})|| = ||\boldsymbol{x} \pm \boldsymbol{y}||$ を用いる.

3.8 節　$x_1x_2x_3x_4$ 座標系の点を x_2x_4 座標系へ射影し，次に x_2x_4 座標系の点 (x_2, x_4) を原点のまわりに $\dfrac{\pi}{2}$ 回転させた後に c 倍放射する変換である.

3.9 節　$L_1 : y = (1-\sqrt{2})x$,　$L_2 : y = (1+\sqrt{2})x$

振り返り問題

(1) すべての点の各座標を，x 方向に λ 倍，y 方向に λ' 倍した点に移す変換である．

(2) $\dfrac{\pi}{2}$ 回転させた後に λ 倍放射する変換である．

(3) 2 次交代行列による変換には必ず $\dfrac{\pi}{2}$ 回転が含まれるので，不変な直線は存在しない．

(4) 鏡映を行った後に λ 倍放射する変換である．

(5) 2 次対称行列による変換では，不変な直線が必ず 2 本存在する．

◉第 4 章

4.1 節　$M(F) = \begin{pmatrix} -1 & 0 & -5 & 7 \\ 2 & 3 & 2 & 0 \\ 0 & 2 & -1 & -1 \end{pmatrix}$

4.2 節　$F(\boldsymbol{x}) = 7\boldsymbol{w}_1 - 33\boldsymbol{w}_2 - 26\boldsymbol{w}_3$

4.3 節　$W = \langle \boldsymbol{e}_2, \boldsymbol{e}_4, \boldsymbol{e}_5 \rangle_B \cong \mathbb{R}^3$ より，$t = 3$ である．

4.4 節　$\operatorname{rank} M(F) = \operatorname{rank} \begin{pmatrix} 2 & 3 & 1 \\ 0 & 0 & 1 \\ 0 & 0 & 1 \end{pmatrix} = 1$ より，$\dim F(V) = 1$ である．また，

$$\operatorname{rank} M'(F) = \operatorname{rank} \begin{pmatrix} 0 & 0 & 1 \\ 0 & 0 & 0 \\ 0 & 0 & 0 \end{pmatrix} = 1 \text{ である．}$$

4.5 節　連立 1 次方程式 $3x_1 - x_2 + 2x_3 = 0$, $3x_2 - x_1 = 0$, $3x_1 + 2x_2 + x_1 = 0$ より，$x_1 = x_2 = x_3 = 0$ である．よって，$\operatorname{Ker} F = \{\boldsymbol{0}\}$ より F は単射である．

4.6 節　$\operatorname{rank} M(F) = 3$ より，$\dim(\operatorname{Im} F) = 3$，$\dim(\operatorname{Ker} F) = 0$ である．

4.7 節　$|A| = -9$ より A^{-1} は存在し，$A^{-1} = \dfrac{1}{9}\begin{pmatrix} 3 & 3 & -2 \\ 0 & 0 & 3 \\ -6 & 3 & 4 \end{pmatrix}$ である．

4.8 節　$T = \begin{pmatrix} 1 & 2 & 0 & 0 \\ 0 & -3 & 0 & 3 \\ 0 & -1 & -3 & -3 \\ 2 & -2 & 0 & 4 \end{pmatrix}$ であり，$(x_j) = T(x'_j)$ より $\boldsymbol{x} = 3\boldsymbol{v}_1 + 3\boldsymbol{v}_2 - 4\boldsymbol{v}_3 + 8\boldsymbol{v}_4$ である．

4.9 節　$M(F) = QM(F')P^{-1} = \begin{pmatrix} -2 & 2 \\ 1 & 2 \\ -9 & 6 \end{pmatrix}$

振り返り問題

(1) F とは，$F(\boldsymbol{x}+\boldsymbol{y}) = F(\boldsymbol{x}) + F(\boldsymbol{y})$, $F(\lambda\boldsymbol{x}) = \lambda F(\boldsymbol{x})$ を満たすものである．

(2) F に対して V の基底 $\{\boldsymbol{v}_j\}$ と W の基底 $\{\boldsymbol{w}_k\}$ が定まれば，表現行列 $M(F)$ が一意的に定まる．

(3) F の任意の表現行列 $M(F)$ のランクは，W の部分空間 $F(V)$ の次元に必ず一致する．

(4) F が単射とは，F の表現行列 $M(F)$ のランクが V の次元に一致することである．

(5) F の核 $\mathrm{Ker}\,F$ の次元は，V の次元から F の表現行列 $M(F)$ のランクを引いたものに一致する．

(6) V の線形変換 F が逆変換をもつためには，F の表現行列 $M(F)$ の行列式の値が 0 でないことが必要十分条件である．

(7) V の線形変換 F が全単射であるためには，$\dim F(V) = \dim V$ でなければならない．

(8) 基底変換行列 P を用いて，$A' = P^{-1}AP$ で表される．

◉第 5 章

5.1 節　固有値 3 に属する固有ベクトルは $c_1 \begin{pmatrix} 1 \\ 0 \\ -1 \end{pmatrix}$ と $c_2 \begin{pmatrix} 0 \\ 1 \\ -2 \end{pmatrix}$ であり，固有値 -2 に属する固有ベクトルは $c_3 \begin{pmatrix} 0 \\ 1 \\ -1 \end{pmatrix}$ である．よって，$\dim V(3) = 2$, $\dim V(-2) = 1$ である．

5.2 節　固有値 1 に属する固有ベクトルは $c_1 \begin{pmatrix} 0 \\ 1 \\ -1 \end{pmatrix}$ であり，固有値 -2 に属する固有ベクトルは $c_2 \begin{pmatrix} 1 \\ 0 \\ -1 \end{pmatrix}$ と $c_3 \begin{pmatrix} 0 \\ 1 \\ -2 \end{pmatrix}$ である．$P = \begin{pmatrix} 0 & 1 & 0 \\ 1 & 0 & 1 \\ -1 & -1 & -2 \end{pmatrix}$ とおくと，

$J = P^{-1}AP = \begin{pmatrix} 1 & 0 & 0 \\ 0 & -2 & 0 \\ 0 & 0 & -2 \end{pmatrix}$ となる．部分空間 V の基底 $\{\boldsymbol{p}_1, \boldsymbol{p}_2, \boldsymbol{p}_3\}$ は，

$\boldsymbol{p}_1 = \begin{pmatrix} 0 \\ 1 \\ -1 \end{pmatrix}, \boldsymbol{p}_2 = \begin{pmatrix} 1 \\ 0 \\ -1 \end{pmatrix}, \boldsymbol{p}_3 = \begin{pmatrix} 0 \\ 1 \\ -2 \end{pmatrix}$ である．$\mathbb{R}^3$ の任意の数ベクトル $\boldsymbol{v}$ を $\boldsymbol{v} = x_1\boldsymbol{p}_1 + x_2\boldsymbol{p}_2 + x_3\boldsymbol{p}_3$ と表すと，新しい基底に関する F の表現行列が J であることから，$F(\boldsymbol{v}) = x_1\boldsymbol{p}_1 - 2x_2\boldsymbol{p}_2 - 2x_3\boldsymbol{p}_3$ となる．

5.3 節　$\boldsymbol{p}_1 = \begin{pmatrix} 0 \\ -2 \\ 0 \end{pmatrix}$，$\boldsymbol{p}_2 = \begin{pmatrix} -2 \\ 3 \\ -4 \end{pmatrix}$，$\boldsymbol{p}_3 = \begin{pmatrix} 1 \\ 0 \\ 0 \end{pmatrix}$

5.4 節　(1) $J(0) = J_3(0) \oplus J_3(0) \oplus J_2(0)$　　(2) $J(0) = J_2(0) \oplus J_2(0)$,

$$P = \begin{pmatrix} 2 & 1 & -1 & 0 \\ 1 & 0 & -1 & 1 \\ 1 & 0 & -1 & 0 \\ 2 & 0 & -1 & 0 \end{pmatrix}$$

5.5 節　(1) $J(-3) = J_4(-3) \oplus J_3(-3) \oplus J_3(-3) \oplus J_2(-3)$

(2) $J(-2) = J_2(-2) \oplus J_1(-2) \oplus J_1(-2)$, $P = \begin{pmatrix} 1 & 1 & 2 & 0 \\ -1 & 0 & 0 & 1 \\ -1 & 0 & 0 & 0 \\ 0 & 0 & -1 & -1 \end{pmatrix}$

5.6 節　$\mathbb{R}^6 = V^2(-1) \oplus V^3(3)$, $\dim V^2(-1) = 3$, $\dim V^3(3) = 3$, $J = J_2(-1) \oplus J_1(-1) \oplus J_3(3)$

5.7 節　$\boldsymbol{q}_1 = \begin{pmatrix} 1 \\ -\sqrt{3} \end{pmatrix}, \boldsymbol{q}_2 = \begin{pmatrix} 0 \\ 1 \end{pmatrix}$ を考え，$\mathbb{R}^2$ の基底を $\langle \boldsymbol{q}_1, \boldsymbol{q}_2 \rangle_B$ とする．変換 F は部分空間 V の基底を $\{\boldsymbol{p}_1, \boldsymbol{p}_2\}$ とし，そしてその自然な内積で得られる角 θ を用いると，$\theta = \dfrac{5\pi}{6}$ 回転した後に 2 倍放射する変換といえる．

振り返り問題

(1) F の固有値が r 個存在したとき，それらに対応した固有ベクトルの合計は 1 個以上 r 個以下である．

(2) F の固有ベクトルが合計 n 個あれば，そのジョルダン行列は対角行列となる．

(3) F の固有値が λ だけの場合，そのジョルダン行列の最大ブロックのジョルダン細胞は一つとは限らない．

(4) F の表現行列がべき零行列であった場合，その固有値はすべて 0 であるが，固有ベクトルは必ず一つは存在する．

(5) F の固有多項式を見れば V の弱固有ベクトル空間がわかり，それにより V を直和分解できるが，F のジョルダン行列がわかるためには，F の固有値 λ_j と $(F-\lambda_j I)^k$ のランクなどの情報も必要である．

◉第 6 章

6.1 節　(1) 結合法則は明らか．単位元は 0 である．$x \in \mathbb{Z}/n\mathbb{Z}$ に対する逆元は $n-x$ である．　(2) 結合法則は明らか．単位元は 1 である．1 の逆元は 1，2 の逆元は 3，3 の逆元は 2，4 の逆元は 4 である．

6.2 節　(1) $\sigma = (3\ 4\ 7)(5\ 6)$　(2) $\tau = (1\ 7\ 3)(2\ 4\ 5\ 6)$

6.3 節　$S = \{(1\ 2), (1\ 3)\}$ とすると $H = \langle S \rangle$ である．

6.4 節　$H = \langle (1\ 2), (2\ 3\ 4) \rangle$ とおく．$H \subset S_4$ であるので，$S_4 \subset H$ を示せばよい．さらに，$S_4 = \langle (1\ 2), (1\ 3), (1\ 4) \rangle$ より，$(1\ 3) \in H$, $(1\ 4) \in H$ を示せばよい．$(1\ 3) = (2\ 3\ 4)(2\ 3\ 4)(1\ 2)(2\ 3\ 4) \in H$ であり，$(1\ 4) = (2\ 3\ 4)(1\ 2)(2\ 3\ 4)(2\ 3\ 4) \in H$ であるので $S_4 \subset H$ である．よって，$S_4 = H$ である．

6.5 節　(1) $f(\sigma\sigma') = \sigma\sigma' = f(\sigma)f(\sigma')$　(2) σ, σ' を偶置換，τ, τ' を奇置換とする．$f(\sigma\sigma') = 1 = f(\sigma)f(\sigma')$, $f(\sigma\tau) = -1 = f(\sigma)f(\tau)$, $f(\tau\sigma) = -1 = f(\tau)f(\sigma)$, $f(\tau\tau') = 1 = f(\tau)f(\tau')$ である．　(3) $f(A + A') = \mathrm{Tr}(A + A') = \mathrm{Tr}(A) + \mathrm{Tr}(A') = f(A) + f(A')$

6.6 節　$U_2U_5U_2 = U_1$，$U_2U_5 = U_3$，$U_5U_2 = U_4$ より，$G = \langle U_2,\ U_5 \rangle$ である．また，$S_3 = \langle (1\ 2), (1\ 3) \rangle$ から G への準同型写像 f を $f((1\ 2)) = U_2$，$f((1\ 3)) = U_5$ として $f(\sigma\tau) = f(\sigma)f(\tau)$ と定めると，f は全射でかつ $\sharp G = \sharp S_3 = 6$ であるので，f は同型写像となり，G と S_3 は同じ構造をもつ．

6.7 節　$\rho(x + x') = \begin{pmatrix} 1 & x + x' \\ 0 & 1 \end{pmatrix} = \begin{pmatrix} 1 & x \\ 0 & 1 \end{pmatrix}\begin{pmatrix} 1 & x' \\ 0 & 1 \end{pmatrix} = \rho(x)\rho(x')$ であるので，$(\rho, \mathbb{R}^2)$ は G の $\mathbb{R}^2$ 上の線形表現である．また，$\rho(x) = \rho(x')$ とすると，$\begin{pmatrix} 1 & x - x' \\ 0 & 1 \end{pmatrix} = \begin{pmatrix} 1 & 0 \\ 0 & 1 \end{pmatrix}$ より $x = x'$ であるので，ρ は単射となり $(\rho, \mathbb{R}^2)$ は忠実である．

6.8 節　操作 SR の後に最初と同じ位置に戻る頂点 p は，$\mathbb{Z}/n\mathbb{Z}$ において $2p = t + 2j$ を満たすものである．これは，6.8 節の例題 (2) の式 $SR = \rho(a)^{t+2j}\rho(b)$ から，$\rho(b)$ により p は $-p$ の位置に移り，さらに $\rho(a)^{t+2j}$ により p は $-p + t + 2j$ に移るからである．このことから $2p = t + 2j$ が得られる．この p に関する方程式 $2p = t + 2j$ に解がただ一つしかないことは，t が偶数のときは明らかで，t が奇数のときは $t + 2j + n$ が偶数となるからである．

6.9 節　元は τ_{13} で，$\tau_{13} = \sigma_1^2\tau_{12}\sigma_1$ と表すことができる．

6.10 節 $\rho(\tau_{13}) = \begin{pmatrix} -1 & 0 & 0 \\ 0 & 1 & 0 \\ 0 & 0 & -1 \end{pmatrix}$

6.11 節 $\operatorname{Im} f = \mathbb{R}^\times$ でかつ $\operatorname{Ker} f = SL(n, \mathbb{R})$ であるので，準同型定理より $GL(n, \mathbb{R})/SL(n, \mathbb{R}) \cong \mathbb{R}^\times$ である．

振り返り問題

(1) 群 G とは，一つの演算だけで閉じている集合で，結合法則があり，単位元 e をもち，どんな元に対しても逆元が存在するという条件を満たすものである．

(2) 奇置換と奇置換の積は偶置換となるため，奇置換全体は部分群ではない．

(3) $f\colon G \to G'$ に対し $f(a) = e'$ となる写像は準同型写像であるが，単射でも全射でもない．

(4) 二つの群が同型であれば，二つの群の間の準同型写像は単射かつ全射となるものが存在する．

(5) 二面体群 D_n は正多角形の対称性を表したもので，有限群である．

(6) 正四面体群 $G(P_4)$ は正四面体の対称性を表したもので，交代群 A_4 に同型である．

(7) H が群 G の正規部分群であるとき，剰余群 G/H を構成することができる．

(8) $G/\operatorname{Ker} f$ は G の正規部分群でなく，$\operatorname{Ker} f$ が G の正規部分群である．

◉第 7 章

7.1 節 加法と乗法の逆元だけ述べる．加法において a の逆元は $p-a$，すなわち $a+(p-a) = p = 0$ である．乗法において a の逆元を求めるには，「$a, b, x \in F_p$ で $a \neq b$ ならば $ax \neq bx$ である」という命題が必要である．これより，$F_p = \{a, 2a, \ldots, (p-1)a\}$ となる．よって，$1 \cdot 2 \cdots (p-1) = a \cdot 2a \cdots (p-1)a = a^{p-1}(1 \cdot 2 \cdots (p-1))$ であり，$(p-1)! \neq 0$ より $a^{p-1} = 1$ である．したがって，a の逆元は a^{p-2} である．

7.2 節 $z \cdot \dfrac{1}{z} = \dfrac{1}{a^2+b^2}\begin{pmatrix} a & -b \\ b & a \end{pmatrix}\begin{pmatrix} a & b \\ -b & a \end{pmatrix} = \dfrac{1}{a^2+b^2}\begin{pmatrix} a & b \\ -b & a \end{pmatrix}\begin{pmatrix} a & -b \\ b & a \end{pmatrix} = E_2$

7.3 節 $z = \begin{pmatrix} 2\sqrt{3} & 2 \\ -2 & 2\sqrt{3} \end{pmatrix}$，すなわち $z = 2\sqrt{3} - 2i$ である．

7.4 節 $z = \dfrac{\sqrt{3}+i}{2}$，$\dfrac{-\sqrt{3}+i}{2}$，$-i$

7.5 節 (1) $e^{i(5\pi/6)}z$ (2) $\dfrac{-\sqrt{3}+i}{2}$

7.6 節　たとえば $I^2 = \begin{pmatrix} i & 0 \\ 0 & -i \end{pmatrix}^2 = -E_2$,　$IJ = -JI = \begin{pmatrix} 0 & -i \\ -i & 0 \end{pmatrix} = K$. ほかも同様に示される.

7.7 節　(1) $p_1 p_2 = \begin{pmatrix} a_1 + x_1 i & -y_1 - z_1 i \\ y_1 - z_1 i & a_1 - x_1 i \end{pmatrix} \begin{pmatrix} a_2 + x_2 i & -y_2 - z_2 i \\ y_2 - z_2 i & a_2 - x_2 i \end{pmatrix}$

$$= \begin{pmatrix} (a_1a_2 - x_1x_2 - y_1y_2 - z_1z_2) & -(a_1y_2 + a_2y_1 - x_1z_2 + x_2z_1) \\ (a_1y_2 + a_2y_1 - x_1z_2 + x_2z_1) & (a_1a_2 - x_1x_2 - y_1y_2 - x_1z_2) \end{pmatrix}$$

$$+ i \begin{pmatrix} (a_1x_2 + a_2x_1 + y_1z_2 - y_2z_1) & -(a_1z_2 + a_2z_1 + x_1y_2 - x_2y_1) \\ -(a_1z_2 + a_2z_1 + x_1y_2 - x_2y_1) & -(a_1x_2 + a_2x_1 + y_1z_2 - y_2z_1) \end{pmatrix}$$

より,

$$\overline{(p_1p_2)} = \begin{pmatrix} (a_1a_2 - x_1x_2 - y_1y_2 - z_1z_2) & +(a_1y_2 + a_2y_1 - x_1z_2 + x_2z_1) \\ -(a_1y_2 + a_2y_1 - x_1z_2 + x_2z_1) & (a_1a_2 - x_1x_2 - y_1y_2 - x_1z_2) \end{pmatrix}$$

$$+ i \begin{pmatrix} -(a_1x_2 + a_2x_1 + y_1z_2 - y_2z_1) & (a_1z_2 + a_2z_1 + x_1y_2 - x_2y_1) \\ (a_1z_2 + a_2z_1 + x_1y_2 - x_2y_1) & +(a_1x_2 + a_2x_1 + y_1z_2 - y_2z_1) \end{pmatrix}$$

である. 一方,

$$\bar{p}_2\bar{p}_1 = \begin{pmatrix} a_2 - x_2 i & y_2 + z_2 i \\ -y_2 + z_2 i & a_2 + x_2 i \end{pmatrix} \begin{pmatrix} a_1 - x_1 i & y_1 + z_1 i \\ -y_1 + z_1 i & a_1 + x_1 i \end{pmatrix}$$

$$= \begin{pmatrix} (a_1a_2 - x_1x_2 - y_1y_2 - z_1z_2) & +(a_1y_2 + a_2y_1 - x_1z_2 + x_2z_1) \\ -(a_1y_2 + a_2y_1 - x_1z_2 + x_2z_1) & (a_1a_2 - x_1x_2 - y_1y_2 - x_1z_2) \end{pmatrix}$$

$$+ i \begin{pmatrix} -(a_1x_2 + a_2x_1 + y_1z_2 - y_2z_1) & (a_1z_2 + a_2z_1 + x_1y_2 - x_2y_1) \\ (a_1z_2 + a_2z_1 + x_1y_2 - x_2y_1) & +(a_1x_2 + a_2x_1 + y_1z_2 - y_2z_1) \end{pmatrix}$$

である. よって, $\overline{(p_1p_2)} = \bar{p}_2\bar{p}_1$ である.

(2) 例題と (1) より, $\|p_1p_2\| = \sqrt{(p_1p_2)(\overline{p_1p_2})} = \sqrt{p_1p_2\bar{p}_2\bar{p}_1} = \sqrt{p_1\bar{p}}\,\|p_2\|$
$= \|p_1\|\|p_2\|$ となる.

7.8 節　$(\boldsymbol{p}|\boldsymbol{q}) = 9$, $\boldsymbol{p} \times \boldsymbol{q} = -16\boldsymbol{i} - 2\boldsymbol{j} + 13\boldsymbol{k}$

7.9 節　$\begin{pmatrix} 0 & -\cos(\varphi+\theta) & \sin(\varphi+\theta) \\ 1 & 0 & 0 \\ 0 & \sin(\varphi+\theta) & \cos(\varphi+\theta) \end{pmatrix} \begin{pmatrix} x \\ y \\ z \end{pmatrix}$ より, $\phi = \varphi + \theta$ としたとき, $\varphi = 0$ としても $\psi = 0$ としても, ϕ 回転した結果は同じであることを示している. したがって, ジンバルロックが起こる.

7.10 節　$\mathrm{P}_{\pi/3} = \frac{2}{3}\boldsymbol{i} + \frac{2}{3}\boldsymbol{j} - \frac{1}{3}\boldsymbol{k}$

振り返り問題

(1) 複素数体 $\mathbb{C}$ は可換体であるが，四元数体 $\mathbb{H}$ は非可換体である．

(2) 数ベクトル空間 $\mathbb{R}^2$ の原点中心の回転は，複素数の積を利用して考えることができ，拡大縮小も伴う．

(3) ド・モアブルの定理によって，円分方程式の n 個の解をすべて求めることができる．

(4) オイラーの公式によって，ネイピア数 e を底とする複素数の指数関数 $e^{i\theta} = \cos\theta + i\sin\theta$ が与えられるが，複素数 t に対して $(e^{i\theta})^t = e^{i\theta t}$ は満足しない．

(5) 二つの実部 0 の四元数 p, q の積 pq は，実部が $(\boldsymbol{p}|\boldsymbol{q})$ であり，虚部が $\boldsymbol{p}\times\boldsymbol{q}$ である．

(6) $\mathbb{R}^3$ の回転に関するオイラー変換において，ジンバルロックという現象が発生するが，それは，ある特別な回転に関して起こる現象であり，三つの軸のうちどの軸を中心にした回転なのかを判断できないものである．

(7) $\mathbb{R}^3$ の単位ベクトル $\boldsymbol{u} = u_1\boldsymbol{i} + u_2\boldsymbol{j} + u_3\boldsymbol{k}$ を軸とする θ 回転を考えるとき，ベクトル $\boldsymbol{p}$ の回転は，$\boldsymbol{u}$ と θ に関する四元数の関数 $u(\theta) = \cos\theta + (u_1 I + u_2 J + u_3 K)\sin\theta$ を用いて，積 $u\left(\frac{\theta}{2}\right)\cdot p\cdot \bar{u}\left(\frac{\theta}{2}\right)$ から得られる．

◉第 8 章

8.1 節　任意の $f, g \in C^\infty(\mathbb{R})$ と任意の $\lambda \in \mathbb{R}$ に対し，$f+g \in C^\infty(\mathbb{R})$，$\lambda f \in C^\infty(\mathbb{R})$ とすると，$C^\infty(\mathbb{R})$ は $\mathbb{R}$ ベクトル空間となる．

8.2 節　$D(x_n + y_n) = (x_{n+1} + y_{n+1}) = (x_{n+1}) + (y_{n+1}) = D(x_n) + D(y_n)$, $D(\lambda x_n) = (\lambda x_n) = \lambda(x_n) = \lambda D(x_n)$ であり，同様に，$D^2(x_n + y_n) = D^2(x_n) + D^2(y_n)$, $D^2(\lambda x_n) = \lambda D^2(x_n)$ が成り立つ．したがって，$D^2 + \lambda D$ は線形写像である．

8.3 節　$P(n, \mathbb{R}) = \langle 1, x, \ldots, x^n\rangle_B$ より，$P(n, \mathbb{R})$ は $n+1$ 次元 $\mathbb{R}$ ベクトル空間である．

8.4 節　$\operatorname{Ker} F = \left\{ \begin{pmatrix} a & d \\ 0 & 0 \\ -2a & -2d \end{pmatrix} \middle|\ a, d \in \mathbb{R} \right\}$ であり，したがって $\dim(\operatorname{Ker} F) = 2$ である．

8.5 節　$\dim V = n^2$，$\dim W = n(n-1)$，$\dim \operatorname{Hom}(V, W) = n^3(n-1)$ である．よって，$\dim \operatorname{Hom}(\operatorname{Hom}(V, W),\ W) = n^4(n-1)^2$ である．

8.6 節　$f^1 = \left(\frac{3}{5}, \frac{1}{5}\right)$，$f^2 = \left(\frac{-2}{5}, \frac{1}{5}\right)$

8.7 節　(1) 略　　(2) $\mathbb{R}^3/\sim$ は原点を通る直線の集合なので，それらの直線と原点中心の球面上の交点を考えると，$\mathbb{R}^3/\sim$ は上半球面上の点と 1 対 1 に対応する．

8.8 節　線形写像の次元定理より，$\dim(V/\operatorname{Ker} F) = \dim V - \dim(\operatorname{Ker} F) = \operatorname{rank} F$ で

ある．

8.9 節　(1) $F((a_1+b_1i)+(a_2+b_2i)) = (a_1+b_1)+(a_2+b_2) = F(a_1+b_1i)+F(a_2+b_2i)$, $F(\lambda(a_1+b_1i)) = \lambda(a_1+b_1) = \lambda F(a_1+b_1i)$ より，F は線形写像である．　(2) $F(a-ai) = a-a = 0$ より成り立つ．　(3) $b+ai$ に対して $x = -b+a$ を考えると，$b+ai-x = a+ai \in \operatorname{Ker} F$ である．　(4) 8.9 節の例題よりいえる．

振り返り問題

(1) ベクトル空間が定義された後，ベクトル空間の元をベクトルという．

(2) $V = K$ として，$F(x) = x^2$ と $G(x) = 1$ を考えると，$F+G$ も λF もどちらも V から K への線形写像とはならない．

(3) 体 $\mathbb{R}$ 上の正方行列全体 $M(n, n, \mathbb{C})$ のベクトル空間の次元は n^4 である．

(4) K ベクトル空間 V の線形変換全体のベクトル空間 $\operatorname{End}(V)$ の次元は，V の次元の 2 乗である．

(5) V の双対空間 V^* とは，$\boldsymbol{v} \in V$ に対し $f(\boldsymbol{v}) = 1$ となる関数 f を基底とした 1 次元ベクトル空間である．

(6) たとえば，$x, y \in \mathbb{R}$ に対し，$x \sim y$ を x と y の小数部が同じとするという同値関係を定義することができる．

(7) 商空間 V/W とは，$\boldsymbol{x}$, $\boldsymbol{y} \in V$ に対して $\boldsymbol{x} - \boldsymbol{y} \in W$ となる同値関係を定義できたベクトル空間のことで，これ以外の同値関係は考えないことになっている．

(8) $F : V \to V'$ が単射な線形写像ならば，$V \cong \operatorname{Im} F$ が成り立つ．

◉第 9 章

9.1 節　(1) $\dim(V \otimes W) = 9$　(2) $\boldsymbol{a}_1 \otimes \boldsymbol{b}_1 - 2\boldsymbol{a}_1 \otimes \boldsymbol{b}_2 = -6\boldsymbol{v}_1 \otimes \boldsymbol{w}_1 - 3\boldsymbol{v}_1 \otimes \boldsymbol{w}_2 + 4\boldsymbol{v}_3 \otimes \boldsymbol{w}_1 + 8\boldsymbol{v}_3 \otimes \boldsymbol{w}_2 - 30\boldsymbol{v}_3 \otimes \boldsymbol{w}_3$

9.2 節　(1) $(V^*)^* = V$ と注意より成り立つ．

(2) $(V \otimes W)^* = \operatorname{Hom}(V \otimes W, K) \cong \mathcal{L}(V \times W, K) \cong V^* \otimes W^*$

9.3 節　$M(F) = \begin{pmatrix} 6 & 3 \\ -2 & -1 \\ 8 & 4 \end{pmatrix}$

9.4 節　$\begin{pmatrix} -1 & 3 & 2 \\ -5 & 15 & 10 \\ 1 & -3 & -2 \end{pmatrix}$

9.5 節　式 $(*5)$ より，$(\bar{\xi}_{ik}) = {}^t(\alpha^l{}_j)(\xi_{lm})(\alpha^m{}_k) = \begin{pmatrix} 25 & 5 \\ 11 & 3 \end{pmatrix}$ である．

9.6 節　$\dim A^3(V) = {}_4\mathrm{C}_3 = 4$,

$$(\xi^{ijk}) = \left(\begin{array}{cccc|cccc|cccc|cccc} 0 & 0 & 0 & 0 & 0 & 0 & -a & b & 0 & a & 0 & -c & 0 & -b & c & 0 \\ 0 & 0 & a & b & 0 & 0 & 0 & 0 & -a & 0 & 0 & d & b & 0 & -d & 0 \\ 0 & -a & 0 & c & a & 0 & 0 & -d & 0 & 0 & 0 & 0 & -c & d & 0 & 0 \\ 0 & b & -c & 0 & -b & 0 & d & 0 & c & -d & 0 & 0 & 0 & 0 & 0 & 0 \end{array}\right)$$

9.7 節　$\boldsymbol{w} = \boldsymbol{w}_1 \wedge \boldsymbol{w}_2 \wedge \boldsymbol{w}_3$ とすると，$\boldsymbol{w} \wedge \boldsymbol{x} = \boldsymbol{w}_1 \wedge \boldsymbol{w}_2 \wedge \boldsymbol{w}_3 \wedge \boldsymbol{x} = -\boldsymbol{w}_1 \wedge \boldsymbol{w}_2 \wedge \boldsymbol{x} \wedge \boldsymbol{w}_3 = \boldsymbol{w}_1 \wedge \boldsymbol{x} \wedge \boldsymbol{w}_2 \wedge \boldsymbol{w}_3 = -\boldsymbol{x} \wedge \boldsymbol{w}_1 \wedge \boldsymbol{w}_2 \wedge \boldsymbol{w}_3 = -\boldsymbol{x} \wedge \boldsymbol{w}$ となる．

9.8 節
$$\begin{aligned} d(df) &= d\left(\frac{\partial f}{\partial x}dx + \frac{\partial f}{\partial y}dy\right) = d\left(\frac{\partial f}{\partial x}\right)dx + d\left(\frac{\partial f}{\partial y}\right)dy \\ &= \left(\frac{\partial^2 f}{\partial x^2}dx + \frac{\partial^2 f}{\partial x \partial y}dy\right) \wedge dx + \left(\frac{\partial^2 f}{\partial y \partial x}dx + \frac{\partial^2 f}{\partial y^2}dy\right) \wedge dy \\ &= \frac{\partial^2 f}{\partial x^2}dx \wedge dx + \frac{\partial^2 f}{\partial x \partial y}dy \wedge dx + \frac{\partial^2 f}{\partial y \partial x}dx \wedge dy + \frac{\partial^2 f}{\partial y^2}dy \wedge dy \\ &= \frac{\partial^2 f}{\partial x \partial y}dy \wedge dx - \frac{\partial^2 f}{\partial x \partial y}dy \wedge dx = 0 \end{aligned}$$

9.9 節　D の 2 倍の面積．

振り返り問題

(1) $\boldsymbol{v}_j \otimes \boldsymbol{w}_k = -\boldsymbol{w}_k \otimes \boldsymbol{v}_j$ ではなく，$\boldsymbol{v}_j \otimes \boldsymbol{w}_k \neq \boldsymbol{w}_k \otimes \boldsymbol{v}_j$ である．

(2) 任意の双線形写像 $\Phi : V \times W \to U$ に対して，それに対応する線形写像を $F : V \otimes W \to U$ とすると，F は $\boldsymbol{v} \in V$, $\boldsymbol{w} \in W$ に対し $F(\boldsymbol{v} \otimes \boldsymbol{w}) = \Phi(\boldsymbol{v}, \boldsymbol{w})$ を満たすただ一つの線形写像である．テンソル積 $V \otimes W$ の上の性質をテンソル積の普遍性という．

(3) 任意の $\boldsymbol{v} \otimes \boldsymbol{w}^* \in V \otimes W^*$ に対して，$\mathrm{Hom}(W, V)$ の線形写像がただ一つ定まる．

(4) 交代テンソル $\boldsymbol{z} \in T^p(V)$ は，すべての $\sigma \in S_p$ に対して $P_\sigma(\boldsymbol{z}) = \mathrm{sgn}(\sigma)\boldsymbol{z}$ を満たすものである．

(5) $\boldsymbol{z}$ が交代テンソルならば，$(\xi^{ij}) = \begin{pmatrix} 0 & b \\ -b & 0 \end{pmatrix}$ である．

(6) $\boldsymbol{w}_1 \wedge \boldsymbol{w}_2 = (-1)^{pq}\boldsymbol{w}_2 \wedge \boldsymbol{w}_1$ であるので，p と q は少なくともどちらか一方が偶数である．

(7) $d(df) = 0$ より $dP = 0$ となる．

参考文献

本書執筆において，各章の順に以下の本を参考にした．

[1] 飯高茂，線形代数 基礎と応用，朝倉書店（2001 年）
[2] 福間慶明，わかる！ 使える！ 楽しめる！ ベクトル空間，共立出版（2014 年）
[3] 有馬哲，線形代数入門，東京図書（1974 年）
[4] 坂田泩，曽布川拓也，基本線形代数，サイエンス社（2005 年）
[5] 寺田文行，坂田泩，基本例解テキスト線形代数，サイエンス社（2008 年）
[6] 福間慶明，理系のための行列・行列式，共立出版（2011 年）
[7] 飯高茂，岩堀長慶，楽しく学ぶ線形代数，紀伊国屋書店（1987 年）
[8] I. クライナー，齋藤正彦（訳），抽象代数の歴史，日本評論社（2011 年）
[9] 赤尾和男，線形代数と群，共立出版（1998 年）
[10] 平井武，線形代数と群の表現 I，朝倉書店（2001 年）
[11] 堀源一郎，ハミルトンと四元数 人・数の体系・応用，海鳴社（2007 年）
[12] 斎藤毅，線形代数の世界 抽象数学の入り口，東京大学出版会（2007 年）
[13] 田坂隆士，2 次形式，岩波書店（1991 年）
[14] G.K. フランシス，宮崎興二（訳）トポロジーの絵本，丸善出版（2012 年）
[15] 杉浦光夫，横沼健雄，ジョルダン標準形・テンソル代数，岩波書店（1990 年）
[16] 志賀浩二，ベクトル解析 30 講，朝倉書店（1989 年）
[17] 坪井俊，幾何学 III 微分形式，東京大学出版会（2008 年）
[18] 森田茂之，微分形式の幾何学，岩波書店（2005 年）

索　引

◉あ　行

◉か　行

◉さ　行

監修者略歴

飯高　茂（いいたか・しげる）

1967年　東京大学数物系大学院数学専攻修士課程修了，東京大学理学部助手，助教授を経て
1985年　学習院大学理学部教授
2013年　学習院大学名誉教授
　　　　現在に至る
　　　　理学博士

著者略歴

松田　修（まつだ・おさむ）

1999年　学習院大学大学院自然科学研究科博士後期課程修了
2010年　津山工業高等専門学校一般科目教授
2016年　津山工業高等専門学校総合理工学科教授
　　　　現在に至る
　　　　博士（理学）

編集担当　福島崇史（森北出版）
編集責任　上村紗帆・富井　晃（森北出版）
組　　版　ウルス
印　　刷　ワコープラネット
製　　本　協栄製本

ベクトル空間からはじめる抽象代数入門
群・体・テンソルまで

2017年10月13日　第1版第1刷発行
2018年11月22日　第1版第2刷発行

監修者　飯高　茂
著　者　松田　修
発行者　森北博巳
発行所　**森北出版株式会社**
東京都千代田区富士見 1–4–11（〒102–0071）
電話 03–3265–8341／FAX 03–3264–8709
http://www.morikita.co.jp/
日本書籍出版協会･自然科学書協会　会員

Printed in Japan／ISBN978–4–627–08191–8